oekom

Klimaneutral
Verlag
ClimatePartner.com/53585-1805-1001

Selbstverpflichtung zum nachhaltigen Publizieren

Nicht nur publizistisch, sondern auch als Unternehmen setzt sich der oekom verlag konsequent für Nachhaltigkeit ein. Bei Ausstattung und Produktion der Publikationen orientieren wir uns an höchsten ökologischen Kriterien. Dieses Buch wurde auf 100 Prozent Recyclingpapier, zertifiziert mit dem FSC®-Siegel und dem Blauen Engel (RAL-UZ 14), gedruckt. Auch für den Karton des Umschlags wurde ein Papier aus 100 Prozent Recyclingmaterial, das FSC®-ausgezeichnet ist, gewählt. Alle durch diese Publikation verursachten CO_2-Emissionen werden durch Investitionen in ein Gold-Standard-Projekt kompensiert. Die Mehrkosten hierfür trägt der Verlag. Mehr Informationen finden Sie hinten im Buch und unter: http://www.oekom.de/allgemeine-verlagsinformationen/nachhaltiger-verlag.html

Bibliografische Information der Deutschen Nationalbibliothek:
Die Deutsche Nationalbibliothek verzeichnet diese Publikation in der Deutschen Nationalbibliografie; detaillierte bibliografische Daten sind im Internet über http://dnb.d-nb.de abrufbar.

oekom verlag, Gesellschaft für ökologische Kommunikation mbH
Waltherstraße 29, 80337 München

Umschlaggestaltung: Büro Jorge Schmidt, München
Umschlagabbildung: © AKG Images (C. D. Friedrich),
© MACIEJ NOSKOWSKI/iStockphoto (Bäume),
© artjazz /Shutterstock (Windräder)

Satz und Layout: Tobias Wantzen, Bremen
Lektorat: Manuel Schneider, oekom verlag
Druck: GGP Media GmbH, Pößneck

FSC
www.fsc.org
RECYCLED
Papier aus Recyclingmaterial
FSC® C014496

ISBN 978-3-96238-066-3

ULRICH GROBER

Der leise Atem der Zukunft

Vom Aufstieg nachhaltiger Werte in Zeiten der Krise

Inhalt

Prolog
Vom Durchbruch
7

Kapitel 1
Das Kalte-Herz-Syndrom – Anatomie der Gier
21

Zwischenruf: In Resonanz gehen
59

Kapitel 2
Wanderer in der Autostadt – Vom Wert der Entschleunigung
71

Zwischenruf: In Kontakt bleiben
117

Kapitel 3
Energiequelle Gelassenheit – Vom Wert des Lassens
125

Zwischenruf: Leichtfüßig werden
179

Kapitel 4
Halden-Saga – Vom Wert der Kreisläufe
191

Zwischenruf: Ein europäisches Wir schaffen
221

Kapitel 5
Passwort: teilen – Vom Wert der Gemeingüter
235

Zwischenruf: Wachstum überdenken
263

Kapitel 6
Mut zum Weniger – Vom Wert der Selbstbeschränkung
273

Statt eines Epilogs
Fragmente eines gelassenen Zukunftsdenkens
299

Zitierte und weiterführende Literatur
311
Danksagung
315
Über den Autor
317

Prolog

Vom Durchbruch

~

Ein historischer Durchbruch« – mit diesem Wort feierten im Dezember 2015 beinahe einhellig Experten, Politiker und Medien im globalen Dorf das Pariser Klimaabkommen. An die 200 souveräne Staaten hatten sich am Ende eines dramatischen Verhandlungsmarathons auf einen Vertrag geeinigt, der die globale Klimaerwärmung auf »deutlich unter zwei Grad Celsius« begrenzen soll. Das Abkommen erklärten sie für »bindend«. Schon im April 2016 hatten es etliche Staaten ratifiziert. Die anderen wollen bis zum April 2017 folgen. Das Schicksal der Erde, so der weitgehende Konsens, hänge davon ab, wie schnell und wie umfassend die Maßnahmen umgesetzt würden.

»Durchbruch« – diese Metapher beherrschte das semantische Umfeld des Abkommens. Die im Vorfeld des Klimagipfels publizierte päpstliche Enzyklika *Laudato si* hatte bereits diesen Ton angeschlagen. »Wir brauchen eine Politik«, heißt es da, »deren Denken einen weiten Horizont umfasst und die einem neuen, ganzheitlichen Ansatz zum Durchbruch verhilft.« Auf der Konferenz selbst präsentierte sich eine *Breakthrough Energy Coalition.* Es handelte sich um zwei Dutzend der reichsten Leute der Welt, darunter alle großen Namen aus dem kalifornischen Silicon Valley. Sie kündigten Maßnahmen zu einer weltweiten Energiewende an, um die Klimakatastrophe noch abzuwenden. Die Entwicklung von *breakthrough technologies* und die Schaffung einer sauberen Technosphäre seien der Weg in eine digitale, klimafreundliche Zukunft.

Moonshot thinking. Noch eine Metapher, die in der letzten Zeit Karriere machte. Auch sie hat im Silicon Valley ihren Ursprung. Sie besagt: Wir brauchen ein Denken, so groß und so kühn wie das Denken, das im 20. Jahrhundert Menschen auf den Mond – und zurück – gebracht hat. »Durchbruch«, »groß denken«, »Herausforderungen annehmen«: Diese Sprache hat eine Gravität. Die Rhetorik ist stark. Sie ist verlockend, spricht auch junge Wilde an. Mir kam, je länger ich hinhörte, das Hintergrundrauschen bekannt vor. Es weckte eine Fülle von Assoziationen und Erinnerungen. Sie versetzten mich zurück in die späten Sechzigerjahre …

~

Der Gitarrenriff am Anfang klang nach Blues, der Trommelwirbel eher nach Salsa. Dann setzte die Stimme ein: maskulin, von latenter Wildheit, tranceartig – mystisch. *You know the day destroys the night / Night divides the day.* Gleich im ersten Vers scheint die uralte Polarität von Licht und Dunkelheit auf. Gefolgt von der archetypischen Albtraumszene: *Tried to run / Tried to hide …* Du versuchst zu fliehen. Du versuchst dich zu verstecken. Doch du bist wie gelähmt. Es gibt kein Entrinnen. Was bleibt dir? *Break on through to the other side.* Gitarre, Orgel und Schlagzeug haben jetzt voll aufgedreht. Wag doch den Durchbruch, hämmert die Stimme. Wohin? Auf die andere Seite, *Yeah.* Der Song feiert die Vorwärtsbewegung in ihrer radikalsten Form. Durchbruch ist disruptiv, ist kreative Zerstörung. Doch was findest du dort? Eine andere Welt?

Ich saß in der Dunkelheit der Halle, einen Steinwurf weit vom Lichtspot entfernt, den der Scheinwerfer auf die Bühne warf. Kongresshalle, Frankfurt am Main, 12. September 1968. Ich war achtzehn. Am Vormittag war ich per Anhalter angekommen, um mich an der Universität für die Fächer Germanistik und Anglistik einzuschreiben. Erstsemester, Abi-Jahrgang '68. Auf dem Campus an der Bockenheimer Warte war mir das Plakat ins Auge gefallen. *The Doors* spielten an diesem Abend nach London das zweite Konzert ihrer *European Tour.* Ihr Debütalbum von 1967 hatte ich rauf- und runtergespielt, bis ich so gut wie jeden Song auswendig kannte. Nun saß ich in einer Menge von zwei- oder dreitausend Fans. Überwiegend Soldaten. Die kalifornische Band war Kult, bei Abiturienten aus der westdeutschen Provinz, vor allem aber unter den GIs der U.S. Army, auf der Rhein-Main-Airbase genauso wie im Dschungel von Vietnam. So sah ich die Doors schräg rechts vor mir live auf der Bühne: Jim Morrison, ihr Dichter und Sänger, gekleidet in hautenger schwarzer Lederhose und weitem weißen Hemd, umklammerte das Mikrofon und schüttelte seine Löwenmähne. Die anderen, langhaarig, intellektuell, virtuos, blieben eher im Schatten.

We chased our pleasures here / Dug our treasures there ... Hedonismus ist nicht die Lösung, die Gier nach materiellen Dingen erst recht nicht. Das macht am Ende nur traurig: *can you still recall / The time we cried? / Break on through to the other side.* Durchbruch ist die Vorwärtsbewegung, die ein Hindernis zerstört. *Everybody loves my baby ... She get HIGH.* Jetzt ist die Stimme wie entfesselt. Geht es hier um Sex & Drugs & Rock 'n' Roll? Oder um mehr? Den Höhenflug, das bewusstseinserweiternde, mystische Erlebnis des *flow,* des Einsseins von Körper und Geist, Seele und Außenwelt. *I found an island in your arms / Country in your eyes ...* Die Umarmung, der Blickkontakt, die zwischenmenschliche Beziehung als tiefste, unergründliche Quelle von Glückserfahrung? Große Frage! Arme können doch klammern, Augen lügen. Egal, nicht stehen bleiben. Nicht nachgeben. *Break on through.* Es gibt kein richtiges Leben im falschen, lehrte der Frankfurter Philosoph Adorno, dessen Vorlesung ich vor ein paar Stunden belegt hatte. *The gate is straight / Deep and wide / Break on through to the other side.* So gipfelt der Song in einer Anspielung auf das biblische »Denn die Pforte ist eng, und der Weg ist schmal, der zum Leben führt, und wenige sind es, die ihn finden« (Matthäus 7:14). – Was meinst du eigentlich genau mit »die andere Seite«?, hatte John Densmore, der Drummer der Doors, Morrison einmal gefragt. Die Antwort: »Na ja, die Leere, den Abgrund.« Der »kalifornische Traum«, den die Doors in Szene setzten, hatte definitiv seine dunklen Schatten – Übergänge zum Albtraum.

~

»Durchbruch« ist ein großes Wort. Eine semantische Tiefenbohrung, eine von vielen in diesem Buch. Sie alle dienen dazu, aus der Herkunft der Wörter ihre Bedeutung auszuloten und ihren Wert für die Zukunft zu skizzieren. Ein Schlüsseltext für den kalifornischen Traum war Aldous Huxleys langer Essay von 1954 über *The Doors of Perception*, zu Deutsch: *Die Pforten der Wahrnehmung*. Der aus England stammende, damals schon lange in Los Angeles lebende Schriftsteller beschreibt darin das Erleben einer »anderen Welt«. Im Titel, der die Doors zu ihrem Namen inspirierte, spielt Huxley auf einen Satz des englischen Romantikers William Blake an. »Würden die Pforten der Wahrnehmung gereinigt, erschiene einem alles so, wie es wirklich ist: in seiner Unermesslichkeit.«

Unter diesem Motto protokolliert Huxley einen persönlich erlebten Drogentrip und einen »Durchbruch« zu einer anderen Wahrnehmung von Wirklichkeit. Zunächst breite sich »stoische Gelassenheit« *(stoical serenity)* aus. Es öffneten sich die »Türen in der Mauer«, und »verschiedene andere Welten« *(various other worlds)* träten hervor. Und zwar in ihrer nackten Existenz. An dieser Stelle seines Textes zitiert Huxley auf Deutsch ein Wort des mittelalterlichen Theologen, Mystikers und Ketzers Meister

Eckhart: *Istigkeit* – Seinsgrund. Folgt man diesem roten Faden, kommt man ins Staunen: »Durchbruch« war eine zentrale Kategorie im Denken Meister Eckharts.

Was meinte der thüringische Mönch damit? Aus der Arbeitswelt der mittelalterlichen Bauhütten und Bergwerksstollen überträgt er die Vorstellung vom Durchbruch in die spirituelle Sphäre. Da geht es um nichts Geringeres als um die Öffnung zur *Gegenwärtigkeit* des Göttlichen, also zu dessen dauerhafter Präsenz im eigenen Leben. Es geht ihm um einen Vereinigungsvorgang: die *unio mystica.* Nicht *vliehenne,* fliehen, sich nicht in die Einsiedlerklause zurückziehen, predigt Meister Eckhart um 1300 seinen Novizen im Dominikanerkloster zu Erfurt. »Der mensche [...] muoz lernen diu dinc *durchbrechen* und sinen got dar inne nehmen.« Lernen, die Dinge zu durchbrechen und Gott *darin* zu ergreifen. Denn: »Diu schal muoz entzwei sin, sol der kerne heruz komen.« Eckhart hat noch ein weiteres Wort für den Durchbruch zur »Gottesgeburt in der Seele«: *transformatio.* Kaum anzunehmen, dass sich die heutigen Klimaforscher und Nachhaltigkeitsexperten, die sich für eine »große Transformation« starkmachen, dieser begrifflichen Wurzeln in der mittelalterlichen Mystik bewusst sind.

~

Noch eine Rückblende auf das turbulente Jahr 1968: An Heiligabend war ich wieder zu Hause. An diesem Tag flimmerten NASA-Bilder aus dem Raumschiff Apollo 8 zur Erde. Es umkreiste den Mond, etwa 100 Kilometer über der Oberfläche, auf der Suche nach einem geeigneten Platz für die erste Mondlandung, geplant für den Sommer 1969. Zum eigentlichen Faszinosum aber wird der Anblick der Erde. Über dem Horizont einer grauen, steinernen, öden Mondlandschaft hebt sich der 400 000 Kilometer entfernte Blaue Planet betörend schön aus der Schwärze des Weltalls. Die Fernsehbilder aus dem All unterlegen die Astronauten Anders und Lovell mit einer Lesung aus der Genesis, der biblischen Schöpfungsgeschichte. »Am Anfang schuf Gott Himmel und Erde …« Die Lesung endet an der Stelle: »Und Gott sah, dass es gut war.« Sekunden später verschwindet das Raumschiff hinter der erdabgewandten Seite des Mondes.

Ich erinnere mich vage. Sicher weiß ich nur eines: An diesem Tag wurde ich neunzehn. Die Aufnahmen vom *earthrise,* vom Aufgang der Erde, haben die Menschen damals weltweit euphorisiert und inspiriert. Ein neues Weltbild, Bild des Planeten, Bild der Menschheit von sich selbst, nahm Konturen an. Das Narrativ der Mondflüge enthielt eine Kosmologie für das 21. Jahrhundert. Es handelte von der Einzigartigkeit des Blauen Planeten *(only one earth),* von seiner Schönheit *(der schönste Stern am Firmament)* und – das war neu – von der Zerbrechlichkeit seiner Ökosysteme. Damit rückten zum ersten Mal die Grenzen des Wachstums ins Blickfeld. Global denken, lokal handeln.

Inmitten einer chaotischen, vom Kalten Krieg und von heißen regionalen Konflikten zerrissenen und vom nuklearen Winter bedrohten Welt entstand eine große Erzählung aus wenigen Worten. Sie setzte enorme positive Energien frei. Kreative Suchbewegungen begannen überall auf der Welt, an Lösungen nach menschlichem Maß zu arbeiten. Das Narrativ bildete die Matrix eines neuen, vitalen Begriffs, der in den folgenden Jahrzehnten zu einem neuen Paradigma, einer Achse des Denkens, aufstieg: *sustainable development,* Nachhaltigkeit. Die Essenz des *moonshot thinking* der Jahre um 1970 hat der Astronaut Eugene Cernan auf den Punkt gebracht: »Wir flogen los, um den Mond zu erkunden, tatsächlich aber entdeckten wir die Erde.«

~

Was bringt es, heute an die Bilder und Denkbilder von damals zu erinnern? Sie kehren, so scheint mir, momentan gerade mit neuer Strahlkraft zurück. Die Metapher vom »Durchbruch« ist hilfreich, um das Wesen einer Krise besser zu verstehen. Sie bringt uns zurück in den Modus der Vorwärtsbewegung. Kaum etwas ist jetzt so dringlich. Denn die Kette der Krisen reißt nicht ab: Erderwärmung, Artensterben, Finanzkollaps, Schuldenberge, scheiternde Staaten, Flüchtlingsdramen, fundamentalistischer Terror. Wir haben es mit multiplen Krisen zu tun. Die Krise, eigentlich ein Ausnahmezustand, ist zum Dauerzustand geworden. Hat der »Kollaps in Zeitlupe« begonnen, der 1972 vom Club of Rome für die Mitte des 21. Jahrhunderts vorhersagt wurde? Falls, ja falls wir den Kurs nicht radikal ändern würden.

Doch genau in dieser kritischen Situation hat die Gesellschaft – mehr oder weniger – eine Art Schockstarre befallen. Die Kette von Hiobsbotschaften, Horrormeldungen und Katastrophenbildern, die uns gegenwärtig rund um die Uhr multimedial kommuniziert werden, tut uns nicht gut. Die Schockwellen lassen sich kaum noch abfangen. Die Anspannung nimmt zu. Die Vigilanz, die permanente Wachsamkeit und das Scannen der Wirklichkeit nach allen möglichen Bedrohungen, verengt sich zum Tunnelblick. Die Wahrnehmung fokussiert sich auf die Probleme, ja oft sogar auf ein einziges Problem, das völlig unverhältnismäßig zu seiner tatsächlichen Bedeutung ins Rampenlicht gerückt wird. Es türmt sich auf. Die Hütte brennt. Die Nerven liegen blank. Es gibt scheinbar kein Entrinnen. Es gibt keine Alternative. Erstarrung und Lähmung führen zu Resignation und Rückzug oder zu Hass und Gewaltbereitschaft. Man fühlt sich machtlos und hilflos. Angst essen Seele auf. *No future.*

In dieser Lage suchen wir gleichsam nach einer Reset-Taste. Wir wollen es wieder so haben wie vorher. Wir wollen den Zustand wiederherstellen, wie er vor Beginn der Krise war. Das Pendel soll zurückschwingen. Doch das Lauern auf die Rückkehr des Bisherigen ist vergeblich. Die Reset-Taste funktioniert nicht. Wir verkennen nämlich das Wesen einer Krise. Das griechische Wort *krísis* bedeutet so viel wie »Entscheidung«. In der antiken Medizin bezeichnete es den Moment, in dem es sich entscheidet, ob der Patient stirbt – oder gesundet.

So gesehen, stellt die Krise die Phase der Zuspitzung einer gefährlichen Entwicklung dar, in der diese einen entscheidenden Wendepunkt erreicht. Entweder führt sie zum Kollaps des alten Zustands und ins Chaos oder zum Durchbruch eines neuen Paradigmas. Fest steht: Man kann nicht mit denselben Strategien aus der Krise herauskommen, welche die Krise verursacht haben. Es geht hier gerade nicht um eine Pendelbewegung zurück. Die Krise zwingt dazu, hinter den Symptomen die Ursachen der Krankheit zu erkennen und diese zu überwinden.

Im Chinesischen setzt sich der Begriff für Krise *(weiji)* aus zwei Wörtern und Schriftzeichen zusammen: Gefahr *(wei)* und Gelegenheit *(ji)*. In jüngster Zeit wird das häufig umschrieben mit: aus der Krise gestärkt hervorgehen. Ja, aber was bedeutet das genau? Legen wir den Ausdruck auf die Goldwaage. Es kann nicht um ein »Weiter so« mit den alten, durch einzelne Maßnahmen irgendwie robuster, »resilienter« gemachten Mustern gehen. Die Pendelbewegung, das Nebeneinander, ein Sowohl-als-auch zwischen altem und neuem Paradigma führt nicht aus der Krise heraus. Das gilt auch für den Versuch, ein altes mit einem neuen Paradigma zu verschmelzen. Etwa mit einer Formel wie »nachhaltiges Wachstum«. Die Stärkung besteht genau in dem Bruch mit den alten Mustern, der Adaption, Durchsetzung und Dominanz anderer, »nachhaltiger« Denk- und Verhaltensmuster. In diesem Transformationsprozess vollzieht sich ein Wechsel des herrschenden Paradigmas. Ohne Krise, ohne Schockwellen ist er gar nicht möglich. Ein »Weiter so wie bisher« endet im Kollaps.

~

Im 21. Jahrhundert ist aus dem »kalifornischen Traum« ein schillerndes Amalgam geworden – ein Mix aus *Just-do-it*-Pragmatismus, *Forever-young*-Utopismus und Techno-Futurismus. Die daraus abgeleiteten Geschäftsideen: die Google-Brille, eine Brille, mit der man beispielsweise seinen Cholesterinspiegel überwachen und sein Gegenüber per Augenzwinkern unbemerkt fotografieren kann. Oder das selbst fahrende Auto, das den Fahrer zum Beifahrer eines Autopiloten macht, sodass er während der Fahrt twittern oder dösen kann. Das Internet der Dinge, das einem ermöglicht, vom Supermarkt aus die Vorräte im Kühlschrank zu checken. Das ultimative Anti-Aging-Mittel. Solche Dinge werden als Meilensteine auf dem Weg in eine »digitale Zukunft« angepriesen, als *tools* für eine bessere Welt, als Glücksverheißung. Durchbruch?

Kein Zweifel, die Innovationen aus dem Silicon Valley haben momentan Konjunktur. Doch sind sie mehr als nur *tools,* die einer kleinen Elite das »Weiter so« in eine beschleunigte Zukunft ermöglichen? Eine Zukunft, die immer weniger lebbar und lebenswert erscheint? Und stets lauert im Hintergrund die alte NASA-Vision von »Erdflucht« und *terraforming.* Da geht es um die Besiedlung des Mars, des Roten Planeten. Für den Fall, dass die Erde unbewohnbar geworden sein wird. Ein Megaprojekt aus dem Silicon Valley nennt sich *Breakthrough Listen.* Geplant wird der Bau eines neuartigen Superteleskops. Es soll in der Lage sein, auch schwache Signale von Leben aus den Tiefen des Weltraums zu empfangen. Es gibt keine Alternative? Doch, es gibt immer Alternativen.

Eine Momentaufnahme aus dem Herbst 2015. Zwei Bildwelten beherrschten die Medien: Auf der Frankfurter Automobilausstellung präsentieren Unternehmen aus dem Silicon Valley und in deren Gefolge die deutschen Branchenführer die ersten Prototypen des »selbst fahrenden Autos«. Scheinwerferlicht. Trommelwirbel. Vorhang auf. Harter Schnitt: Auf den endlosen, staubigen Landstraßen der Balkanroute bewegen sich Hunderttausende von Flüchtlingen auf die Außengrenzen der Europäischen Union zu. Viele sind lange Strecken zu Fuß unterwegs. Eine kleine österreichische Schuhmanufaktur spendet einen Teil ihrer Produktion. Die Erfahrung, die dahintersteht: »Schuhe sind das Wichtigste für einen Menschen auf der Flucht. Schuhe sichern das Überleben. Man muss auf sie aufpassen wie auf einen Augapfel. Am besten schläft man auf ihnen.« Was zählt, schrieb mir ein Freund aus Bayern in jenen Tagen, ist: die positive Energie.

An die aus ihrer Sicht besten Köpfe und kreativsten Forschungsinstitute verleihen die Strategen des Silicon Valley einen hoch dotierten *Breakthrough Prize.* Ausgezeichnet werden »fundamentale Entdeckungen über das Universum, das Leben und den Geist«.

Deutlich geringer dotiert, dafür aber bedeutsamer als der Breakthrough Prize aus dem Silicon Valley scheint mir der *Right Livelihood Award* aus Stockholm. Ausgezeichnet mit diesem »Alternativen Nobelpreis« wird »eine herausragende Vision und ein Werk im Dienste unseres Planeten und seiner Menschen«. Doch was ist *right livelihood?* Das richtige Leben im falschen? »Es bedeutet, ein Leben zu führen, das andere Menschen und unsere Umwelt respektiert. Es bedeutet, verantwortlich zu handeln und nur einen fairen Anteil an den begrenzten Ressourcen unseres Planeten zu verbrauchen.« Der Weg dahin, so die Stiftung, die den Preis alljährlich vergibt: »Der Right Livelihood Award will dem Norden helfen, eine Weisheit zu finden, die zu seiner Wissenschaft passt, und dem Süden, eine Wissenschaft zu finden, die seine alte Weisheit ergänzt.« Wissenschaft und Weisheit, *breakthrough technologies,* neue Produkte und neue Werte – ich vermute, wir brauchen beides. Doch wo liegen die Prioritäten? Und wo die Schnittmengen? Diesen Fragen möchte ich nachgehen.

~

»Eine andere Welt ist nicht nur möglich. Sie ist im Entstehen. An einem stillen Tag höre ich sie atmen.« Hier ertönt nun eine weibliche Stimme. Sie spricht in unsere Gegenwart hinein, zu unserer Generation. Es ist die Stimme der indischen Schriftstellerin und Aktivistin Arundhati Roy. Ihr Satz bildete den Schlussakkord zu ihrer Rede auf dem Weltsozialforum. Das war 2003 in der brasilianischen Metropole Puerto Alegre. Das Forum stand unter dem Motto »Leben nach dem Kapitalismus«. Ihr schöner Satz behauptet sanft und entschieden, dass im Schoß der alten Gesellschaft eine neue heranwachse und zu atmen beginne. Hier hat sich die Metaphorik verändert. Die Vorstellung des »Durchbruchs« wandelt sich zum Bild der »Entbindung«.

Eine sanfte Metapher? Ja, aber nicht nur. Den Moment der Entbindung, so erzählte mir eine junge Hebamme, erleben die meisten Frauen als eine ungeheure Erleichterung. Die Wehen sind vorüber. Schlagartig lässt der Schmerz nach. Eine Welle von Freude und Glücksgefühl durchflutet Leib und Seele. Doch das Kind nimmt diesen Moment ganz anders wahr, nämlich durchaus als einen Durchbruch. Sein winziger Körper muss erst mal die Fruchtblase sprengen. Er zwängt sich mit dem eigentlich zu großen Kopf, den Schultern, dem ganzen Leib durch den Geburtskanal. Das erfordert alle Kraft. Das Herz schlägt schnell. Der Muskeltonus ist angespannt. In diesem Moment bricht das Licht der Welt herein – und die Kälte. Im Vergleich zum Mutterleib jedenfalls muss die Außenwelt kalt wirken, die Entbindung als Schockwelle. Der erste Atemzug. Ein Moment der Stille. Dann erst der Urschrei. Bedenkt man diese Erfahrung, dann erscheint die Metapher der »Entbindung« auf einmal in einem härteren Licht. Sie ist sehr verwandt mit der Rede vom »Durchbruch«. Beide sind komplementär. Sie ergänzen sich.

»Die Gegenwart ist aufgeladen mit Vergangenheit – und geht schwanger mit der Zukunft.« So formulierte 300 Jahre vor Arundhati Roy der deutsche Philosoph Leibniz. Einen achtsamen Blick auf das richten, was geschieht, und dann das, was davon wünschenswerte Zukunft enthält, begleiten, fördern, zum *Durchbruch* verhelfen. Eine solche Haltung und Handlungsweise wäre zukunftsfähig. Eine schöne alte Metapher, in vielen Kulturen der Welt bekannt, bringt zum Ausdruck, wie im Schoß des Alten das Neue entsteht: Die schimmernde Perle wächst in der harten und rauen Schale der Muschel heran. Wir wären gut beraten, unsere Aufmerksamkeit auf das Wachstum der Perle zu richten.

Für die Wiedergewinnung von Denk- und Handlungsoptionen scheinen mir diese Spiele mit der Sprache erhellend. Sie tragen dazu bei, wesentliche Voraussetzungen für den Mut zur Transformation zu erkennen: *erstens* ein Grundvertrauen in die eigenen Potenziale und Ressourcen; *zweitens* die Erfahrung von Selbstwirksamkeit und *drittens* die Arbeit am weiteren Aufbau einer tragfähigen, also »nachhaltigen« Wertewelt. Der scheint mir wichtiger als die Arbeiten an den technischen Lösungen und Produkten, den *breakthrough technologies.* Er ist im Gange, und zwar erfolgreicher, als wir manchmal meinen. Vom aktuellen Aufstieg nachhaltiger Werte im Schoß unserer Gesellschaft erzählt dieses Buch.

~

Dies ist ein Reisebericht. Er erzählt von Streifzügen durch das Land, die ich in den letzten zwei, drei Jahren unternommen habe. Er handelt von Orten, an denen ich das Gefühl hatte, dem in der Gesellschaft vor sich gehenden Wertewandel besonders nahe zu kommen. Den leisen, unterschwelligen Veränderungen ebenso wie den disruptiven Umbrüchen. Es waren jeweils langsame Annäherungen, die letzte Etappe meist zu Fuß. Denn zu Fuß siehst du besser. Und: Nur wo du zu Fuß warst, warst du wirklich.

Um möglichst viele und vielsagende Realitätspartikel ging es mir bei meinen Erkundungen. Um Mosaiksteinchen für ein größeres Bild. »Vor Ort«, wie man so schön sagt, hatte ich das Glück, mit einigen Akteuren aus der großen Suchbewegung ins

Gespräch zu kommen. Diese Gespräche sind eine Keimzelle dieses Buches.

Werte sind schwer zu fassen und kaum messbar. Sie sind etwas Immaterielles. Sie entstehen nicht in der Retorte, sondern in der Atmosphäre des Zeitgeistes. Sie lassen sich nicht verordnen, sondern »emergieren«, treten hervor, steigen auf. Die Sprache ist ein feiner Seismograph. Mich interessieren die »Modewörter«, Begriffe, die gerade Karriere machen. Sie auf die Goldwaage zu legen ist ein weiterer Strang, der sich durch dieses Buch zieht. Die besonders zeitgeistigen Wörter haben meist tiefe Wurzeln in der Kultur. Zukunft braucht Herkunft. Das gilt besonders für unseren Wortschatz. Diesen Prozessen von Recycling und Upcycling nachzuspüren finde ich besonders spannend. Es hilft uns, Tiefendimensionen und Facetten unserer Begriffe zu verstehen, um im Hier und Jetzt souverän damit umgehen zu können. So entstand Schritt für Schritt die mentale Landkarte, der ich auf meinen Wegen durch das Land gefolgt bin.

Das wachsende Unbehagen an der die Gesellschaft zerreißenden Gier halte ich für einen wichtigen Trend. Dieses Unbehagen entwickelt gegenwärtig eine enorme Dynamik. Aber es ist diffus. Als Wegweiser zu einer kühlen »Anatomie der Gier« diente mir Hauffs Märchen über *Das kalte Herz.* Mit dem Büchlein im Rucksack entdeckte ich im Nordschwarzwald die Schauplätze der Parabel und deren Aktualität: Gier und Narzissmus sind dysfunktional. Angesagt sind Varianten der Warmherzigkeit – die Empathie. Davon handeln *Kapitel 1* und der ihm folgende erste von insgesamt fünf gedanklichen »Zwischenrufen«.

Kapitel 2 spielt in der Autostadt, der Traumfabrik des VW-Konzerns. Wir kamen »aus der Tiefe des Raumes«, aus der umgebenden Natur-Kultur-Landschaft. Auch hier schärfte die langsame Annäherung die Wahrnehmung. Der Kult der Beschleunigung ist passé. Die Wiederentdeckung von Geschwindigkeiten nach menschlichem Maß hat begonnen. Die Zeit ist reif für einen Abgesang auf die Autostadt.

Alle reden von »Gelassenheit«. Kein Zweifel, auf der Skala unserer Werte rückt diese Verhaltensweise nach oben. Gelassenheit, aber was ist das? Eine Form von Wellness? Eine Variante von »cool«? *In Kapitel 3* mache ich mich auf eine verschlungene Zeitreise zu den Quellen, die über die Mystik des Mittelalter bis in die Antike zurückreichen.

Kapitel 4 erzählt von einer neuen Landmarke des Ruhrgebiets. Auf einer Berghalde, Altlast des fossilen Zeitalters, erhebt sich seit Kurzem ein Horizontobservatorium, Wahrzeichen für ein kommendes solares Zeitalter. Ein Ort härtester Maloche transformiert sich zu einer Bühne, die jeder frei nutzen kann, um sich neu in die Rhythmen und Zyklen von Natur und Kosmos einzuklinken. Für mich auch ein Ort der persönlichen Erinnerung an die Arbeit »unter Tage«, die die Mentalität dieser Region bis heute prägt.

Vom Wert der Gemeingüter handelt auch *Kapitel 5*. Auf dem Höhepunkt der Welle von Privatisierungen rollt plötzlich eine neue Welle heran. Die Wiederentdeckung der *commons* hat begonnen. Wem gehört die Welt? Die Antwort: allen und keinem. Ich besuche alte, noch intakte Allmendewälder im Weserbergland und spreche mit einem Wikipedia-Autor, einem Aktivisten der Wissensallmende.

In *Kapitel 6* schließlich geht es – wie auch zuvor schon – um das Mantra des »Wachstums«. Ich mache mich auf den Weg zu Pionieren des Wandels in Richtung einer »Postwachstumsgesellschaft«. Meine Gespräche führen in die Gedankenwelt von Leuten ein, die zwischen Münsterland, Thüringer Wald und dem Breisgau an gesellschaftlichen Strukturen und neuen Lebensformen arbeiten, welche auch nach dem Ende einer wachstumsfixierten Wirtschaft halten und tragen könnten. Mutmachende Laboratorien einer »anderen Welt« – im Hier und Heute.

Kapitel 1

Das Kalte-Herz-Syndrom

Anatomie der Gier

~

Als Kind liebte ich Luftballons. Damals waren sie noch etwas Besonderes. Doch in der Woche der Herbstkirmes in unserer kleinen Stadt bekamen wir Kinder in den Geschäften, in denen unsere Mutter einkaufte, ein oder zwei bunte Ballons geschenkt. Das Laub fiel. Der Geruch von Kartoffelfeuern lag in der Luft an den Rändern der Schrebergärten, wo wir spielten. Es dunkelte früh. Im schlauchartigen Flur unserer Vier-Zimmer-Mietswohnung begannen unsere wilden Spiele: Kopfballstafetten, volleyball- oder handballartige Spielzüge von Wand zu Wand. Ich staunte über die zeitlupenhaften Bewegungen der Ballons durch den Raum, über die Elastizität und Zartheit des Materials. Sie verkörperten etwas von der Leichtigkeit des Seins.

Spannend war jedes Mal neu das Aufblasen. Um die besten Flugeigenschaften zu entfalten, muss ein Luftballon möglichst prall mit Atemluft gefüllt sein. Aber gleichzeitig musst du sehr darauf achten, die Hülle nicht zu überdehnen. Jedes Mal, wenn mir ein Ballon platzte, erlebte ich eine Schrecksekunde und war todunglücklich. Zumal ich wusste, dass unser kleiner Bestand rasch aufgebraucht und damit die ohnehin kurze Luftballonsaison zu Ende sein würde. Ersatz war nämlich nicht in Sicht. »Teilt's euch ein – mehr gibt's nicht.« Noch heute klingt mir diese Mahnung unserer Mutter im Ohr. Beim Austeilen von Obst, Süßigkeiten oder Spielzeug regulierte das Prinzip »Teilen und einteilen« die kindliche Gier, vor der niemand von uns gefeit war. Es war eine genuin *nachhaltige* Faustregel. Ein Denken und Fühlen in den Bahnen »immer mehr!« und *»ich* und nicht du!« war von Anfang an keine Option. So verlockend und »natürlich« es uns oft auch vorkam.

Mir fielen diese Glücks- und Unglücksmomente der Kindheit wieder ein, als ich von einer Versuchsreihe am Psychologischen Institut der Universität Würzburg hörte. Dort wurde 2014 über das Phänomen der Gier geforscht. Die Probanden, Durchschnittsalter 24 Jahre, wurden zunächst in einer Befragung auf ihre Nähe zu Verhaltensmustern von »Gier« getestet. Danach bekamen sie die Aufgabe, am Computerbildschirm durch einzelne Mausklicks einen Luftballon so prall wie möglich aufzublasen. Der virtuelle Ballon stellte einen Wert von 1 000 Euro dar. Durch das Aufblasen auf die maximale Größe würde er seinen Wert verdoppeln und dem erfolgreichsten Versuchsteilnehmer ganz real einen Bonus von maximal 100 Euro bescheren. So weit wie möglich aufblasen, aber nicht platzen lassen – so war die Vorgabe. Natürlich wusste niemand, beim wievielten Mausklick der Ballon platzen und damit wertlos würde. Wie würden die Probanden agieren und reagieren?

Das Versuchsergebnis kurz zusammengefasst: Es hat sich gezeigt, dass das Verhaltensmerkmal »Gier« zum einen mit einer hohen Risikobereitschaft korreliert, zum anderen mit einer geringen Lernfähigkeit. Gierige Individuen lernen nicht aus ihren Fehlern. Stimuliert von Erfolgsgeschichten aus ihrer Umgebung, die erzählen, wie Gier sich auszahlt, »sich rechnet«, machen sie einfach weiter. Und – besonders beunruhigend – es berührt ihren Gefühlshaushalt gar nicht, wenn ihr Ballon platzt. Im Moment des Erfolgs oder des Scheiterns zeigen sie nahezu die gleichen Hirnaktivitäten.

~

»Die Erde hat genug für jedermanns Bedürfnisse, aber nicht für jedermanns Gier.« Seit dem Aufstieg des Turbokapitalismus, erst recht seit dem Bankenkollaps von 2008 flimmert dieser Satz Mahatma Gandhis über unzählige Webseiten. »Gier«, genauer gesagt: Habgier, ist ein scheinbar einfaches Phänomen. Seine Essenz: immer mehr haben wollen, unbedingt und maßlos: materielle Güter, Geld, Macht, Sex und Ansehen. All das gilt es exklusiv für sich selbst, also ohne Rücksicht auf andere – ja bewusst auf Kosten anderer –, zu haben und zu nutzen. Auf dem Weg dahin das volle Risiko in Kauf nehmen: alles oder nichts. Das ist der Kern. Als eine unter vielen seelischen Grundkräften war und ist die Gier in allen Kulturen der Welt verbreitet. Doch stets war sie gesellschaftlich eingehegt. Sie wurde dosiert und gemäßigt, geächtet, verspottet, bekämpft und nach Möglichkeit unter Kontrolle gehalten. Gierig sein, das gehörte sich nicht. Es galt als eine Abweichung vom normalen Verhalten. Erst der Kapitalismus machte die Gier schrittweise gesellschaftsfähig. Im 21. Jahrhundert hat sich diese Dynamik beschleunigt und ausgeweitet. Geiz ist geil. Selbstsucht ist geil. Gier wird epidemisch, und das hat weitreichende Folgen. Sie führen uns, wenn es nicht gelingt, sie wieder einzudämmen, in den Kollaps. Denn wir haben in vielen Bereichen die planetarischen Grenzen des Verbrauchs an Ressourcen erreicht, teilweise bereits überschritten. Das »Immer mehr!« führt zum Absturz ins Nichts. Wir alle wissen oder ahnen es. Warum gelingt es trotzdem noch immer nicht, die Gier zu bändigen? Welche starken seelischen Triebkräfte sind mit im Spiel?

»Die Erde hat genug für jedermanns Bedürfnisse, aber nicht für jedermanns Gier.«
Mahatma Gandhi

Um die Anatomie – und Pathologie – der Gier zu verstehen, scheint mir eine Zeitreise angebracht. Sie führt von den Tälern des Schwarzwalds zur Zeit der Romantik bis in die Straßenschluchten des heutigen Manhattan. Als Reiseführer für die erste Etappe dient ein Märchen: Wilhelm Hauffs *Das kalte Herz.*

»Gut, Michel; gebt mir den Stein und das Geld, und die Unruh könnet Ihr aus dem Gehäuse nehmen!« In der Erzählung besiegeln Peters Worte einen Tausch, ein Geschäft. Die »Transaktion«, wie man im Jargon der modernen Finanzmärkte sagen würde, hat es in sich. Der bitterarme, junge und naive Schwarzwälder Köhlerbursche Peter Munk will sich ein für alle Mal aus dem Elend erlösen. Also verkauft er das unruhig pochende Herz in seiner Brust und tauscht es gegen einen Klumpen kühlen Marmelstein. Der Investor heißt Holländer-Michel, ist ein Waldgeist und agiert in Gestalt eines vierschrötigen Flößers und unter der Maske eines »Entrepreneurs«, wie man schon damals in den Gegenden längs der französischen Grenze sagte. Er packt Peter an seiner empfindlichsten Stelle, den erlittenen *Kränkungen der Ehre,* also bei seinem Narzissmus, dem Geltungsdrang, dem unstillbaren Bedürfnis, etwas zu gelten und immer mehr zu gelten. Für den Deal bezahlt er viel Geld. Den Rat, es zinsbringend zu investieren, also als Kapital anzulegen, gibt er seinem Kunden – und Opfer – gratis dazu. So nimmt das Grauen seinen Lauf. Eine unheimliche Abwärtsspirale setzt sich in Gang und gerät außer Kontrolle.

Das »Immer mehr!« führt zum Absturz ins Nichts.

Doch Gott sei Dank hat der Holländer-Michel einen ebenbürtigen Gegenspieler. Das Glasmännlein, der *Schatzhauser im grünen Tannenbühl,* verkörpert den guten Geist des Waldes. Er steht sowohl für die überkommene Wertschöpfungskette von Holz, Quarz und Glas als auch für die tradierten Maßstäbe von Sitte und Anstand in dem Leben und der Arbeit der Waldbewohner. Sie waren seit jeher gewohnt, sich mit ihrer Hände Arbeit maßvoll von den Gaben der Natur zu ernähren.

Nur ein harmloses Märchen aus uralten Zeiten? 1826 ist es erschienen, also in der Übergangszeit zwischen Romantik und Biedermeier. Es war zugleich die Epoche, als die Dynamik der frühkapitalistischen Entwicklung mit ziemlicher Verspätung auch die deutschen Territorien erreichte.

Um an dieser Stelle noch eine Kindheitserinnerung einzublenden: Für mich war *Das kalte Herz* eine Art Initiation in die Welt der Dichtung, die bis heute nachhält. Wenn ich wieder darin blättere, sehe ich mich auf den Knien meines Vaters sitzen und atemlos zuhören, als er es mir und meinem Bruder vorlas. Zusammen mit den anderen schaurigen Geschichten aus Hauffs *Wirtshaus im Spessart.* Wir hockten eng aneinandergekuschelt auf der Couch im Wohnzimmer, im zweiten Stock eines 1950er-Jahre-Neubaus in einer westfälischen Kleinstadt. Im Hintergrund glühte und knisterte es im Kohleofen, und wir fieberten mit dem Kohlenmunk-Peter, als er den Einbruch des Fantastischen in seine armselige Existenz herbeisehnte und herausforderte. Die Vorstellung, drei Wünsche frei zu haben, beflügelte kindliche Fantasien, auch Allmachtsfantasien, weckte das Begehren. Die Idee, ein »Sonntagskind« zu sein, also etwas Besonderes, von einem geheimnisvollen Schicksal auserwählt, war ebenfalls ein Faszinosum.

Die Angst vor der Erkaltung und Erstarrung der eigenen Gefühlswelt

Doch die Angst vor der Erkaltung und Erstarrung der eigenen Gefühlswelt entfaltete beim Fortgang der Handlung ein machtvolles Abschreckungspotenzial. Damals spürte ich zum ersten Mal etwas vom Wesen jeder großen Dichtung: Sobald du dich in sie versenkst, betrittst du einen Schonraum, in dem nur eine Regel gilt: Nichts ist unmöglich.

Die häuslichen Vorleseabende muss ich erlebt haben, kurz bevor ich lesen lernte. Das war Mitte der 1950er-Jahre, in den Anfängen der Wirtschaftswunderzeit. Heute, im längst angebrochenen 21. Jahrhundert, ist *Das kalte Herz* noch immer sehr präsent. In Baden-Württemberg gehört es quer durch die Generationen zum Kanon. Es hat seinen Platz in Schulen, auf Heimatbuhnen, in einem ihm eigens gewidmeten Museum. Fest verankert im kulturellen Gedächtnis des »Ländle«, stiftet es regionale Identität. Aber nicht nur dort. Wer in der DDR sozialisiert wurde, kennt die Geschichte genauso gut. Wenn nicht aus dem Lesebuch, dann aus dem DEFA-Farbfilm von 1950, der das Märchen als sozialistischen Heimatfilm inszenierte. Diese Fassung steht in einer langen Kette von Verfilmungen. Die jüngste kommt im Herbst 2016 in die Kinos. Es scheint, die Erzählung führt wiederum mitten ins Zentrum einer brandaktuellen Problematik: Was macht das Geld aus den Menschen? Kann uns die kleine Parabel einen Schlüssel zur Pathologie der Moderne liefern?

~

»Wer durch Schwaben reist, der sollte nie vergessen, auch ein wenig in den Schwarzwald hineinzuschauen.« Mit dieser Empfehlung beginnt der junge Dichter – Hauff war gerade 25 Jahre alt – seine Geschichte. Folgen wir seinem Rat. Eine Wanderung in das Quellgebiet von Enz, Nagold und Murg führt, wenn man bei einem Märchen so sagen darf, zu den Originalschauplätzen.

Ein Tag Anfang Juni, elf Uhr, 22 Grad Celsius, sonnig, leichte Brise. Ein steiler Anstieg aus dem Tal der Enz bringt uns aus dem Kurortmilieu von Bad Wildbad auf den Sommerberg. Gut 300 Meter Höhenunterschied. Der Schwarzwald-Mittelweg, der von Pforzheim nach Waldshut den Schwarzwald in Nord-Süd-Richtung durchquert, macht auf seiner zweiten Etappe an dieser Stelle einen leichten Bogen nach Südwesten. Ein erster Blick über die Landschaft: Die Höhen sind dicht bewaldet. Hier stockt Nadelwald, mit wenigen Laubwaldbeständen gemischt, bis hinüber zum Nagoldtal. Schattierungen von Grün, darüber

Himmelsbläue und das Weiß ziehender Wolken – Sommerseligkeit. Der Nordschwarzwald, sagt Herbert, mein Wanderkumpan, der im nahen Calw zu Hause ist und hier jeden Weg und Steg kennt, ist eigentlich kein Bergland, sondern eine Hochfläche, die von mehreren Flusstälern eingekerbt ist. Wir kreuzen einen Weg, der auf der Wanderkarte als »Kohlweg« eingezeichnet ist. Ein erster Hinweis auf die Zeit, als in den Wäldern ringsum Meiler qualmten und hoch beladene Gespanne die Holzkohle zu den Glashütten und Schmieden in den Tälern transportierten. Hinter Kaltenbronn, einer kleinen Ansiedlung, die aus einer Försterei entstanden ist, erreicht unser Weg die 1 000-Meter-Zone. Auf dem Plateau des Hohloh erstreckt sich eine einsame Hochmoorlandschaft. Mittendrin ein See. In Ufernähe treibt Schwingrasen, bedeckt mit Wollgras und Torfmoos. Baumleichname liegen im Wasser oder stehen aufrecht am Ufer. Eiszeitliche Relikte treffen auf eine sich verjüngende Natur. Rosmarinheide und junge Birken wachsen nach und bilden die Vorhut für den Wald von morgen. Die Orkane der 1990er-Jahre hatten hier oben ausgedehnte Fichtenbestände umgeworfen. Die Vorherrschaft der menschengemachten Monokultur geht nach 200 Jahren im Klimawandel unwiderruflich zu Ende. Jenseits des Moores ragt der Hohloh-Turm empor. Mit dem 360-Grad-Rundumblick ist er der perfekte Ausguck, um in den inneren Nordschwarzwald hineinzuschauen.

Abendlicht beleuchtet das Waldmeer ringsum, als wir die Aussichtsplattform des Turmes erklimmen. In einer tiefen Staffelung von Farbtönen tritt die räumliche Anordnung von Höhenzügen, Kuppen und Abhängen hervor. Das zarte Grün des Jungwuchses am Fuß des Turmes verwandelt sich in die Schwärze der umgebenden Nadelwälder, fließt über in die bläulichen Schleier der Ferne und weicht über dem Horizont den Abstufungen der Himmelsbläue, die sich mit den Pastelltönen der Abendröte verbinden. Nach Nordwesten öffnet sich das

Murgtal mit seinen Dörfern und »Städtle« zur Rheinebene. Das Gebiet von Hornisgrinde und Mummelsee, dem höchsten Berg und dem mystischen Gewässer des Nordschwarzwalds, kommt ins Blickfeld. Nach Südwesten schweift der Blick über eine geschlossene Waldfläche ins obere Murgtal. Östlich davon schließen sich die Enzhöhen an, dicht dahinter das Quellgebiet der Nagold. »O Täler weit, o Höhen!« Vor uns liegt das Reich von Holländer-Michel und Glasmännlein.

Mein Blickfang ist eine solitäre Tanne. Am Steilhang des Plateaus überragt sie die gezackte Silhouette der Fichtenbestände. Da ist sie, die ursprüngliche Königin des Schwarzwaldes. Unterwegs hatten wir immer wieder stattliche Exemplare stehen sehen, vereinzelt oder in Grüppchen, manchmal ziemlich zerzaust. Der ehemals flächendeckende Weißtannenwald ist unter dem Druck der Kahlschlagswirtschaft und des Wildverbisses schon lange von der schneller hiebreifen »Rottanne«, der Fichte, in kleine Nischen abgedrängt worden. Und trotzdem wirkt ihr Anblick jedes Mal erhebend. Ist es ihre Körpersprache? Die hohe Gestalt? Der kerzengerade Wuchs des Schaftes mit den Ästen, die sich weit ausladend nach oben öffnen? Ist es die Art, wie sie ihre »Tännle«, ihren Nachwuchs, beschirmt? Oder die Krone, die sich wie ein Vogelnest wölbt, statt wie bei der Fichte schlank und spitz in die Luft zu stechen? Liegt es am Stamm, der sich silbrig grau von der rötlich braunen Rinde benachbarter Fichten abhebt? Sind es die Tannennadeln, die an der Unterseite hell schimmern? Oder die Tannenzapfen, die aufrecht stehend ihren Samen ausstreuen, während die Fichte die Zapfen herabhängen lässt und schließlich abwirft? Die Tanne, so kommt es mir während dieser Wandertage im Nordschwarzwald vor, hat eine Aura von Vornehmheit – von Adel. Alte Forstleute sind überzeugt, die Zeit des Buchen-Weißtannen-Waldes komme wieder. Er könne sich besser als die künstliche Fichten-

Die Tanne: eine Aura von Vornehmheit und Adel

monokultur dem Klimawandel anpassen. Die Tanne sei halt »resilienter«.

In der Abenddämmerung laufen wir noch ein Stück weiter nach Süden. Der Weitwanderweg folgt hier der Wasserscheide zwischen Murg und Enz. Zeitweilig verengt er sich zu einem schmalen Pfad, schlängelt sich steinig und durchwurzelt an Fichtenjungwuchs und Heidelbeergestrüpp entlang. Am »Toten Mann«, einer Schutzhütte für Wanderer, benannt nach einem aufgelassenen Bergwerksstollen im Gelände, mündet der Pfad wieder auf eine Forststraße. Im Wipfel einer bestimmt 30 Meter hohen Tanne hängt der Silbermond. Zeit zum Biwak.

~

Am Abend vorher hatte ich mit Herbert im Schauspielhaus Stuttgart *Das kalte Herz* auf der Bühne gesehen. Großes Drama, von Regiestar Armin Petras als eine Art Schocktherapie inszeniert. Auf der Bühne rollt ein wüstes Spiel mit Versatzstücken der Erzählung ab: Peter ist ein tumber Narr, Lisbeth käuflich, das Glasmännlein eine Tänzerin im grünen Trikot. Mal entzündet es Wunderkerzen. Mal toben in seinem Gefolge zottelige Waldmenschen in Kostümen der schwäbisch-alemannischen Fastnacht über die Bühne. Holländer-Michel gibt im schwarzen Mantel, mit Melone und Sonnenbrille eine Kreuzung aus Börsenhai, Drogenboss und Zuhälter. Auf der Mundharmonika intoniert er *Spiel mir das Lied vom Tod.* Mobiliar wird zerdeppert, Geld verbrannt. Eine Kuckucksuhr entpuppt sich als Sarg. Auf dem Bühnenvideo rennt das Ensemble wie auf der Flucht durch einen finsteren Tann, karrt ein Truck Langholz über einen Forstweg. Eine 30-köpfige Original-Volkstanzgruppe des Schwäbischen Albvereins verkörpert in schwarz-weiß-roter Tracht die Dorfgemeinschaft. Um nicht zu sagen: die Volksgemeinschaft. Die Tänzer kommen aus Balingen und Umgebung.

Klingt nach tiefster Provinz, ist es aber nicht. Größter Arbeitgeber der Gegend ist Heckler & Koch in Oberndorf am Neckar. Die »Königlich Württembergische Gewehrfabrik« aus Hauffs Zeiten mutierte zum *global player* auf dem boomenden Markt für High-Tech-Schnellfeuerwaffen. Zu den Rundtänzen holt man sich Leute aus dem Publikum auf die Bühne. Am Schluss feiert ein Männerschwerttanz, eher Kampfkunst als Volkstanz, Peters Rückkehr zu den Wurzeln und seine endgültige Inklusion in die – wehrhafte – Gemeinschaft. Geschäftsmäßig hatte zuvor Holländer-Michel seinen Deal mit Peter abgewickelt. »Du entgehst mir nicht.« Gierig tastet und schleckt er an dem bluttriefenden Herzen, als er es vorübergehend in seinen Besitz gebracht hat. Doch im krassen Gegensatz zu dem alten Märchen ist er es, der am Schluss triumphiert. Es ist eine kaputte Welt. Zombies, Untote, überall. Auf der Bühne und vor der Bühne, im Zuschauerraum. Keine Hoffnung, nirgendwo. Eine andere Welt ist unmöglich.

Lang anhaltender Beifall. Schauspieler und Regisseur verneigen sich. Wir treten hinaus in die laue Frühsommernacht, durchqueren den Park. Unser Weg führt durch das alte Herz von Stuttgart. Ausgewählte Gebäude sind angestrahlt: der barocke Flügelbau der Residenz, jenseits das alte Schloss, die Burg, gegenüber das Ensemble des Schillerplatzes, der Renaissancebau der Alten Kanzlei, Sitz der großherzoglichen Kammer, der Fruchtkasten, die früheren Kornspeicher, die spätgotische Stiftskirche und das Schiller-Denkmal. Die Illuminierung verfremdet das Stadtbild. Das alte Stuttgart beginnt zu leuchten. Die Bauten, Bauformen und Fassaden der Zeit um 1800 treten hervor und erwachen zum Leben. Unser nächtlicher Gang versetzt uns in die Epoche der Großherzöge, der bürgerlichen Oligarchie, der allmächtigen Holländer-Holz-Compagnien. Dem Geld aus den Kahlschlägen im Schwarzwald verdankt Stuttgart viel von seinem Glanz. Unweit von hier liegt Hauff begraben.

~

Insekten summen aus der Blumenwiese am Wegrain. Ein Mohrenfalter flattert vorbei, später ein Kleiner Fuchs. Aus der Ferne ruft ein Kuckuck. Im Frühtau sind wir vom Toten Mann aufgebrochen. Die Wanderkarte verzeichnet für diesen Abschnitt des Mittelwegs den historischen Namen »Alte Weinstraße«. Um 1800 war das noch ein Karrenweg für den Transport von Weinfässern aus der Oberrheinebene, von Holzkohle aus den Wäldern und Glaswaren aus den kleinen Glashütten. Ein Weg der Hinterwäldler, Hausierer und Vagabunden, gewiss auch der Wegelagerer und Banden, die bis in die Wirren der napoleonischen Zeit um 1800 hinein in den abgelegenen Mittelgebirgen die wenigen Transitrouten auf den Höhen unsicher machten.

Der Wald zu unserer Rechten, an den lang gezogenen, nach Westen ins Murgtal abfallenden Hängen, trägt auf der Wanderkarte den historischen Namen »Murgschifferschaftswald«. »Schiffer« bedeutete in den Mundarten des Schwarzwalds so viel wie Flößer. 5 000 Hektar sind noch heute im Besitz einer Genossenschaft, die im nahen Gernsbach ihren Sitz hat. Zu Hauffs Zeiten betrieben eine Handvoll solcher konkurrierenden »Compagnien« das Geschäft mit dem Holz. Im 18. Jahrhundert hatten sie ihre Boomzeit. »In Holland gibt's Gold, / Könnt's haben, wenn Ihr wollt / Um geringen Sold / Gold, Gold.« So träumt es Kohlenmunk-Peter im Märchen. Die Verse beschwören beinahe magisch die Macht des Goldes und das Habenwollen. Sie signalisieren einen epochalen Bewusstseinswandel: Das Zeitalter der Entfesselung der Gier hatte begonnen. Sie wurde gesellschaftsfähig. Wie hat sich dieser Prozess im 18. Jahrhundert bei den Hinterwäldlern im Schwarzwald abgespielt?

Kapitalkräftige Bürger aus den Städtchen der Schwarzwaldtäler schlossen sich zusammen. Mit ihren Geldeinlagen gründeten die »Entrepreneurs« eine Handvoll Holländer-Holz-Compagnien. Nur wenige waren beteiligt, denn, so Hauff: »Es gab nicht viele reiche Leute im Wald.« Dafür war ihr Geschäftsmodell genial einfach. Von den notorisch hoch verschuldeten Landesherren kauften die straff organisierten und hart konkurrierenden Unternehmen Konzessionen für den Holzeinschlag im Staatswald. Der absolutistische Staat machte sich also vom Geldadel abhängig, um aus einer von der eigenen Gier und Prunksucht verschuldeten Schuldenkrise herauszukommen. Damit hatten die Compagnien freie Bahn für großflächige Kahlschläge. Besonders begehrt waren die »Holländer-Tannen« mit ihren 30 Meter langen, einen halben Meter dicken Stämmen. Sie waren bestens für den Schiffbau geeignet. Unter unsäglichen Mühen transportierten Holzknechte das Langholz an den nächstgelegenen flößbaren Flussabschnitt. Dort übernahmen die Flößer. Für jedes Floß wurden Mannschaften neu angeheuert. An den Verladestellen banden sie Hunderte von Stämmen zusammen und flößten das Holz etappenweise zum Rhein. Von Mannheim aus gelangten sie in großen Einheiten – manche Flöße waren an die 500 Meter lang und 50 Meter breit – bis nach Köln. »Die stärksten und längsten Balken aber«, so heißt es bei Hauff, »verhandeln sie um schweres Geld an die Mynheers, welche daraus Schiffe bauen.« Endstation der Flößerei war das niederländische Dordrecht. In der Stadt im Delta von Rhein und Maas wurden die Flöße zerlegt, das Holz von Murg, Enz und Nagold an »Commissionäre« versteigert.

Epochaler Bewusstseinswandel: Gier wird gesellschaftsfähig.

Binnen weniger Jahrzehnten hat diese Raubbauökonomie den Charakter des Schwarzwaldes radikal verändert: das Landschaftsbild *und* die Mentalität der Leute. Um 1800 war ein Drittel des württembergischen Schwarzwaldes abgeholzt. Zeitgenössische Quellen sprechen vom »Mord« am Wald – im Dienst am »Mammon«, dem »Gott unserer Zeit«. Von diesem Bruch erzählt Hauffs Märchen.

Was es nicht mehr erzählt: Die Schiffe, die zwischen 1700 und 1800 auf den holländischen Werften gebaut wurden, setzte man vor allem im transatlantischen Handel ein. Die »Ware«, die sie hauptsächlich transportierten, waren Sklaven. Menschenhandel und der Handel mit »Colonialwaren«, also mit von Sklaven erzeugten Gütern wie Gummi, Zucker, Kaffee und Tabak, waren die Grundlage für den Aufstieg des Kapitalismus im alten Europa.

Die Fortsetzung von *Das kalte Herz* hat Heinrich Heine geschrieben. Sein Gedicht *Das Sklavenschiff* erzählt diese Geschichte aus der Perspektive eines holländischen Sklavenhändlers. Es beginnt mit den Versen: »Der Superkargo Mynher van Koek / Sitzt rechnend in seiner Kajüte; / Er kalkuliert der Ladung Betrag / Und die probabeln Profite«. Die Ladung besteht aus Schwarzen. »Gewinne daran: achthundert Prozent / Bleibt mir die Hälfte am Leben.« Heines Gedicht führt mit ätzender Ironie mitten in das Herz der Finsternis.

Das Geschäftsmodell hat einigen wenigen Schwarzwälder Familiendynastien tatsächlich »unmenschlich viel Geld« (Hauff) beschert. Es hat immer nur kurzfristig die Kammer des Herzogs wieder aufgefüllt, also den fürstlichen Haushalt konsolidiert. Im 21. Jahrhundert wirkt es ungebremst weiter. In den armen und den Schwellenländern wird es heute mit einer damals unvorstellbaren Dynamik und mit modernster Technologie praktiziert. Wieder ist die Spirale aus Verschuldung von Staaten und Schuldenabbau mittels Verkaufs von Konzessionen an Investoren ein entscheidender Hebel. Heutzutage treiben die globalisierten Märkte die Entwaldung voran. Nicht mehr mit Axt und Floß, sondern mit Motorsägen, Harvesterkolossen, Trucks und Containerschiffen. Das schwäbische Familienunternehmen Stihl ist Weltmarktführer für Kettensägen. Die Plünderung des Planeten »rechnet sich« mehr denn je. Die »Assetklasse

»Dass es so weitergeht, ist die Katastrophe.«
WALTER BENJAMIN

Holz« ist eine Topgeldanlage. »Waldfonds bringen langfristige stattliche Gewinne.« Der Index ermittele seit Jahren eine Durchschnittsrendite von über zwölf Prozent für Holzinvestments. Die Anzeige im Netz ist illustriert mit dem Foto zweier asiatischer Mädchen, die hinter einem Teakholzstamm hervorlugen und den potenziellen Investor anlächeln.

Kein Zweifel: Die Einladung zur Gier ist seit den Zeiten des Holländer-Michel subtiler geworden. Und dennoch: Der Holzpreis regelt alles. Die Holzstapel verwandeln sich in Geldstapel. Es herrscht der Mammon. »Dass es so weitergeht, *ist* die Katastrophe«, sagte Walter Benjamin, der Philosoph, der vor dem Ersten Weltkrieg in Freiburg studierte und damals viel im Schwarzwald wandern ging. Viel später, 1932, kurz vor seiner Emigration, hat er für das Radio eine Hörspielfassung von Hauffs Märchen verfasst.

~

Ein Rotmilan kreist über der Lichtung, als wir die Kuppe des Schrambergs erreichen. Das Blockhaus an der Weggabelung ist verriegelt. Offenbar dient es als Unterkunft für die Waldarbeiter und als Magazin des Forstbetriebs. Daneben, im Adlerfarn und Ginster versteckt, ein Gedenkstein für einen 1853 verstorbenen Waldinspektor der Murgschifferschaft. Der Querweg nach Westen geht hinunter ins Murgtal. Wir biegen in östlicher Richtung ab und gelangen nach ein paar Kilometern kurz vor Gompelscheuer an den Kaltenbach, einen Quellbach der Enz. Auf »Jockeles Flößerweg« wandern wir ein lichtdurchflutetes, atemstilles Bachtal aufwärts. Das Wildwasser strömt durch den schmalen Wiesengrund. Das Gelb von Sumpf-Hahnenfuß, die hellen Dolden der Wilden Möhre, das blasse Rot der Lichtnelke leuchten in der Sonne.

»Was für eine zauberhafte, in sich ruhende Welt«, schwärmt Herbert, mein Wegbegleiter. Der Weg steigt sanft an. Weiter oben staut ein steinerner Damm den Kaltenbach zu einem künstlichen Teich. Am Ufer blüht Ginster. Im Wasser spiegeln sich dunkel die Wipfel der Nadelbäume. Wieder ein Wahrzeichen aus Hauffs Zeit. Diese »Wasserstube« wurde 1780 gebaut. Wenn man Scheitholz die Enz hinabflößen wollte, öffnete man das Wehr. In dem Moment, als der Sog der »Schwallung« seine größte Energie entfaltete, ließ man das Holz schwimmen und brachte es so auf den Weg.

Jenseits steigt unser Pfad steil an. Dort, wo er im dichten Tann der Lägehalde verschwindet, zeichnet sich auf dem Waldboden eine kreisrunde, ebene Fläche mit einem Radius von etwa zehn Schritten ab. Die schüttere Grasnarbe ist mit frischen Farnwedeln bewachsen. Kratzt man ein wenig an der Oberfläche, treten pechschwarze Bröckchen zutage: Holzkohle. Wir stehen auf einer alten Kohlplatte, dem Standort eines Holzkohlenmeilers. Wir sind in der Arbeitswelt von Kohlenmunk-Peter angekommen.

Idyllisch war sie mitnichten. Die Köhlerei gehört zu den ältesten Handwerken. Schon die Kelten waren Meister darin. Tatsächlich ist der Köhler ein Virtuose in der Beherrschung der Elemente Feuer und Luft. Schließlich muss er die Luftzufuhr in das Innere des zuvor kunstvoll aufgeschichteten Holzstapels über zwei, drei Wochen so präzise regulieren, dass die Scheite vollständig durchglühen, ohne zu verbrennen, und am Ende fast reiner Kohlenstoff übrig bleibt. Doch es waren raue Gesellen, die dieses Handwerk ausübten. Ihre Arbeit war dreckig und gefährlich. Ruß und Schweiß verbanden sich, drangen porentief in die Haut. Der Schwelbrand mit dem Qualm und den Gasen schädigte die Lungen. Der Brandgeruch hing lange in der Arbeitskluft und in den Haaren. Ein Köhler arbeitete einsam. Wochenlang war er von zu Hause fort. Dann hauste er, ständig bereit einzugreifen, in einer primitiven, aus Holz und Grassoden gebauten Hütte in unmittelbarer Nähe seines Meilers. Das Ansehen dieser Zunft war erbärmlich. Und genau hier liegt Kohlenmunk-Peters seelisches Trauma: sein sozialer Status, in Hauffs Sprache »sein Stand«. Er beginnt, sich und sein »ärmlich Leben« zu vergleichen mit dem verschwenderischen Lebensstil und dem scheinbar hohen Ansehen der wenigen Reichen.

Doch im kollektiven Bewusstsein des Dorfes haben die Reichen einen »Hauptfehler«, der sie »bei den Leuten verhasst machte, nämlich ihr unmenschlicher Geiz und ihre Gefühllosigkeit gegen Schuldner und Arme«. Die Kritik der einfachen Leute an der Gier zielt im Kern auf die ungleiche Verteilung des Reichtums. Der Gierige nimmt sich mehr, als ihm zusteht. Folglich nimmt er anderen etwas weg. Er entzieht ihnen etwas, das ihnen eigentlich zusteht, und stürzt sie ins Elend. Die Dorfgemeinschaft verurteilt die Gier im Namen von Gleichheit und Gerechtigkeit.

Gier und das narzisstische Gefühl, auserwählt zu sein

In Peters Wahrnehmung jedoch tritt die Ungerechtigkeit und die als »unmenschlich« empfundene soziale Kälte der Holzherren zurück. In seinem Gefühlshaushalt mischen sich Unsicherheit und Scham, Angst vor sozialer Ausgrenzung und Zorn auf die narzisstische Kränkung mit dem unbedingten Willen, selbst aufzusteigen. Der reich gewordene Flößer Ezechiel zum Beispiel – eine Art Donald Trump des Nordschwarzwalds – erscheint ihm immer stärker »als das vollendetste Bild eines glücklichen Menschen«. Peters Gefühle schlagen um in eine neidvolle und gleichzeitig unterwürfige Bewunderung für den Hedonismus und die arrogante Selbstsicherheit der Reichen und Mächtigen.

Sein Wille zum sozialen Aufstieg wird bestärkt, als er von seiner Mutter erfährt, er sei ein »Sonntagskind«. Das narzisstische Gefühl, auserwählt zu sein und folglich einen Anspruch auf die sofortige Befriedigung aller Wünsche zu haben, bringt letztlich den Durchbruch. Peter fasst den Entschluss, selber schnell reich zu werden: »Wenn ich nicht bald auf einen grünen Zweig komme, tu ich mir etwas zuleid.« In der Sprache der heutigen Gangsta-Rapper ausgedrückt: »Get rich – or die tryin'.« Im Märchen nimmt das Verhängnis seinen Lauf. Um – egal, wie – zu erlangen, was ihm vermeintlich zusteht, nimmt Peter, das Sonntagskind, Fühlung zu den beiden Waldgeistern im Tannenbühl auf, dem guten und dem bösen.

Hinter der Meilerstelle steigt unser Wanderweg steil an, taucht in den Nadelwald der Lägerhalde ein und folgt diesem lang gestreckten Bergrücken. Wir gehen auf einem durchwurzelten Grasweg, der sich zwischen dicht stehenden Fichtenjungwuchs und einzelnen Tannen hindurchschlängelt. Nur einmal unterbricht das zarte, schlichte Zwitschern einer Tannenmeise die tiefe Waldesstille.

»Der Tannenbühl liegt auf der höchsten Höhe des Schwarzwaldes«, dort, »wo die Bäume so dicht und hoch standen, dass es am hellen Tag beinahe Nacht war, und Peter Munk wurde es ganz schaurig dort zumute.« Als wir an diesem Frühsommernachmittag auf der Höhe oberhalb des Kaltenbachs wandern, flattert kein Auerhahn auf. Kein Eichhörnchen springt von Ast zu Ast. Keine »ganz kleine, sonderbare Gestalt« lässt sich »hinter der dicken Tanne« blicken, kein »leises heiseres Kichern« ertönt, und auch kein »riesengroßer Mann in Flößerkleidung« tritt hinter den Tannen hervor und wirft »einen stechenden, furchtbaren Blick« zu uns herüber. Doch wo, wenn nicht hier, lässt sich der »Bühl«, die dicht bewaldete Bergkuppe, das Revier von Schatzhauser und Holländer-Michel, verorten?

Ich jedenfalls habe das Gefühl, ich bin angekommen. Abrupt werde ich aus meinen Tagträumen gerissen. Der Pfad mündet auf einen Forstweg. Auf ganzer Breite ist dieser durchfurcht und tiefgründig in eine unpassierbare Schlammpiste verwandelt. Nicht zum ersten Mal auf dieser Wanderung stoßen wir auf eine solche Schneise der Verwüstung. Schwere Harvestermaschinen für den Holzeinschlag und Trucks für den Abtransport halten flächendeckend Einzug in unsere Wälder, über das engmaschige System von Rückegassen auch ins Innere. Die Ketten und Reifen der Maschinen wühlen den Waldboden auf, brechen durch den Oberboden, wo sich die Nährstoffe für die Vegetation bilden, bis hinab zum Unterboden, der den Bäumen Standfestigkeit verleiht. Sie verdichten die Böden und pressen Gleise hinein. Dort wird auf lange Sicht nichts mehr wachsen. Der »grüne Tannenbühl«, so hat es den Anschein, wird momentan maschinengerecht gemacht und damit marktkonform.

Und was tun »d' Leid«, die Leute in den Dörfern? Sie wehren sich. Doch die Wut richtet sich nicht gegen den modernen Raubbau, also gegen eine Nutzung des Waldes, die spätere Nutzungen ausschließt. Im Gegenteil, sie richtet sich gegen den 2014 eingeweihten Nationalpark, der wenigstens ökologisch besonders sensible Flächen schützen soll. In den Dörfern hängen die Plakate und Transparente der Wortführer. Sie veröffentlichen »Todesanzeigen«, in denen um den Nordschwarzwald getrauert wird, »der durch falsche und ideologische Politik einem Nationalpark geopfert« werde. Sie trauern um das Auerwild, »vertrieben im Namen des Naturschutzes«, um das »traditionelle Waldbild«, das einer »Totholzwüste« weichen müsse, um die Artenvielfalt, die »dem ungelenkten Prozessschutz zum Opfer« falle. Und nicht zuletzt trauern sie um »einen ganzen Wirtschaftszweig«, der sein Holz aus diesen Gebieten bezog.

Es ist anzunehmen, dass die Holzindustrie mit hinter dieser Desinformationskampagne steckt. Doch warum fällt sie auf fruchtbaren Boden? Die Leute vor Ort, so scheint es, fühlen sich enteignet. Ihr Stolz auf das Althergebrachte – ihre Kultur der Arbeit, die noch intakte Natur in ihren Nahräumen – ist verletzt. Das macht viele blind für demagogische Kampagnen im Namen des Profits – im Schwarzwald wie im Amazonasbecken.

Wir kämpfen uns durch das Gestrüpp am Rand der Piste, springen über morastige Erosionsrinnen, bis wir endlich wieder festen Boden unter den Füßen haben und zurück auf der »Alten Weinstraße« sind. An der Wegekreuzung ein weiteres Wahrzeichen Hauffs Zeit. »Oberes Neuhaus« heißt diese Stelle auf der Karte. Im Waldboden sind Überreste von Gemäuer zu erkennen. Hier stand um 1800 eine übel beleumdete Waldschenke für Fuhrleute. Sie diente Hauff als Modell für die Räuberspelunke, die er in dichterischer Freiheit zum »Wirtshaus im Spessart« machte. Die Verfremdung geschah offenbar mit Rücksicht auf seine Verwandtschaft im Nachbarort.

Dorthin ist es noch ein langer Abstieg. Vom Weg aus hat man immer wieder Blicke in ein weites Tal. Es öffnet sich zur Murg hin. Auf der Talsohle und die Hänge hinauf erstrecken sich die Häuser, Wiesen und Äcker des ehemaligen Holzfäller-, Köhler- und Glasmacherdorfes Schwarzenberg. Mitten im Dorf stehen wir wiederum vor einem Erinnerungsort. Das stattliche Haus nahe der Kirche war einmal das Pfarrhaus. Im schroffen Kontrast zu der Baumarkt- oder Retroarchitektur überall im Ort atmet dieser Bau den Geist des Biedermeiers. Alles ist gediegen. Eine Freitreppe führt an die Haustür. Das Untergeschoss ist aus heimischem Buntsandstein gemauert. Die Ecksteine sind besonders sorgfältig gehauen. Ihr rötlicher Ton hebt sie vom Gelbton der Fassade ab. Alle Fenster sind mit hellgrünen Läden verschließbar. Auf dem Grundstock ruht ein mit Holzschindeln verkleideter Fachwerkaufbau, über dem sich ein an der Giebelseite abgeschrägtes Dach wölbt.

Eine versunkene Lebenswelt

Ganz gesichert ist es nicht, doch vermutlich ist der junge Wilhelm Hauff in seiner Kindheit öfter in diesem Haus zu Besuch gewesen. Denn hier wohnte und amtierte eine Zeit lang ein Vetter des Dichters. Gottlieb Hauff war der Pastor des Ortes und mit der Tochter einer alteingesessenen Familie verheiratet. Sein Schwiegervater, »Tausendgulden-Klumpp« genannt, war ein großer Holzherr. Der Mitbegründer und Anteilseigner der »Calwer Holländer Holzcompagnie« galt als einer der reichsten Männer im Schwarzwald. Möglicherweise gewann Wilhelm Hauff bei Verwandtenbesuchen in Schwarzenberg intime Einblicke in das Milieu, von dem er erzählt. Hat er hier schon die dramatische Transaktion imaginiert, den Austausch des menschlichen Herzens gegen einen kalten Stein? Vielleicht als er aus dem Mund seines Vetters bei einer Predigt die ehernen Worte aus dem Buch Ezechiel (Hesekiel) des Alten Testaments hörte: »So spricht der Herr Jehova: Und ich will ihnen ein Herz und einen neuen Sinn geben, das steinerne Herz aus ihnen wegnehmen und ihnen ein fleischernes Herz geben, dass sie nach meinen Vorschriften leben, meine Gebote beachten und halten.«

Jedenfalls steht das Pfarrhaus in der Ortsmitte von Schwarzenberg für eine versunkene Lebenswelt, in der das Sittengesetz der Zehn Gebote und der Bergpredigt noch ausreichte, um Bilder des »richtigen Lebens« und einen gediegenen Maßstab für die eigene Lebensführung zu gewinnen. Und: um die Gier einzuhegen. Dieses Maß »verdampfte«, ging verloren, als das schnelle Geld in diese überschaubaren kleinen Lebenskreise einsickerte oder einströmte. Unumkehrbar?

In Hauffs Märchen unterscheidet sich das Anwesen vom Holländer-Michel, in dem sich Kohlenmunk-Peter nach der Begegnung auf dem Tannenbühl wiederfindet, kaum von dem Wohnhaus eines reichen Schwarzwälder Bauern. Bis er in eine geheime Kammer geführt wird. Sie ist Operationssaal und Asservatenkammer zugleich. Auf einem hölzernen Sims sieht der erschrockene Peter eine Galerie von Glasgefäßen aufgereiht. In durchsichtiger Flüssigkeit werden darin blutige, pulsierende Herzen aufbewahrt. Das warme Herz, die Empathie mit anderen, die fürsorglichen Emotionen, die Liebesfähigkeit, so bedeutet ihm sein Geschäftspartner, seien die »Quelle aller Ängste und Sorgen«, das letzte Hindernis auf dem Weg zur endgültigen Erlösung aus dem Elend, dem Weg zu Reichtum und Ansehen.

Aufschlussreich, wie er den Beweis für diese Behauptung antritt. An jedem Glas hängt ein Zettel mit einem auch Peter vertrauten Namen. In den Behältern pulsieren die Herzen des dicken Ezechiel, des Tanzbodenkönigs, die Peter so sehr bewundert und beneidet hatte, die Herzen von Oberförstern, Kornwucherern, Werbeoffizieren, Geldmaklern – »eine Sammlung der angesehensten Herzen in der Umgebung von zwanzig Stunden«. Alle hatten sie vom Michel kalte, steinerne Herzen eingesetzt bekommen.

Dass es alle Erfolgreichen so machen, dass es »normal« ist, weil sich ein pulsierendes, mitfühlendes Herz »nicht rechnet«, gibt für den jungen Köhler den Ausschlag. Die Erfolgsgeschichten aus dem eigenen sozialen Umfeld sind es letztlich, die eine unwiderstehliche Überzeugungskraft und Sogwirkung entwickeln. Eine zentrale Frage bleibt freilich offen: Wofür das alles? Warum giert Holländer-Michel so sehr nach jedem lebendigen Herzen, dass er immer mehr davon haben und seiner Sammlung einverleiben will? Der ängstliche und zögerliche Kohlenmunk-Peter gibt sich einen Ruck und willigt in die gespenstische Transplantation ein. »Gut, Michel; gebt mir den Stein und das Geld, und die Unruh könnet Ihr aus dem Gehäuse nehmen!«

Ohne Mitleid und Empathie – keine Freude

Seine Erfolgsgeschichte beginnt. Doch der Preis ist unerwartet hoch. Sogar extrem hoch. Allerdings dauert es seine Zeit, bis er fällig wird. Zunächst kann der herzlose Kohlenmunk-Peter tatsächlich das Leben führen, das er sich erträumt hatte. Die vornehmen Kleider, die Kutsche, das Reisen, »die vielen Tausend Taler in Gold« (und schon damals in Aktien) – alles da. Das Elend der anderen, auch der eigenen Mutter, berührt ihn nicht mehr, »denn es war ihm alles so gleichgültig«. So weit, so schlecht.

Doch dann das böse Erwachen: Die früher so heiß begehrten Dinge haben auf einmal, als er sie sich endlich leisten kann, jeglichen Reiz verloren. »Es freute ihn nichts [...] sein Herz von Stein nahm an nichts Anteil«, seine Sinne »waren abgestumpft für alles Schöne«. Jegliche Freude, die Glücksmomente, so rar sie früher auch gewesen sein mögen, jetzt sind sie aus Peters Leben getilgt. Mit dem Sensorium für das Mitleid ist auch das Sensorium für Freude abgeschaltet. Mit dem Verlust der Empathie gegenüber der Mitwelt gehen eine Erkaltung und Erstarrung des gesamten Gefühlshaushaltes einher. Das süße Leben entpuppt sich als »trauriger Hedonismus«. Das kalte Herz – das ist der Absturz ins emotionale Nichts. Der Weg der Gier führt in das Verlies der Depression. Die Handlung gipfelt in einem Gewaltausbruch. Der reiche Kohlenmunk-Peter ertappt seine junge Frau Lisbeth, wie sie dem in Gestalt eines armen Sackträgers auftretenden, um einen Trunk Wasser bittenden Glasmännlein an der Haustür Brot und Wein kredenzt. In kaltem Zorn erschlägt er sie mit dem Griff seiner Peitsche.

Doch, wie gesagt, im Märchen gilt: Nichts ist unmöglich! Das »gute Glasmännlein« hilft Peter, die Macht des Bösen zu brechen und den Tausch rückgängig zu machen. Dem wieder warmherzigen Peter gelingt die Rückkehr in die kleinen Lebenskreise, aus denen er gekommen war. Zu einer Existenz, in der er »zufrieden mit dem, was er hatte«, leben konnte. Sogar Lisbeth wird wieder lebendig. Des Märchens Weisheit letzter Schluss: »Es ist doch besser, zufrieden mit wenigem zu sein, als Gold und Güter haben und ein kaltes Herz.« Ende gut, alles gut? Hauffs Märchenschluss gilt in heutigen Kommentaren als schwach, als typisch biedermeierlich und total spießig. Folgerichtig lässt Armin Petras in seiner Stuttgarter Inszenierung den als Börsenmakler kostümierten Holländer-Michel am Schluss über das »im Off« tanzende und schunkelnde »Volk« triumphieren. Die Zukunft gehört ihm. Es gibt keine Alternative.

Oder doch? Die neueste Glücksforschung kommt zu anderen Befunden. Ein Zurück in die Idylle der Dorfgemeinschaften ist zwar nicht vorgesehen. Doch unter dem Stichwort »Lebensqualität« erleben dort neue Formen von Selbstbeschränkung und Rückzug auf kleine, überschaubare Lebenskreise ein Comeback. Die Renaissance der Region, von Heimatverbundenheit, Suffizienz, Genügsamkeit und Selbstversorgung, Konvivialität, die Wiederentdeckung von sozialem Zusammenhalt und Nachbarschaft sind im Trend. »Teilt's euch ein – mehr gibt's nicht« ist ein genuin nachhaltiges Motto. Es respektiert die Grenzen des Verfügbaren. Ein Pendant zu dieser Redensart meiner Mutter hörte ich erst kürzlich im Gespräch mit einer Bankerin aus Münster, die in den 1960er-Jahren im China Mao Tse-tungs aufgewachsen war. »Bei uns zu Haus galt: Keiner wurde satt, aber niemand blieb hungrig.« Eine Basistugend des einfachen Lebens hat in seiner Sprache das Glasmännlein benannt, als es vor Lisbeths Tür um einen Trunk Wasser flehte: *Barmherzigkeit.*

»Keiner wurde satt, aber niemand blieb hungrig.«

~

»Du bist Abschaum. Hast du ein Problem damit, Jordan? – Nein, kein Problem.« Mit diesem Wortwechsel beginnt die Geschichte vom Aufstieg und Fall des Jordan Belfort alias *The Wolf of Wall Street.* Erzählt – sehr frei – von ihm selbst, in seiner 2007 erschienenen Autobiografie. Verfilmt – wiederum sehr frei – 2013 von dem Hollywood-Starregisseur Martin Scorsese. Das Datum ist der 1. Mai 1987. Jordan Belfort ist 24 Jahre alt und wild entschlossen, als Börsenmakler in New York möglichst schnell die erste Million Dollar zu machen. Was ihn antreibt, ist die Gier.

Doch wie im Märchen vom kalten Herzen erscheint auch in dieser Story das Immer-mehr-haben-Wollen nicht in Reinkultur. Vielmehr ist ein starker Anteil von gekränktem Narzissmus, Risikobereitschaft und Abenteuerlust, Neid, ja auch ein pervertierter Sinn für Gerechtigkeit beigemischt. Belfort hat den unbändigen Willen, aus dem vergleichsweise ärmlichen Milieu der unteren jüdischen Mittelschicht von Queens, einem Stadtteil von New York, aufzusteigen. Am hedonistischen Lebensstil der Reichen und Schönen teilzuhaben, glaubt er fest, stehe ihm zu. Mit der so verhassten und bewunderten, exklusiven Welt der WASPs, des weißen, angelsächsischen, protestantischen alten Geldadels der Ostküste auf Augenhöhe zu kommen und zu einem – ein Lieblingswort im New York jener Jahre – *master of the universe* zu werden, ist seine Variante des amerikanischen Traums. Belfort ist ein *born risk-taker,* einer, der jedes Risiko eingeht: alles oder nichts. Er besitzt den *killer instinct,* den hemmungslosen, rücksichtslosen, wilden – sozusagen »wölfischen« – Erfolgshunger. Er ist, wie damals der Kohlenmunk-Peter, zu allem bereit. Sein Plan geht auf – scheinbar.

Belforts Lebenselixier ist *the mighty roar,* das infernalische Gebrüll. Vom ersten Tag an der Wall Street an ist er ihm verfallen, erst recht nach Gründung einer eigenen Firma, Stratton Oakmond Inc. Das Gebrüll ertönt jeden Börsentag aufs Neue aus den Kehlen Hunderter von Händlern, die, in riesigen Sälen zusammengepfercht, Kunden im ganzen Land am Telefon wertlose Wertpapiere verkaufen, in Belforts Jargon »in den hungrigen Rachen stopfen«. Der Kunde ist nämlich keineswegs »König«, sondern das belächelte, verachtete, idiotische Opfer. In dem großen Spiel geht es immer nur um eines: »Wie kommt das Geld aus der Tasche des Kunden in deine Tasche.« Das simple Geschäftsmodell: die Gier der anderen anstacheln – und zum eigenen Vorteil ausbeuten. Kalt lächelnd und erbarmungslos. In dem Jahr, als er 26 wurde, erzählt zumindest die Filmfigur von *The Wolf of Wall Street,* gespielt von Leonardo DiCaprio, habe er 49 Millionen US-Dollar gemacht und ein Exmodel als Ehefrau, ein Anwesen in einer der vornehmsten Wohnlagen von New York, einen Privatjet, sechs Luxuskarossen, drei Pferde, zwei Ferienchalets und eine 50-Meter-Jacht besessen.

Get rich now. Diese Botschaft aus drei einsilbigen Wörtern hämmert Jordan Belfort im Stil eines TV-Predigers seiner Gefolgschaft von Angestellten in allmorgendlichen Motivationsansprachen ein. Werde reich! Lebe DAS Leben! Lebe nach deinem eigenen Maßstab! Die Gehirnwäsche wirkt. In Maßanzüge gekleidet, im Ferrari oder Porsche vorfahrend, unter permanentem Einfluss von Kokain und Aufputschmitteln mutieren seine *sleazoid salesmen,* schmierigen Verkäufer, dieser zusammengewürfelte Haufen von Aktienbetrügern, zu einer Söldnertruppe von *mighty warriors,* unbesiegbaren Kriegern. Auch sie fühlen sich als »Sonntagskinder«. Sie bilden sich ein, sie hätten ein Recht auf immer mehr, einen angeborenen Anspruch darauf, spätestens mit 25 Porsche zu fahren. Schnell reich werden – oder am Ende als *loser* dastehen. Die Angst vor dem Absturz ins Nichts ist immer da, immer nah. Die Verlustangst, die Abstiegsangst treibt sie alle an.

Die Angst vor dem Absturz ins Nichts ist immer da, immer nah.

Der Zeitgeist von 1987 spiegelt sich im Titel des Buches, das in jenem Jahr die Bücher-Bestenliste der New York Times anführte: *Art of the Deal* stammte aus der Feder eines jungen und aufstrebenden Bau- und Immobilienlöwen namens Donald Trump. In den Kinos lief der Science-Fiction-Blockbuster *Masters of the Universe,* in dem die muskelbepackten Plastikfiguren eines Spiels für Kinder animiert wurden. *Nothing's gonna stop us.* Nichts hält uns auf. In jenem Mai 1987 stürmt der Song die Charts der New Yorker Top-40-Radiostationen. Starship heißt die Gruppe, früher einmal bekannt als Jefferson Airplane. Deren Sängerin Grace Slick hatte zum kalifornischen *summer of love* zwanzig Jahre zuvor ein paar radikale Anti-Establishmentsongs und ein paar schwindelerregende Drogensongs beigetragen. Das lag lange zurück. Nun war Disco angesagt – und Musikvideos.

In dem Clip zu *Nothing's gonna stop us* spielt Grace Slick eine

Schaufensterpuppe in einem Luxusgeschäft an der nächtlichen Fifth Avenue. Unter den hungrigen Augen eines einsam flanierenden Kunden erwacht sie zum Leben und gesellt sich zu ihm. Hand in Hand auf dem Weg durch die Nacht. »Let the world around us fall apart, baby, we can make it if we're heart to heart.« Und wenn die Welt um uns herum in Scherben fällt, wir schaffen es – Herz an Herz. Der Bund vom einsamen Mann und untoten Zombie scheint unbesiegbar. Doch *Nothing's gonna stop us* erwies sich als fatale Illusion. Zumindest im Fall Belfort. Ihn stoppte das FBI und – sein kaltes Herz.

»Du bist ein vollkommen anderer Mensch geworden«, hält ihm seine erste Frau, eine gelernte Friseurin, vor. Das war, schon kurz nachdem seine Karriere abgehoben hatte. Beide waren im selben Kiez aufgewachsen. Er war ihre Jugendliebe. Als die »dunkle Seite« seines hemmungslosen Hedonismus sichtbar wurde, verlässt sie ihn fluchtartig. »Du bist ein kranker Mann. Du brauchst Hilfe,« sagt ihm ein paar Jahre und viele Exzesse später seine zweite Frau, The Duchess, das Exmodel, die Mutter seiner beiden Kinder. Im Delirium, benebelt von Kokain und Aufputschmitteln, stürzt er sie wenig später im Streit um die Kinder mit einem Fußtritt die Treppe hinunter. In diesem Moment wünscht er sie »neutralisiert« – tot. Beim anschließenden Fluchtversuch im Mercedes, der nach wenigen Metern am Pfeiler seiner Toreinfahrt endet, setzt er auch noch das Leben seiner Tochter aufs Spiel. Belfort erzählt hier dieselbe Geschichte wie Hauff, nur in einer heutigen Variante.

Was also macht das Geld aus den Menschen? Hauff spricht von den kalten Herzen als Folge des Reichtums. Belfort erzählt von den *rich and dysfunctional,* den »Reichen und Gestörten«. Brennen, ausbrennen, *implodieren.* Dort, wo die Geldvermehrung, das Besitzergreifen, Festhalten und Horten zum primären Lebensinhalt wird, geht etwas Wesentliches verloren. Die Fähigkeit zur Anteilnahme, zum Mitgefühl erstarrt. Wenn aber dein

Mitgefühl für die Menschen in deiner nahen oder ferneren Umgebung gestört ist oder ganz erkaltet, dann ist damit gleichzeitig auch der Resonanzboden für dein Empfinden von Freude, deine Glücksfähigkeit, stillgelegt. Du mutierst zum Untoten, zum Zombie.

Deshalb wirken die Gier und der Hedonismus der neoliberalen Ära so trostlos. Ein guter Geist – wie in der Romantik – kommt in Belforts Story nicht in Sicht. Dafür greifen die Mechanismen der US-Justiz. Zwar spät, aber in diesem Fall nicht zu spät. Keine zehn Jahre nach seinem kometenhaften Aufstieg steht *The Wolf of Wall Street* vor dem Scherbenhaufen seiner Existenz: Lizenzentzug durch die Börsenaufsicht, Verhaftung durch das FBI, Ehescheidung, eine kurze Gefängnisstrafe und ein riesiger Schuldenberg markieren die Stationen seines unaufhaltsamen Niedergangs.

Doch das große Spiel der dysfunktionalen Schichten und Kräfte der Gesellschaft geht mit immer neuen, jungen und hungrigen Wölfen weiter. *Get rich or die tryin'* – noch eine Formel für: alles oder nichts. Sie kam in verschiedenen Varianten direkt »von der Straße«. Zusammengereimt von blutjungen Rappern aus den Schwarzenghettos von New York oder L.A. Viele von ihnen hatten bereits eine Karriere als Kleinkriminelle – oder Kleinkapitalisten – im Drogenhandel hinter sich. Die Rapperikone »50 Cent«, der Anfang 1993 das Motto »Reich werden oder bei dem Versuch sterben« mit 15 Millionen verkaufter Alben in die Welt setzte, stammte aus demselben New Yorker Stadtteil Queens wie Jordan Belfort. Auch die Karriere von Donald Trump, dessen Vater mit dem Bau von Mietskasernen in Brooklyn und Queens den Grundstock zu dem Milliardenvermögen des Sohnes gelegt hatte, war durch etliche Pleiten und Pannen nicht zu stoppen. Sein Ende scheint offen.

Get rich or die tryin'

~

In jenem Jahr, 1987, als Belforts Aufstieg begann, war die Ära Reagan auf dem Höhepunkt. »Es gibt keine Grenzen des Wachstums und des menschlichen Fortschritts«, hatte der »große Kommunikator« verkündet, »wenn Männer und Frauen frei sind, ihrem Traum zu folgen.« Das war Reagans Kampfansage an die Warnungen des Club of Rome und anderer vor den *Grenzen des Wachstums.* Es war auch eine Kampfansage an die Brundtland-Kommission der UN. Diese hatte just in jenem April 1987, als der *Wolf of Wall Street* seine kurze Karriere begann, im New Yorker UNO-Hauptquartier am Hudson River ihren Bericht *Our common Future,* Unsere gemeinsame Zukunft, vorgestellt. *Sustainable development,* Nachhaltige Entwicklung, wurde damit zum Kompass beim Aufbau eines anderen Wertesystems. (Übrigens: Das deutsche Mitglied dieser Kommission war Volker Hauff, ein Nachfahre des schwäbischen Märchendichters.)

Der Kapitalismus warf den Turbo an. Die Beschleunigung radikalisierte das alte Paradigma. Globalisierung wurde als Recht und als Freiheit definiert, überall auf der Welt Geld zu verdienen. *Let's make money!* Bereichert euch! Das Welt- und Menschenbild des *Homo oeconomicus* machte die Natur zum Ressourcenlager, Lebendiges zu Biomasse. Jedes Ding wurde zur Ware, jedes Bedürfnis, jede Lebensäußerung zum Geschäftsfeld. Der Mensch wurde zum »Humankapital«, der Bürger zum Kunden, das Ich zur Ich-AG. Das Wir wurde fragmentiert. Das Kosten-Nutzen-Kalkül regierte. Die Regel »Das Kapital muss bedient werden« war jetzt oberstes Gebot. Die Beschwörung von Wachstum, Produktivität und Wettbewerbsfähigkeit wurde zum Mantra der Regierungen.

Beschleunigung radikalisiert das kapitalistische Paradigma.

Doch wehe dir, wenn du es nicht schaffst. Dann fängt dich nichts und niemand auf. Denn die sozialen Netze sind weg. Dann fällst du ins Bodenlose. Du bist überflüssig geworden, wirst ausgeschlossen, marginalisiert – zum *Abschaum.* So fraß sich die Gier von oben nach unten. *There is no alternative.* Diese Formel für Unentrinnbarkeit und Ausweglosigkeit hatte Reagans britische Gesinnungsgenossin, die Premierministerin Margaret Thatcher, ins Spiel gebracht. Reagans Nachfolger George Bush knüpfte da an. »Der *american way of life* steht nicht zur Disposition«, erklärte er 1992. Ausgerechnet auf dem Erdgipfel von Rio, auf dem die Weltgemeinschaft »nachhaltige Entwicklung« zu ihrem Leitbild erklärte. All diese fatalen Weichenstellungen wirken bis heute. Die »ökonomische« Erzählung durchdringt noch heute weltweit unsere Lebenswelt. Dem Turbokapitalismus ist die Entfesselung der Gier systemimmanent. Sie wurde systemisch.

~

Masters of the universe? In der Realität sind sie *masters of nothing.* So schrieben britische Experten im Rückblick auf den Schwarzen Oktober 2008 über die Jongleure auf dem weltweiten Finanzsektor. Sie hätten nichts im Griff, gar nichts. »Es war gruselig, Mann. Ich meine, nicht gruselig wie im Film, sondern richtig gruselig.« Diese Stimme zitert der niederländische Journalist Joris Luyendijk in seinem 2015 erschienenen Buch *Unter Bankern.* Es basiert auf Interviews mit Insidern aus der Londoner City.

Die Gefahr einer Kernschmelze, einer außer Kontrolle geratenden Kettenreaktion, war im Herbst 2008 real. Um ein Haar hätte sie zum Kollaps des Systems geführt. Das drohende Szenario: Der Zusammenbruch von Lehman Brothers an der Wall Street löst einen Dominoeffekt aus. Panik bricht aus. Die Finanzströme kommen ins Stocken und reißen ab. Keiner kommt mehr an sein Geld ran. Die Finanzierung des Handels bricht zusammen. Die weltweiten Logistikketten werden unterbrochen

Die Banker:
masters of nothing

und damit der Handel selbst. Die Versorgung mit Lebensmitteln und Energie kollabiert. Das heißt ganz hautnah: Die Belieferung der Supermärkte, Tankstellen, Apotheken etc. wird gestoppt. Vor der eigenen Haustür und weltweit.

Vor diesem Abgrund stand die Welt zu diesem Zeitpunkt. Das zutiefst Beunruhigende: Niemand von den selbst ernannten *masters of the universe* hatte vorher die Risiken erkannt. Und noch viel verheerender: Für die Bankenrettung mobilisierten die Staaten Geldmengen, die jedes bis dahin vorstellbare Maß sprengten – und danach machten alle weiter so. Jeder weiß, dass so ein Kraftakt nicht ein zweites Mal möglich sein wird. Doch niemand von den Verantwortlichen für den Crash war bestraft worden. Nichts, gar nichts, hat sich seitdem am Spiel mit dem Feuer geändert. Acht Jahre danach sind wir immer noch im Modus des Schlafwandelns – und Taumelns – am Abgrund. Wie ist dieses Mysterium zu verstehen? Luyendijk lässt Insider erzählen, keine Aussteiger oder Abtrünnige, aber Leute, die nachdenklich geworden sind.

»In diesem Beruf verkaufst du deine Seele für Geld.« Die Stimme einer Frau in den Dreißigern, Mitarbeiterin in der »Compliance«-Abteilung eines Finanzinstituts, also jemand, der sich offiziell um die Vereinbarkeit von Business und Gesetz kümmern soll. Da ist es wieder, das Motiv aus dem *Kalten Herz.* Doch was motiviert im 21. Jahrhundert in den reichen Regionen des Planeten junge, kreative Geister zu einer solchen Transaktion? Es ist der ewige, jetzt ganz und gar globalisierte Lockruf: »Gold, Gold, überall auf der Welt gibt's Gold. Könnt's haben, wenn ihr wollt.« *Golddigger* ist im Jargon der Finanzbranche die Bezeichnung für die Akteure in den profitabelsten Geschäftszweigen: Strukturierer, Hochfrequenzspezialisten, große Dealmaker und Tophändler. Angelockt werden sie von den astronomischen Gehältern und der Aussicht auf noch extremere Boni. Wow, so viel bin ich wert! Die große Attraktion ist dann, wie schon 1987 an der Wall Street, der *big roar* – die Energie, das Goldfieber, der Nervenkitzel, das extreme Risiko des freien Agierens auf den globalen Märkten. Auf dieser freien Wildbahn wird man zum Alphatier, zum Wolf, Hai, Tiger oder wie die Totemtiere der Branche alle heißen. Die Ethik reduziert sich auf die *work-ethic,* und das ist die bedingungslose Einsatzbereitschaft für das Unternehmen und für sich selbst. »Man wird völlig egozentrisch.« Alle Beziehungen sind auf »Transaktionen« reduziert. Im Fieber des Wettbewerbs verengt sich die Perspektive zum Tunnelblick auf das eigene Geschäftsfeld, deine eigene Karriere – und dann: dein eigenes Überleben.

Zum *big roar* gehört nämlich von Anfang die Angst vor dem Absturz. Du bist zum *Humankapital* mutiert. Dein Wert wird einzig und allein an den Umsätzen gemessen, die du jedes Jahr, jeden Monat, jeden Tag machst. Eine Regel hat man verinnerlicht: *Zero Job Security.* Alljährlich rollen Kündigungswellen durch die Unternehmen. Das – ein Jargonausdruck aus dem Milieu der Schlachthöfe – »Keulen« der Mitarbeiter, die nicht genug Geld einbringen, ist im Finanzsektor ein festes Ritual. Angst essen Seele auf. Dieser Druck ist *soul-destroying.* Er zerstört die Fähigkeit zur Empathie mit anderen – und den Stolz auf dich selbst. Der globale Finanzsektor, so das Fazit von Joris Luyendijk, ist eine *herzlose Welt.* Doch »Gier« ist kein Persönlichkeitsdefekt derer, die in dieser Branche tätig sind. Sie hätten, schreibt er, schlicht und einfach keine andere Wahl.

Angst essen Seele auf.

Vom Phänomen des »kalten Herzens« in der Epoche des Biedermeierkapitalismus bis zu den »seelenlosen« Finanzmärkten des Spätkapitalismus von heute zieht sich ein roter Faden, der uns immer stärker spürbar stranguliert. Gier ist offenbar systemisch bedingt, systemerhaltend und systemrelevant. Sie ist dem global herrschenden modernen Paradigma eingeschrieben. Das Mantra von *Wachstum,* das heißt immer mehr produzieren, verkaufen, konsumieren und wegwerfen, *Produktivität,* immer schneller und billiger produzieren, und *Wettbewerbsfähigkeit,* der erbarmungslose Konkurrenzkampf nach dem Motto »ich oder du«, erzeugen einen Teufelskreis von Gier und Narzissmus, Angst und Wut. Kein Zeichen der Hoffnung?

~

Es geschah ziemlich unerwartet, kam scheinbar aus dem Nichts. Urplötzlich war das Ideal der Gleichheit wieder da. Es besetzte öffentliche Räume, eroberte die Imagination junger Menschen, beflügelte den Zeitgeist – weltweit. Wo immer es auftauchte, verband es sich mit verwandten Werten wie Gerechtigkeit, Empathie und Begeisterungsfähigkeit und schwoll für kurze Zeit zu einem Wärmestrom an. Ein Passwort in diesen Jahren zwischen 2011 und 2014 lautete: *occupy* – besetzen, erobern. Für kurze Momente erhob sich von New York City über San Francisco bis Kairo, Athen, Istanbul und Frankfurt am Main die *multitude,* die bunte Masse, und ging auf die Straßen und Plätze. Im Namen der 99 Prozent, also fast aller, gegen das eine Prozent, die kleine Minderheit der Reichen, die Oligarchien aller Länder.

Abgesehen von dieser Botschaft aus zwei Zahlen schien die Bewegung wenig Substanz zu haben. Sie wirkte ziellos und führerlos. Doch beim näheren Hinsehen ergaben sich komplexere Muster. Überall kämpfte man darum, begehbare Räume frei zu machen, die jeder betreten konnte, wo jeder seine Stimme erheben konnte. Offene Mikrofone waren in den glitzernden Herzen der Innenstädte aufgestellt. Dort, wo sonst das Trommelfeuer der Reklamebotschaften alles übertönte. *Occupy Wall Street.* Der winzige Zuccottipark mitten im Banken- und Börsenviertel von Manhattan wurde für kurze Zeit zu einer kleinen Zeltfavela für den *war on greed,* den Krieg gegen die Gier. Im Schatten der

»Wir sind 99 Prozent!«
OCCUPY-BEWEGUNG

Wolkenkratzertürme von »Bank of America« und »Trump-Building« bildeten sich in Windeseile alternative Strukturen: Küchenkomitees bereiteten für die Platzbesetzer warme und überwiegend vegetarische Mahlzeiten zu. Hausmeisterdienste und Technikabteilungen sorgten für Logistik und Lautsprecher, »Strukturgruppen« kümmerten sich um eine faire Gestaltung der Prozesse von Meinungsbildung und Entscheidungsfindung, für die Kommunikation miteinander und nach außen. Jede Stimme war hörbar. Man half sich gegenseitig.

Occupy Wall Street, Tahrir-Platz und all die anderen Ereignisse jener Jahre waren zeitlich begrenzt. Es waren Zornausbrüche, Feiern der Zusammengehörigkeit und Liebeserklärungen an ein künftiges Gemeinwesen. Keine dieser Bewegungen war von Dauer. Am Schluss übernahm wieder *business as usual* die besetzten Räume, und es ging »weiter so«.

Was bleibt? Eine vage Ahnung, dass etwas Aufregendes und lang Erwartetes in Gang gekommen sei. Als ob ein Wärmestrom von unten auf den Kältestrom der globalisierten Macht da oben geprallt sei. Für einen Moment brodelte es, blitzten Alternativen auf. Nun gut, es war höchstens ein Promille der 99 Prozent. Doch diese jungen Wilden streiften den Kokon ihrer jeweiligen »Szene« ab, unterbrachen ihren Aufenthalt in der surrealen Welt des Cyberspace und suchten das pralle Leben von Straße und Park und Gemeinschaft. Sie führten exemplarisch vor, wie man der Macht direkt die Stirn bieten kann, anstatt Jagd auf Sündenböcke zu machen. Ihr Denkbild »Wir sind die 99 Prozent« hat sich eingeprägt und bleibt abgespeichert. Mit 24 trotz guter Ausbildung arbeitslos sein oder mit 54 entlassen werden ohne Aussicht auf einen neuen Job – diese prekäre Situation betrifft »uns alle«. Dagegen lebt das eine Prozent, die »oberen Zehntausend«, wie man früher sagte, in einem obszönen, noch wachsenden, festungsartig abgesicherten Überfluss. Warum eigentlich? Mit welchem Recht?

Wie schon so oft in der Geschichte wird im 21. Jahrhundert die Legitimität der krassen Einkommensunterschiede, die Legitimität von Reichtum und Gier radikal infrage gestellt. Die Kritik an der Gier zielt – wie in Hauffs Schwarzwalddörfern – erneut auf die ungleiche und ungerechte Verteilung der Güter. Das Zahlenspiel 99 : 1 hat es in sich. Es lässt sich nämlich empirisch untermauern. *Ein* Prozent der Weltbevölkerung besitzt 46 Prozent aller Reichtümer. Die ärmste Hälfte der Menschheit besitzt dagegen weniger als ein Prozent des gesamten Vermögens. Diese Zahlen erschüttern die Glaubwürdigkeit der großen, nie eingelösten Verheißung aus den Anfängen des Kapitalismus: Auf freien Märkten erzeuge eine »unsichtbare Hand« das »größte Glück der größten Zahl«. Die Welle von Platzbesetzungen ist erst mal vorbei. Doch unter dem Banner von »Wachstumskritik« und »Postwachstumsgesellschaft« gehen die Versammlungen, Debatten und die vielen und vielfältigen praktischen Projekte weiter.

Ein *Prozent der Weltbevölkerung besitzt 46 Prozent aller Reichtümer.*

Der New Yorker Zuccotti Park wurde im Frühjahr 2016 erneut zu einem Brennpunkt. Die junge progressive Linke der Stadt versammelte sich dort, um eine Graswurzelbewegung zur Unterstützung des Präsidentschaftskandidaten Bernie Saunders zu gründen. Und nicht zuletzt um dem rechten Demagogen Donald Trump den Kampf anzusagen, der sich ein paar Ecken weiter in seinem protzigen Trump Building als die Stimme des Volkes inszenierte. Ein neues, seriöses Zauberwort stieg in diesen Jahren bei der UNO rasant auf: »Inklusion«. Angewandt auf die »99 Prozent«, könnten sich um dieses Konzept neue Lösungen herauskristallisieren, die auf ein »gutes Leben« abzielen. Und zwar »für alle«.

Im Herbst 2015 kam der Papst nach Manhattan. Franziskus hatte schon im ersten Jahr seiner Amtszeit die Gier als »Pathologie der Macht« angeprangert. Diejenigen – auch in den eigenen Reihen –, die ein »Herz aus Stein« besäßen und in ihrem Narzissmus ausschließlich ihr eigenes Bild liebten und nicht mehr im Gesicht der anderen, der Schwächsten und Bedürftigsten, das Ebenbild Gottes erkennen könnten. Im Glaspalast der UNO am Hudson River, nicht weit von der Wall Street entfernt, hielt er nun eine Rede vor der Vollversammlung und sprach – wie schon in seiner im Sommer veröffentlichten Enzyklika – über den *oikos,* das »gemeinsame Haus« der Menschheit. Er prangerte den »eigennützigen und grenzenlosen Durst nach Macht und materiellem Reichtum« an. Denn der führe »zum Raubbau an den verfügbaren natürlichen Ressourcen und zur Ausgrenzung der Schwachen und Benachteiligten«. Doch jedes Lebewesen habe einen »Eigenwert in seinem Dasein, seinem Leben, seiner Schönheit und seiner wechselseitigen Abhängigkeit mit den anderen Geschöpfen«. Der »Sinn des individuellen und kollektiven Lebens« erschließe sich erst vollständig »im selbstlosen Dienst an anderen und in der weisen und respektvollen Nutzung der Schöpfung für das Gemeinwohl«. Nur eine Sonntagsrede? Für einen kurzen Moment schien der Aufstieg nachhaltiger Werte unaufhaltsam.

Die Metapher »Herz« hatte Papst Franziskus schon in seiner Umweltenzyklika *Laudato sì* im Sommer 2015 gleich zu Beginn verwendet. Dort stellt er die Plünderung der »Güter« des Planeten und die ökologische Krise unserer Gegenwart in einen direkten Zusammenhang mit dem Schicksal der »verwahrlosten und misshandelten Armen«. Doch die ökologische und soziale Krise sei nur ein »Krankheitssymptom«. Die tiefere Ursache der Krankheit liege in der »Gewalt des von der Sünde verletzten menschlichen Herzens«. Die Todsünde – das ist die Gier. Das »verletzte« Herz ist das »kalte Herz«.

Wo der Papst auf die Wege zur Heilung dieser Krankheit zu sprechen kommt, benutzt er wie die biblische Bergpredigt und das Gleichnis vom Samariter das Schlüsselwort: *misericordia.*

Wörtlich heißt das »ein Herz für Arme haben«. Eingedeutscht wird es schon seit Jahrhunderten mit *Barmherzigkeit.* Das Wort »barmen« hat seine Wurzeln im Altsächsischen. Dort bedeutet es so viel wie »sich heben«, »gären«, »schwellen«, »quellen«. Das ist das Gegenteil von »erstarren« und »erkalten«. Das große, sich weitende Herz als Gegenpol zum kalten, sich zusammenziehenden Herzen aus Stein. Klingt das nicht nach prallem Leben? Ist das veraltet? Oder – im Gegenteil – im 21. Jahrhundert eher sehr zeitgeistig? Die in den letzten Jahren aufstrebende Modevokabel, die genau diesen Sachverhalt umreißt, lautet *Empathie.*

Dem Wärmestrom der Empathie zum Durchbruch verhelfen

Ob in der Mitte der Gesellschaft ein Wärmestrom oder ein Kältestrom zirkuliert und sich ausweitet, hatte einen der wichtigsten Vordenker unserer heutigen Problematik sein Leben lang wie keine andere Frage beschäftigt. Ich sehe Theodor W. Adorno noch vor mir. Am Katheder von Hörsaal VI der Universität Frankfurt. Bei seiner letzten Vorlesung im Sommersemester 1969. Sie ging im Tumult unter. Als Kind hatte Adorno die Geschichten von Wilhelm Hauff geliebt. Der Philosoph analysierte dann die spätkapitalistische Gesellschaft, die den Wettbewerb, also »die Verfolgung des je eigenen Interesses gegen die Interessen aller anderen«, zu ihrem Grundgesetz gemacht hat. Unweigerlich produziere ein solches System den »Herdentrieb« der »einsamen Menge«, also »ein Sich-Zusammenrotten von Erkalteten, die ihre eigene Kälte nicht ertragen, aber auch nicht sie ändern können«. Der Text, in dem Adorno diese Erkenntnis formulierte, trug die Überschrift *Erziehung nach Auschwitz.*

Ich erinnere mich an jenen Tag im Sommersemester 1969 in Frankfurt. Ich war spät dran zur Vorlesung. Hörsaal VI war immer brechend voll, wenn Adorno seine »Einleitung in dialektisches Denken« zelebrierte. Deshalb nahm ich zum ersten und einzigen Mal den Fahrstuhl zum zweiten Stock des Universitätshauptgebäudes. Als sich die Tür öffnete, stand Adorno vor mir. Ich war zu verdutzt, um zu grüßen. Er lächelte, in sich gekehrt, offenbar ein Moment der Sammlung.

Was er nicht wusste: Die bevorstehende Vorlesung war der letzte Auftritt seines Lebens. Kaum hatte er begonnen zu sprechen, enterte eine kleine Gruppe aus dem »SDS-Weiberrat« das Podium. Die Kommilitoninnen waren barbusig. Sie kreisten ihn ein, begannen eine Art Reigentanz, um ihm – wie es später hieß – die Impotenz seines *Gelabers* zu demonstrieren. Gedemütigt verließ Adorno fluchtartig den Hörsaal. Keine vier Monate später starb er an seinem Urlaubsort in den Schweizer Alpen – an gebrochenem Herzen.

Den Aufstieg des Turbokapitalismus hat Adorno nicht mehr erlebt. Auch nicht die bedrohliche Zuspitzung durch die ökologische Krise. Doch gewiss hat er geahnt: Wenn das Mantra von Wachstum und Wettbewerbsfähigkeit vor dem Horizont einer menschheitsbedrohenden Katastrophe fortgesetzt wird, entsteht eine verheerende Dynamik des »Rette sich, wer kann«. Dieser *survivalism,* die Ideologie vom Überleben des Stärkeren, ist vielleicht die eigentliche, schwer zu durchschauende Triebfeder der Gier im 21. Jahrhundert. Die Aneignung und Anhäufung von immer mehr Ressourcen für sich und die Seinen als Überlebensstrategie ist eine tödliche Sackgasse.

»Häufig überlebten diejenigen, die anderen beim Überleben halfen.«
DANIIL GRANIN (ÜBERLEBENDER VON AUSCHWITZ)

Diese Botschaft hat einer aus der Generation Adornos 2014 vor dem Deutschen Bundestag eindringlich formuliert. Am 27. Januar, dem 70. Jahrestag der Befreiung von Auschwitz, trat der russische Schriftsteller Daniil Granin, 95 Jahre alt, vor das Mikrofon. Er sprach über die Blockade Leningrads durch die deutsche Wehrmacht, die er als sowjetischer Soldat miterlebte. Sie dauerte 900 Tage, kostete einer Million Menschen das Leben. »Nach und nach brach alles zusammen«, erinnerte sich Granin, »Wasser, Kanalisation, Licht und Heizung ... 30 Grad minus ... Schritt für Schritt setzten alle Systeme aus, die die Großstadt Leningrad zum Leben brauchte ... Die Menschen versuchten, einander zu helfen ... Oft genug rettete eine Tasse Wasser ein Menschenleben ...«

Und dann formulierte Granin die Essenz seiner schrecklichen Erfahrungen: »Häufig war es so, dass diejenigen überlebten, die anderen beim Überleben halfen.« Überleben im *oikos,* dem »gemeinsamen Haus«, ist nur kollektiv möglich. Ob es gelingt, den Kältestrom einzudämmen und den Wärmeströmen der Empathie zum Durchbruch zu verhelfen? Davon, so scheint mir, hängt alles ab.

Zwischenruf

In Resonanz gehen

~

Was war für dich der berührendste Moment?", fragte die Reporterin der Lokalzeitung die 25-jährige Ruby Hartbrich. Die junge Frau, Medizinstudentin in Marburg, war gerade von einem humanitären Einsatz im Mittelmeer nach Hause ins Münsterland zurückgekehrt. Sie gehörte zur Besatzung der »Sea-Watch«. Das war bis kurz zuvor ein abgetakelter holländischer Fischkutter. Anfang 2015 hatte Harald Höppner, ein 42-jähriger Kleinunternehmer und Aktivist aus Brandenburg, das Schiff gekauft, wieder flottgemacht, umgetauft und schon im Sommer in die Gewässer zwischen der libyschen Küste und der italienischen Insel Lampedusa navigiert. Also direkt an die viel beschworene »Außengrenze« der Europäischen Union. Ruby war mit an Bord und half, Flüchtlingsboote anzusteuern und den Passagieren Trinkwasser, Schwimmwesten und erste medizinische Hilfe zu bringen. Das Notwendigste also, um ihr nacktes Leben zu retten.

Der berührendste Moment? »Wenn man sich dem Flüchtlingsboot nähert, geht einem vieles durch den Kopf. Aber der Moment, in dem man zum ersten Mal Blickkontakt aufnehmen kann, ist atemberaubend. 120 Menschen auf einem kleinen Schlauchboot mitten im blauen Nichts. An Bord eine zum Bersten angespannte Stille. Nachdem die Menschen verstanden hatten, dass wir ihnen helfen wollen, waren sie glücklich.« Nur eine Handvoll Sätze. In einfachen Worten umreißt die Studentin das Wesen einer menschlichen Fähigkeit, die wir mit dem Modewort »Empathie« bezeichnen. Ihre Beschreibung verweist auf ein ganz schlichtes Medium, das dieses Vermögen aktiviert: den Blickkontakt.

Wenige Monate vorher: An einem Frühlingstag 2015 zerschellte an einem Berg in den französischen Alpen eine voll besetzte Maschine der Fluglinie Germanwings. Alle 150 Menschen an Bord waren sofort tot. Die Bergung der Opfer dauerte Wochen. Die Ursache der Tragödie klärte sich schnell und gab Grauen und Trauer neue Nahrung. Der Kopilot hatte den Piloten aus dem Cockpit ausgesperrt und die A320 vorsätzlich zum Absturz gebracht. Die sanfte Handbewegung am Steuerknüppel vollzog offenbar den Selbstmord eines unter Depressionen leidenden jungen Mannes und gleichzeitig einen Amoklauf, der viele, meist junge Menschen mit in den Tod riss. Bestürzt über dieses singuläre, nicht erklärbare Ereignis, suchte die europäische Öffentlichkeit nach präventiven Maßnahmen. Lufthansa gab bekannt, ab sofort strikt nach der »Vier-Augen-Regel« zu verfahren. Diese besagt: Zu keinem Zeitpunkt darf sich während der gesamten Dauer des Fluges eine Person allein in der Pilotenkanzel aufhalten. Zwei Augenpaare – das meint die Möglichkeit des Blickkontakts zur gegenseitigen Überwachung, aber auch zur wechselseitigen nonverbalen Kommunikation.

Der Berliner Psychoanalytiker Michael B. Buchholz schlug eine weitere Umstellung vor. Beim Betreten des Flugzeugs sollten alle Passagiere nicht nur von der Flugbegleitung, sondern auch von Pilot und Kopilot mit Blick in die Augen begrüßt werden. Dies sei ein »mikrostrukturelles Element, das die Ausübung von Gewalt erheblich erschwert«. Buchholz schreibt weiter: »Wir verhalten uns in vielerlei Hinsicht synchron und resonant. Man nickt einander zu, äußert zustimmende Hörersignale, passt sehr schnell Sprechrhythmen aneinander an und lacht sogar oft genug im gleichen Takt. Man versichert sich gleichsam, auf der gleichen Spur zu sein. Das hat pazifizierende Wirkung. Aus solcher Rhythmisierung und Synchronisation entsteht ein emotionales Feld. Wo solche Verbundenheit entstanden ist, ist die Schwelle zur Gewaltausübung erhöht.«

Buchholz bezog sich auf Forschungen des britischen Soziologen Randall Collins. Dieser hatte ein breites Spektrum von Gewaltsituationen analysiert und nicht nur die beteiligten Personen, sondern die jeweilige Situation insgesamt genauer angeschaut. Sein Befund: Gewalt sei nicht etwas, was im Menschen als »Trieb« oder als »Aggressionspotenzial« stecke. Angesichts der unabweisbaren Tatsache, dass sich die meisten Menschen in der Regel friedlich verhalten und gewaltfrei durchs Leben gehen, seien solche Erklärungsmuster haltlos. Die für konfrontative Situationen typische Emotion sei nicht etwa Zorn oder Hass, sondern eine Gemengelage aus nervöser Spannung und Angst. Sie verhindere in den meisten Fällen den Übergang zur tatsächlichen Gewaltanwendung. Die Hemmschwelle sei keineswegs allein die Angst, selber zu Schaden zu kommen. Es gebe auch eine Hemmung, anderen Schaden an Leib und Leben zuzufügen. Wenn diese Schwelle dennoch überschritten werde, oft als Flucht nach vorn, sei der Gewalttäter überraschend ineffizient. Die Konfrontationsspannung verursache Herzrasen, zittrige Hände, weiche Knie. Nur ein relativ geringer Teil von in Gewaltsituationen involvierten Menschenmengen übe tatsächlich aktiv Gewalt aus. Die meisten Schüsse bei Feuergefechten gingen – in die Luft. »Gewalt ist schwierig und nicht einfach«, folgert Collins. Und: »Es ist besonders schwierig, einer Person Gewalt anzutun, die einem in die Augen schaut.«

Die Erzählung der Seawatch-Aktivistin und der Befund aus der Gewaltforschung rufen eine elementar menschliche Erfahrung zurück in unser Bewusstsein: einem anderen auf Augenhöhe gegenüberzustehen und sich selbst in der Pupille des anderen, der einen anschaut, wahrzunehmen. Es ist diese Ansicht, sagt der Philosoph Ivan Illich, »die mir Wirklichkeit verleiht«. Vielleicht meinte Angela Merkel diese existenzielle Situation, als sie im Herbst 2015 dazu aufrief, »in Notsituationen ein freundliches Gesicht« zu zeigen. Empathie ist mehr als Altruismus. Sie ist eine organische Verbindung von Fürsorge, Selbstsorge und Vorsorge. Insofern eine Form von Selbstverwirklichung – und eine Basistugend der Nachhaltigkeit.

Empathie ist eine Ressource, die wir im 21. Jahrhundert dringender brauchen als Seltene Erden oder Algorithmen. Doch was ist mit dieser Vokabel gemeint? Eine semantische Tiefenbohrung fördert reichhaltige Traditionen ans Licht. In seiner englischen Fassung – *empathy* – war der Begriff seit Anfang des 20. Jahrhunderts zunächst im Elfenbeinturm der wissenschaftlichen Fachsprache von Psychologie und Ästhetik eingeschlossen. Seine Befreiung aus dieser Nische und der bis heute anhaltende Aufstieg des Konzepts in das globale Vokabular begannen um 1968. »Empathie« gehört wie »Ökologie« und »Friede«, wie »Selbstverwirklichung« und »Lebensqualität« zum Zeitgeist jener Epoche. Damals begann eine Welle der Globalisierung. Im Zeichen von Metaphern wie *global village* entstand ein grenzüberschreitendes Wir-Gefühl. Es herrschte Aufbruchsstimmung. Eine neue soziale Mobilität, Flucht- und Migrationsbewegungen vom Land in die Stadt und in andere Länder setzten ein. Starre soziale Bindungen lösten sich auf. Man wollte – in den Worten Adornos – »ohne Angst verschieden sein«. Man wurde weltoffener. Räumliche Mobilität, soziale Mobilität und innere Beweglichkeit bedingten einander. Man musste und wollte lernen, beweglicher im Wahrnehmen, Denken und Urteilen zu werden, um auf Fremdes und Fremde zuzugehen und Alternativen für sich selbst zu entdecken.

»Dass ich mich in den anderen hineinversetzen kann« – so umreißt der deutschamerikanische Sozialpsychologe Erich Fromm in seinem 1968 in den USA erschienenen Buch *The Revolution of Hope* die Grundidee von *empathy.* Dieser intuitive Akt vollzieht sich, indem »ich das, was der andere erlebt, dadurch verstehe, dass ich Erfahrungen in mir mobilisiere, die – wenn sie auch nicht die gleichen sind – dieser doch ähneln«. Das erfordert, »dass wir uns von den einengenden Bindungen einer vorgegebenen Gesellschaft, Rasse oder Kultur freimachen und zur Tiefe jener menschlichen Realität vordringen, in der wir alle nichts weiter als Menschen sind«.

Viele amerikanische Psychologen setzten sich damals intensiv mit dem Phänomen auseinander. Kenneth B. Clarke, der erste Afroamerikaner an der Spitze der US-Psychologenvereinigung, definiert in einem einflussreichen Aufsatz von 1980 *empathy* als »das Vermögen eines Individuums, die Bedürfnisse, die Hoffnungen, die Frustrationen, die Freude, die Ängste, die Verletzungen, den Hunger von anderen so zu spüren, als ob es seine eigenen Gefühle seien«. Clarke setzt dieses »einzigartige menschliche Vermögen« den »primitiven animalischen Verhaltensmustern« entgegen und hält die »universelle Zunahme an Empathie« für einen Schlüssel zum Überleben der menschlichen Gattung.

Beide Forscher wussten, wovon sie redeten. Erich Fromm war unmittelbar nach der »Machtergreifung« Hitlers vor den Nazis aus Deutschland in die Vereinigten Staaten emigriert. Kenneth Clarke war im Harlem der Zwanzigerjahre aufgewachsen, als dieser Stadtteil New Yorks in der Ära der *great migration,* der großen Wanderungsbewegung, zum Magneten für Schwarze aus dem Süden wurde.

Unter dem Einfluss von Autoren wie Fromm ist »Empathie« in den 1980er-Jahren als Lehnwort nur leicht verändert aus dem Englischen ins Deutsche übernommen worden. Doch streng genommen handelte es sich um eine Rückübersetzung. In die englische Sprache war das Kunstwort *empathy* (aus den altgriechischen Wörtern *em* = ein und *pathein* = fühlen) nämlich als Wiedergabe des deutschen Wortes »Einfühlung« gelangt. Dieser Transfer ereignete sich in einem wenig bekannten Text aus dem Jahre 1909. Der britische Psychologe Edward B. Titchener hatte kurz vor der Jahrhundertwende in Leipzig bei der Koryphäe der zeitgenössischen Psychologie Wilhelm Wundt studiert. Anschließend begann er seine Lehrtätigkeit an einer amerikanischen Universität. Ihn interessierten die Strukturen von Denkprozessen. In seinem Buch aus dem Jahr 1909 erzählt er eher beiläufig, wie sich in seinem Kopf Begriffliches und Sinnliches verweben, das Wort »Bescheidenheit« beispielsweise mit der Vorstellung eines gebeugten Rückens. Diese Übertragung bezeichnet er als einen *simple act of empathy* und fährt fort: »wenn wir diesen Terminus als eine Wiedergabe von ›Einfühlung‹ prägen dürfen«. Erst viel später im Text greift er seinen neuen Terminus noch einmal auf. An dieser Stelle beschreibt er die Beziehung zwischen dem Forscher und seinen Probanden. Dieser müsse *by empathy,* also auf dem Weg der Einfühlung, »denken, wie jene denken, verstehen, wie jene verstehen und ihre Sprache sprechen«.

In der deutschen Tradition, auf die sich Titchener bezieht, finden wir den Begriff »Einfühlung« breit aufgestellt und subtil entfaltet. Ein genauer Blick lohnt sich: Ursprünglich stammt das Konzept aus der Ästhetik, der Lehre vom Schönen in Natur und Kunst, und ist von dort in die Psychologie gewandert. In der zweiten Hälfte des 19. Jahrhunderts entstand eine komplexe Theorie der Einfühlung. Deren Vordenker waren Theodor Vischer und sein Sohn Robert.

Der Vater gehörte noch zur Generation von Wilhelm Hauff, trat aus demselben Milieu des protestantischen schwäbischen Bildungsbürgertums hervor, hatte sich aktiv an der Revolution von 1848 beteiligt und war durch seinen Pantheismus bei den Autoritäten im Ländle angeeckt. Einfühlung ist für ihn ein Akt oder – genauer – »ein Ineinander von mehreren Akten«. Es beginnt mit der Tätigkeit des Auges, nämlich der Aufnahme des

Blickkontakts zu einem »Nicht-Ich«, einem fremden Menschen oder einem natürlichen Phänomen. Der Blick, beispielsweise auf eine stolz aufragende Tanne oder einen reißenden Gebirgsbach, »folgt den Dimensionen und fasst sie wieder zur Gesamtheit zusammen«. So Theodor Vischer in einem 1887, seinem Todesjahr, veröffentlichten Text über *Das Symbol.* Die Einfühlung geschehe durch die »einfache zentrale Versetzung« des Subjekts »in den Gegenstand und seine plastische Bildung«. Sich »willig in die schöne Vorstellung hineinziehen lassen«, sich »hinüber- und hineinversetzen lassen« – darum geht es bei dieser Bewegung. Sie ist der Akt, »durch welchen sich der Beschauer in das Unbeseelte so hineinversetzt, als ob er mit seiner Lebenskraft und Seele selbst darin sei, sich bewege, hebe, auf- und niederschwinge, ins Weite dehne«. Es sind, sagt Theodor Vischer, »Verhältnisse der Einheit in der Vielheit«, die den »wirklichen Seelenkontakt« herstellen. »Ich und Nicht-Ich fließen zu einem rätselhaften Ganzen zusammen.«

Robert Vischer führte die Denkwege seines Vaters fort. Er richtet seinen Blick stärker auf das Feld der zwischenmenschlichen Beziehungen. Einfühlung sei ein Mittel zur Steigerung von »Lebenskraft« und »Lebensschwung«, ein Weg zum Wachstum des Ichs. Das Selbstgefühl des Individuums strebe von selbst aus sich heraus und verlange nach einem »korrespondierenden Gegengefühl«. »Der Mensch erhebt sich erst an seinem Nebenmenschen zu einem wahren Gefühlsleben. Die Naturliebe zur Gattung ist es allein, welche mir eine vollkommene geistige Versetzung ermöglicht; bei ihr fühle ich nicht nur mich selbst, ich fühle zugleich auch das Gefühl eines anderen Wesens.« Vischer verkennt nicht das Risiko von Enttäuschungen, persönlichen Verletzungen und Leid in der Begegnung mit anderen. Doch er wertet sie als bloße »Störungen«, als »Schwächung« der »Weltharmonie« und des »Drangs zur Vereinigung mit der Welt«. Aus dem vitalen Drang nach »Lust, Selbsterhaltung und Selbstverstärkung«

entstehe eine Dynamik, die den Rahmen der zwischenmenschlichen Beziehungen sprenge. Aus dem erweiterten Ich-Gefühl könne ein weltbürgerliches Wir-Gefühl entstehen. »Der Glückseligkeitstrieb entdeckt das Wundermittel, sich zu befriedigen, in der Sorge für das allgemeine Wohl der Menschheit.« Sichtbar werden bei Theodor und Robert Vischer die Konturen der deutschen Humanitätsphilosophie, von der das Konzept der Einfühlung imprägniert ist.

Deren Grundidee freilich ist universell. Sie ist in vielen Kulturen der Welt tief verwurzelt. *Karuna,* Mitgefühl, ist in der buddhistischen Tradition komplementär zu *prajna,* Weisheit. *Karuna* basiert auf der Vorstellung von der Einheit allen Lebens. Es ist die Resonanz auf die Wahrnehmung des Leidens anderer. Der vietnamesische Mönch und Zen-Meister Tich Nhat Hanh definiert sie als »den Willen und die Fähigkeit, Leiden zu lindern und zu transformieren«. Ein Gegenstück in der Sprache der südafrikanischen Zulu ist *ubuntu.* Desmond Tutu, der afrikanische Freiheitskämpfer, hat es so umschrieben: »Ich brauche dich, damit ich ich sein kann. Du brauchst mich, damit du du sein kannst.«

Eine heutige Theorie der Einfühlung müsste eine neue »Ökologie der Sinne« miteinschließen. Der Evolutionsbiologe Ernst Haeckel, ein Zeitgenosse der beiden Vischers, hat 1866 den Begriff der »Ökologie« in die Welt gesetzt. Er richtete dabei seine Aufmerksamkeit auf »alle die unendlich complicirten Beziehungen, in denen sich jeder Organismus zur Aussenwelt befindet«. Die »*um*gebende Aussen*welt*« – wir verkürzen das zu »Umwelt« – ist für jeden Organismus überlebenswichtig. Sie bildet seine »Existenz-Bedingungen«. Diese sind »theils organischer, theils anorganischer Natur«. Leben spielt sich nur innerhalb einer »beständigen Wechselwirkung« zwischen Organismus und Umwelt ab.

Ein Nachfolger Haeckels, der Naturforscher Jakob von Uexküll, unterschied um 1900 zwischen der »Merkwelt« und »Wirkwelt«. Die Merkwelt umfasst alles, was ein Lebewesen an sinnlichen Reizen wahrnimmt und aufnimmt. Die Wirkwelt ist, was es in seine Umgebung hinein bewirkt. Die Signale der Umwelt strukturieren die Wahrnehmung der gesamten Außenwelt und geben ihr Bedeutung. Sie formen die Innenwelt des Organismus, der wiederum handelnd auf die Außenwelt einwirkt und sie verändert.

Warum ist heute eine »Ökologie der Sinne« so wichtig? Das hat mit der Technisierung unserer sinnlichen Beziehungen zur Außenwelt zu tun. Wir leben seit einigen Jahren in einer *Kultur des gesenkten Blickes.* Bei jeder Bahnreise im ICE, auf offener Straße, am Strand, überall im öffentlichen Raum und selbst im intimen Kreis trifft man immer häufiger auf Leute, die ihren Kopf gesenkt halten, weil sie ihren Blick auf den Touchscreen von Smartphone oder Laptop fixieren. Kaum noch Blickkontakte, kaum noch Blicke in die Ferne, zunehmende Sprachlosigkeit. Damit einher geht eine neue Form der Taubheit. Wir schotten uns zunehmend von den authentischen Klängen unserer Außenwelt ab. Über Kopfhörer lassen wir nach Belieben künstliche Klangwelten in unsere Ohren strömen.

Warum tun wir das? Warum ist das gerade für Kinder und Jugendliche so ungemein attraktiv? Es ist – unbewusst, gerade bei Kindern und Jugendlichen – vor allem eines: Selbstschutz. Mit Bildschirm und Kopfhörer, selbst gewählten Klangmauern und Livestreaming wollen wir die Hässlichkeit und Zumutungen der Außenwelt ausblenden. Das permanente Hintergrundrauschen der sozialen Netzwerke hat auch mit dem ungestillten Hunger nach Empathie und Schönheit in unserem Alltag zu tun.

Gibt es eine digitale Empathie? Einfühlungsvermögen, das durch die sozialen Medien strömt? Bestimmt! Doch ich vermute, sie zehrt von der Empathie, die von Angesicht zu Angesicht, im Blickkontakt auf Augenhöhe mit Menschen aus Fleisch und Blut erworben und lebenslang praktiziert wird. Im Cyberspace blenden wir die lebendige Schönheit und Fülle der Phänomene aus. Die Schönheit und Eigenart der pulsierenden Natur, der direkten Kontakte von Mensch zu Mensch, der gelungenen Artefakte. Es ist zu befürchten, dass die modernen »Kommunikations«-Technologien auf Dauer ihre Risiken und Nebenwirkungen entfalten. Sie könnten uns einsam, ruhelos und krank machen – die Empathiefähigkeit im wirklichen Leben beschädigen. Es geht nicht um einen Ausstieg aus den neuen Möglichkeiten. Sondern um ein »Weniger ist mehr«. Um ihren sparsamen, gezielten, bewusstseinserweiternden und nichteinengenden Gebrauch. Im Dienste einer gesteigerten Wahrnehmungs- und Empathiefähigkeit.

Sind wir sozusagen von Natur aus empathisch? Die meisten Menschen verhalten sich im realen Leben friedfertig, freundlich und hilfsbereit. Der Mensch ist für den Menschen ein Faszinosum, und zwar das größte überhaupt. Man fühlt sich im Allgemeinen vom Unbekannten eher angezogen als bedroht oder beängstigt, vom Geheimnisvollen eher angelockt als vom Bekannten. Empathie meint also keine bloße Selbstlosigkeit, keinen rückhaltlosen Altruismus, nicht nur den »barmherzigen Samariter«. Sie ist auch die Basis für das Wachstum des Ichs, für das Gelingen von Selbstverwirklichung. Sie ist eine Quelle von Glück. Vischers Dreiklang der Empathie ist zukunftsfähig: die Einfühlung in die Naturphänomene, die wir wahrnehmen, in Menschen, die uns begegnen, in Kunstwerke, auf die wir uns einlassen. Dieser Zusammenklang ermöglicht uns andere und intensivere Glückserfahrungen als die bunte Welt der Waren. Auch dann noch, erst recht dann, wenn Kaufkraft und Konsum zusammenbrechen.

Wir wären gut beraten, wenn wir mit dieser erneuerbaren Ressource sorgsam und haushälterisch – also nachhaltig – umgingen, sie wachsen ließen, kultivieren und nutzen würden. Für das Zusammenleben im globalen Dorf, für die humane Gestaltung der Außengrenzen und – nicht zu vergessen – für den Zusammenhalt in den kleinen, nach außen durchlässigen Lebenskreisen der Heimat. Die kommende »andere Welt« ist eine »empathische Zivilisation« (Jeremy Rifkin). Denn in den Worten des uruguayischen Schriftstellers und Publizisten Eduardo Galeano: »Das Beste der Welt liegt in den vielen Welten, die die Welt enthält, den ganz verschiedenen Melodien des Lebens, seinen Schmerzen und vielerlei Schattierungen: den tausendundeinen Arten, zu leben und zu lieben, zu glauben und zu schaffen, zu essen, zu arbeiten, zu tanzen, zu spielen, zu reden, zu leiden und zu feiern, die wir im Laufe von Tausenden und Abertausenden von Jahren entdeckt haben.«

Kapitel 2

Wanderer in der Autostadt

Vom Wert der Entschleunigung

~

Am 29. April 2014 veröffentlichten US-Klimaforscher einen höchst beunruhigenden Bericht. Wissenschaftler der meteorologischen Station am Vulkan Mauna Loa auf Hawaii hatten in dem zu Ende gehenden Monat zum ersten Mal durchgängig eine CO_2-Konzentration in der Atmosphäre von über 400 ppm (Teile von einer Million) gemessen. Zum ersten Mal seit vermutlich Jahrmillionen war diese Schwelle überschritten. Ein Level von 350 ppm gilt unter Experten als sicher. Der Anstieg über die 400-ppm-Grenze lässt befürchten, dass der lebensfreundliche Blaue Planet unter unseren Augen und durch unser eigenes Handeln gerade zu einem überhitzten, roten Planeten mutiert. Mit anderen Worten: dass wir dabei sind, unseren Enkeln ein höllisches Klima zu bereiten.

Keiner von uns beiden hatte etwas von diesem einschneidenden Datum geahnt, als ich mich für Ende April mit Gerhard Trommer zum Wandern verabredete. Mit seiner Frau Gisela lebt er schon seit gut zwei Jahrzehnten in einem schmucken Dorf im südlichen Niedersachsen – im Speckgürtel von Wolfsburg. Wenn sie nicht gerade auf Reisen sind, gärtnern die beiden und kümmern sich um eine kleine Schar Enkelkinder. Und Gerhard schreibt, publiziert, hält mitreißende Vorträge über sein lebenslanges Thema: das Wilde, die Wildnis, das Verwildern. Darüber hatten wir uns vor Jahren ausgetauscht und kennengelernt. Unser Ziel an diesem Frühlingstag lag ganz in der Nähe: die Autostadt, die Traumfabrik des VW-Konzerns. Nicht dass wir urplötzlich zu Autonarren mutiert wären. Eigentlich wollten wir wissen, welche Geschichte die Kommunikationsdesigner von VW, die Mythenmacher und Mentalmagier ihren Besuchern und Kunden zu erzählen hätten – in diesen Zeiten rapide fortschreitender Erderwärmung.

Im Rückblick könnte man sagen, wir hatten für unsere Exkursion einen auch aus anderen Gründen geradezu historischen Moment gewählt: Der Stern von VW stand im Zenit. Der Konzern war gerade dabei, alle Rekorde zu brechen und seine große Obsession zu verwirklichen, nämlich Toyota von Platz 1 zu stoßen. Endlich Weltmarktführer! Doch genau in jenen Apriltagen des Jahres 2014 publizierten zwei Ingenieure von der Universität des US-Bundesstaates Alabama, ein Inder und ein Schweizer, in einer winzig kleinen amerikanischen Fachzeitschrift Daten über die von ihnen gemessenen Abgaswerte von VW-Dieselfahrzeugen. In diesem Moment wurde eine Programmierung, welche die Wolfsburger Autobauer schon seit Jahren klammheimlich in schätzungsweise elf Millionen Autos installiert hatten, um die Kunden über die wirkliche Luftverschmutzung zu täuschen, zur Zeitbombe. Sie begann zu ticken. Zwanzig Monate später, im September 2015, würde sie hochgehen und VW vom Gipfel stürzen. Möglicherweise ins Bodenlose.

Abgasskandal? Gerhard und ich sind passionierte Wanderer. Unsere Leidenschaft ist die Bewegung. Und zwar die Fortbewegung aus eigener Muskelkraft. Unser Tempo ist das Schritttempo. Das ist für alle Menschen rund um die Welt seit Hunderttausenden von Jahren ziemlich gleich. Es liegt je nach Gelände bei drei, vier oder fünf Kilometern pro Stunde. Exakt für diese Art von Fortbewegung sind Körper und Geist von der Evolution programmiert. Der CO_2-Ausstoß ist minimal, die Sauerstoffaufnahme intensiv. Unser Lebenselixier ist die frische Luft. Es ist die von Erdrotation und Sonneneinstrahlung bewegte, die zirkulierende, turbulente, aufgemischte, durch Wärmeströme und Kaltfronten, Aufwinde und Fallwinde chaotisch durcheinandergewirbelte, aus den Wildnisgebieten der Atmosphäre herwehende Luft. Nicht dass wir im Alltag all unsere Wege zu Fuß machen. Doch die lustvolle Erfahrung des Wanderns hat uns nachhaltig geprägt und sensibilisiert. Sie bildet die Matrix für unser Mobilitätsverhalten. Auch wenn wir dann je nach Ziel Fahrrad, Bus oder Bahn wählen. Manchmal, ziemlich selten, auch das Auto.

Ob die Abgaswerte der Dieselautos, die uns auf Schritt und Tritt die Atemluft verpesten, korrekt angegeben oder manipuliert sind, halten wir nicht für entscheidend. Der Verbrennungsmotor jedweder Bauart oder Marke ist eine Maschine, die tötet. Jeder weiß das. Wer die Abgase aus seinem Auspuff in den Innenraum seines Fahrzeugs statt in die Atmosphäre leiten würde, wäre nach wenigen Sekunden bewusstlos und kurz darauf tot. Was die Millionen Tonnen Abgase aus den Auspuffen der weltweiten Autoflotte mit der Lufthülle unseres Planeten machen, kann sich eigentlich jeder ausmalen. So gesehen, ist die immer noch wachsende Population von Autos aller Marken auf den Straßen der Welt der eigentliche Skandal. Die Zukunft des Autos? Das Auto, wie wir es kennen, so würde ich unsere Arbeitshypothese für den Gang in die Autostadt formulieren, hat seinen Zenit überschritten. Das Endspiel hat begonnen. Uns interessierte die Erzählung, die diese Industrie – und zwar ihre klügsten Köpfe – noch anzubieten haben. Der Abgesang.

Das Endspiel hat für das Auto längst begonnen.

~

Die Sonne steht schon ziemlich hoch. Der Frühlingswind schiebt in großer Höhe nur ganz sachte eine Schar Kumuluswolken aus der norddeutschen Tiefebene über das grüne Hügelland nach Süden, dem Harz zu. Im fünfzehn Kilometer entfernten VW-Werk ist die Frühstückspause wohl gerade beendet, als wir zu unserer Tageswanderung aufbrechen. Hinter dem Dorfkern aus Kirche, Kita und Dorfgemeinschaftshaus wird die Straße zu einem breiten Forstweg, der nach Norden führt. Das Lärmband der Autobahn entfernt sich. Eine Starkstromtrasse kreuzt den Weg. Wir laufen über einen Hügel. An klaren Tagen, erzählt Gerhard, könne man von hier oben im Süden den Brocken sehen. Ein paar Schritte abseits vom Weg flimmert die Wasserfläche einer Mergelkuhle durch das Gebüsch. Durch Weidengestrüpp, Brennnesseln, Labkraut bahnen wir uns den Weg zum Ufer.

Auf dem morastigen Untergrund hat man einen unsicheren Stand. Gerhard beugt sich hinab, greift durch die Wasserlinsen zum faulschlammweichen Boden des Tümpels, tastet ihn ab und holt schließlich einen schiefergrauen Stein herauf. Leicht und rau liegt er in der Hand. So groß wie ein Taubenei, bröckelig, porös. »Weißt du, was das ist? – Wenn das Stück trocken ist, und du gehst mit einer Flamme drauf, platzen kleine Stückchen ab, und es stinkt wie nach verbranntem Schweröl. Das ist Ölschiefer!« Ein Wahrzeichen aus der Erdformation des Jura, der Zeit der Flugsaurier, Fischsaurier, Schnabelfische und Ammoniten.

Wir stehen auf einem versunkenen Jurassic Park.

Wir stehen auf einem versunkenen Jurassic Park. Vor 175 Millionen Jahren flutete hier ein tropisches Meer – warmes Flachwasser, Algenblüte, Muschelbänke, Faulschlamm. In diesem Ambiente bildete sich über Millionen von Jahren der Ölschiefer. In Schichten von 30 Meter Stärke liegt er im Braunschweiger Hügelland in riesigen Lagern in der Tiefe. An einzelnen Stellen wie in dieser Mergelkuhle tritt er zutage. Seit Langem weiß man davon, hat es wenig beachtet. Doch in Zeiten von *peak oil,* dem drohenden Versiegen der relativ leicht zugänglichen Ölquellen, sind diese »unkonventionellen Vorkommen« urplötzlich in den globalen Fokus geraten. Überall auf der Welt reißt man mit Tiefenbohrungen die Ölschieferschichten in mehreren tausend Meter Tiefe auf, pumpt einen Cocktail aus Wasser und Chemikalien hinein, zerschlägt ihre Strukturen und fördert das frei werdende Gas und Öl zutage, um es zu verbrennen und das CO_2 in der Atmosphäre endzulagern: Fracking – die jüngste lebensverlängernde Maßnahme der Ölindustrie vor ihrem Kollaps, ein Hoffnungsträger der Automobilindustrie und ihrer Kunden.

Als wir weiterwandern, singt im Uferbereich eine einsame Nachtigall – am helllichten Tage. Das Quecksilber des Thermometers wird wohl die 20-Grad-Celsius-Marke überschritten haben. Wie überall ist die Vegetation in diesem Jahr ihrer Zeit um etwa zwei Wochen voraus. Der Frühling 2014 hatte ungewöhnlich früh eingesetzt, blieb deutlich zu warm und viel zu trocken. Nicht nur in Deutschland. Die Wetterdienste rund um die Welt registrierten auf den globalen Land- und Meeresoberflächen den wärmsten April seit Beginn ihrer Aufzeichnungen.

Wir tauchen in ein Waldgebiet ein. Es reicht bis an die südlichen Vorortsiedlungen von Wolfsburg heran. Der Baumbestand am Waldrand ist ziemlich jung. Vor dreißig, vierzig Jahren war hier noch Heide oder Kahlschlag. Der Weg überquert einen Bach. Hinter dem Durchlass biegen wir ab, folgen im Weglosen dem Bachlauf ins Waldesinnere. Die Bäume sind hier höher und älter. Ein Baumriese liegt am Boden und reckt seinen Wurzelteller in die Luft. Traubeneichen, frisch begrünt, ragen aus dem Perlgras. Buchen tragen ihr Kleid aus durchsichtigen, maigrünen, flaumig behaarten Blättern. Wo Sonnenstrahlen hindurchgehen, entsteht ein magisch grünes Licht. Die Sternmiere leuchtet weiß. Der Bärlauch, ganze Teppiche, steht kurz vor der Blüte.

Alle Kraft steckt noch im Blatt. Die Knoblauchrauke verströmt ihren würzigen Duft, der Waldmeister grünt. Das ganze Mosaik, die ganze Fülle der Waldbilder ist da. Wie im Märchen von Rotkäppchen. Nur der Wolf fehlt – noch. Der Bach mäandert an dieser Stelle wild und frei. Sein Prallufer ragt schulterhoch auf, erzählt von der schieren Dynamik des fließenden Wassers. Ein Specht trommelt, Zaunkönig und Mönchsgrasmücke singen. Der besondere Zauber eines urwüchsigen deutschen Laubwaldes im Frühling entfaltet sich bei jedem Schritt, den wir tiefer hineingehen.

Zwei Kilometer abseits der Autobahn, zehn Kilometer vor den Werkstoren von VW im Gehen ein Gedankenblitz: Der Wald lebt – wie alle Vegetation – die *stabilitas loci,* die Ortsgebundenheit und Ortsbeständigkeit, über lange Zeiträume. An seinem Standort entfaltet der Baum seine – wie der Ökologe Uexküll sagte – »Merkwelt«, das, was er in der »umgebenden Außenwelt« wahrnimmt und daraus aufnimmt, und seine »Wirkwelt«, das, was er in die Außenwelt hinein bewirkt und darin beeinflusst. *Stabilitas loci* ist das Gegenbild zu *Mobilität.* Denken wie ein Wald? Nomadisches Denken? Für sich selbst eine lebbare Balance zwischen beiden Lebensweisen finden – das wär's doch!

Denken wie ein Wald

Die Sonne hat ihren Zenit überschritten. Die Wolken sind angeschwollen. Zwei Stunden nach unserem Aufbruch haben wir, ohne einer Menschenseele begegnet zu sein, die ersten Wohnquartiere von Wolfsburg erreicht. Eine Eigenheimsiedlung aus den 1950er-Jahren. Kein Mensch lässt sich auf der Straße blicken. Jenseits einer Durchgangsstraße geraten wir auf das Gelände eines Gartenmöbel- und Holzbaumarktes. Eine Sitzgruppe aus Tisch und Sitzbänken ist dort ausgestellt. Wir lassen uns nieder und machen Brotzeit. Ein Mitarbeiter überquert den Hof, nickt uns freundlich zu. In der Kantine des VW-Werks ist der erste Ansturm vermutlich schon vorbei. Dann wieder ein

Stück offene Landschaft. Grünland, Ackerland, Bauland, Sportplätze. Der Feldweg verläuft eine ganze Weile an einem breiten Gehölzstreifen. Und wieder tönt aus dem Gebüsch Nachtigallengesang, diesmal gleich von drei, vier Stellen. Der Blick reicht weit nach Norden. Plattes Land, die Allerniederung. Hier beginnt die Norddeutsche Tiefebene.

Der Ortskern von Wolfsburg-Fallersleben, den wir nun erreichen, wirkt anheimelnd. Behäbige alte Häuser rings um den Platz, Läden, Bäckerei mit Café, Kirche mit Kriegerdenkmal, Brauerei mit Biergarten, Schloss mit Park. Ein weißes VW-Käfer-Cabrio, mit vier jungen Frauen besetzt, fährt vorüber. Ihre Haare wehen im warmen Fahrtwind. Ein frisch renoviertes Fachwerkhaus trägt in der Fassade auf Augenhöhe einen eichernen Schriftbalken mit der in Fraktur aufgetragenen Inschrift: »DEVTSCHLAND, DEVTSCHLAND VEBER ALLES / VEBER ALLES IN DER WELT«. Der Dichter dieser und der nachfolgenden Zeilen, Hoffmann von Fallersleben, wurde in dem Haus geboren. »Törichter Vers eines großmäuligen Gedichts«, hatte Kurt Tucholsky geurteilt, 1929, in einer Streitschrift, in der er eine Heimatliebe von links begründen wollte. Die Überschrift seines Textes: »Ja, wir lieben dieses Land«. Die Formulierung spielt auf den Titel eines anderen Liedes an: »Ja, vi elsker dette landet«. So beginnt die norwegische Nationalhymne.

Vermutlich wollte auch Hoffmann mit seinem »törichten Vers« keine Weltmachtträume entzünden. Vielmehr wollte er damit 1841, vor 175 Jahren, wohl die Vision eines einigen und blühenden Landes entwerfen und die Bürgergesellschaft aufrufen, das eigene Engagement für dieses Ziel »über alles« andere zu stellen. Ich versuche, mich zu erinnern: Ist mir das »Lied der Deutschen«, die dritte Strophe mit der schönen Haydn-Melodie, jemals über die Lippen gekommen? Nicht dass ich wüsste. Ich bevorzugte Brechts »Kinderhymne«: »Anmut sparte nicht noch Mühe, / Leidenschaft nicht noch Verstand, / dass ein gutes Deutschland blühe / wie ein anderes gutes Land.«

Ein paar Schritte weiter, am Bahnhof von Fallersleben, ist deutlich zu spüren, dass wir uns der Industriezone nähern. Unser Weg ist von nun an der Uferweg, der sich breit und geschottert am Mittellandkanal entlangzieht. Wir sind die Einzigen, die hier zu Fuß unterwegs sind. Die Transittrassen links und rechts und über uns sind dagegen überfüllt. Stau auf der Brücke zum Autobahnzubringer. ICEs und Regionalzüge donnern auf dem Bahndamm vorüber. Schiff an Schiff tuckert auf dem Kanal in Richtung Osten. Auf Augenhöhe verlaufen Rohrleitungen, hoch über unseren Köpfen die Hochspannungsleitungen der Energietrassen. Stoffströme, Warenströme, Ströme von Menschen hinter Windschutzscheiben, in Fahrzeugkabinen. Die linearen Strukturen für die Logistik zerschneiden und verschlingen den Raum um uns herum und machen ihn unbegehbar. Rechts kommt ein Parkhaus mit vier Decks ins Blickfeld. Dann, inmitten einer Grünanlage, die gläsernen Fassaden der AutoUni, der Bildungsstätte des Konzerns. Kurz darauf beginnt eine Lärmschutzwand und verdeckt die Sicht auf die Innenstadt.

Seit dem Sprung über den mäandernden Bach im Wald spüre ich meine Achillessehne. Gerhard bemerkt mein leichtes Humpeln, kämpft sich ins Weidengebüsch am Ufer, sägt mit seinem Messer zwei Äste ab, schält die Rinde und schnitzt sie zu schulterhohen Wanderstöcken zurecht. Ich schaue mich derweil um. Auf dem Brachland zwischen den Trassen gedeihen kleine Wildnisse. Hier blühen Wolfsmilch und Gundermann. Aus dem Ufergehölz tönt ein Rohrsänger. Dann eine Mönchsgrasmücke. Das Ufer gegenüber säumt eine Reihe Bäume. Von dort ruft ein Kuckuck. Nur noch wenige Schritte, dann beginnt drüben das Werksgelände. Sechseinhalb Quadratkilometer Deutschland, das größte Industrieareal der Welt, ein harter Kern der globalisierten Industrie-Konsum-Zivilisation.

Das Bild ist ikonisch: Die rote Backsteinfront der Werkshallen, kilometerlang, flankiert vom 13-stöckigen Verwaltungshochhaus mit dem blauweißen VW-Logo auf der Westseite, vom Quader des Kraftwerks und den vier Schornsteinen im Osten. Der Bau der Hauptverwaltung ist eingerüstet. Presslufthämmer dröhnen. Die Südseite ist flächendeckend mit weißer Plastikfolie verhüllt. Bis hoch zum 13. Stock, der Chefetage. Die Aufschrift »Bricht seit 40 Jahren Rekorde: Der Golf. DAS AUTO.« 2014 würde tatsächlich ein Rekordjahr werden. Als es zu Ende ging, hatte der Konzern zum ersten Mal über zehn Millionen Fahrzeuge verkauft und war zur globalen Nr. 1 aufgestiegen. »Wir alle leben davon«, hatte Gisela am Morgen gesagt. Um sie herum blühte und grünte ihr Garten. »Das ist ja mein Problem«, hatte sie leise ergänzt, »dass wir alle gut davon leben.«

»Das ist ja mein Problem, dass wir alle gut davon leben.«

Die Fassade der Werkshallen kommt einem endlos vor. Dahinter hat längst die Mittagsschicht begonnen. 3 000 Fahrzeuge werden auch heute hier produziert. Wie jeden Tag. Gerhard kennt jemanden, der in der Lackiererei arbeitet. Dort gehen die Autos wie von Geisterhand bewegt durch Farbbäder. Vorher werden die Bleche elektronisch aufgeladen, damit die Grundierung besser hält. Alles ist automatisiert. Es gibt Schaltpulte mit Bildschirmen, davor sitzen Menschen im Blaumann und kontrollieren die Abläufe. Spritzdüsen tragen die Farbe auf. Lämpchen zeigen an, wann sie sich ein- und ausstellen und die Fahrzeuge durch die Tunnel vorwärtsbewegt werden müssen. Die Bewegungen, die der Arbeiter ausführt, sind automatisiert. Er steuert sie so, dass die Produktion immer reibungslos durchläuft. Acht Stunden. Im Takt der Schichten. Eine Woche Tagschicht, dann Spätschicht, dann Nachtschicht. Zwischendurch viel Freizeit. Doch was heißt schon Freizeit? Er ist noch nicht mal 50, und das hat VW aus ihm gemacht: einen Roboter. »Dass wir alle gut davon leben«? Von ihm käme kein Widerspruch.

Ein Graureiher fliegt gelassen über die Wasserfläche des Kanals. Eine Dampfsäule steigt vom Kraftwerk auf und weht über das Ritz Carlton, das neu erbaute Fünf-Sterne-Hotel der Autostadt. Wir sind immer noch einsame Fußgänger. Zwei, drei Radler überholen uns, grüßen freundlich. An den Fahrradständern sehen wir sie kurz darauf wieder, kommen ins Gespräch. Eigenartig: Nach zwei, drei Sätzen beginnen diese jungen Automobilarbeiter, uns beiden alten Wanderern ihr Herz auszuschütten. Jemand erzählt uns vom maroden Zustand der Sprinkleranlage in seiner Halle, ein anderer von der miesen Behandlung der Leiharbeiter. Ein kurzer, überraschender Moment von *speak bitterness.* Dann erreichen wir die Fußgängerbrücke. Sie stellt die direkte Verbindung zwischen Innenstadt, Bahnhof und Autostadt her. Ein Fahrstuhl transportiert uns vom Uferweg nach oben. Auf der Brücke befördert uns ein Laufband weiter. Es bringt uns über den Schienenstrang, dann über einen Parcours, auf dem man die Geländewagen des Konzerns probefahren kann, und schließlich über den Kanal bis zum Eingang der Autostadt. Wie werden sich nach der langsamen Annäherung für uns Wanderer die Pforten der Wahrnehmung öffnen?

~

14:15 Apr 29 23°. Leuchtdioden signalisieren den Zeitpunkt unseres Eintritts. Der Kontrast fasziniert. Das Konzern Forum, Einlass, Einstimmung und Vorhof des vielgestaltigen Ganzen, ist ein monumentaler gläserner Palast. Ein Kontrapunkt des 21. Jahrhunderts zur trutzburgartigen Backsteinarchitektur von Kraftwerk und Werkshallen aus den 1940er-Jahren. Hier fließt und flutet das Licht. Sonne, Wolken, Himmelsbläue erscheinen durch die quadratischen Stahlverstrebungen der Glaswände parzelliert und verfremdet. Die Flügeltür, durch die wir mit unseren Wanderstiefeln, Stöcken und Rucksäcken eintreten, entsteht durch eine hydraulische Öffnung der Wand. Sie ist 20 Meter hoch. »Schon gewaltig, findest du nicht?«, fragt Gerhard, auf seinen Wanderstock gestützt. An den Ticketschaltern wird jeder und jede unterschiedlos mit gewinnendem Lächeln, zuvorkommender Aufmerksamkeit und entspannter Freundlichkeit empfangen. Man fühlt sich respektiert. Anders als im Cyberspace kümmern sich hier lebendige Menschen um dich, deine Fragen und Eindrücke. Jeder bekommt Resonanz auf seine Mimik, Gestik, Körpersprache. Auch die Kinder. Gerade die Kinder. Die Crew der Gästebetreuer ist dezent uniformiert, jung und multiethnisch, ausgewogen männlich und weiblich.

Das erste starke Bild ist der Exoglobe. Aus Aluminiumrohren konstruiert, hängt der Planet Erde hoch über den Köpfen der Besucher an der stählernen Decke. Er misst zwölf Meter im Durchmesser und wiegt vier Tonnen. Bunt flimmernde LED-Leisten markieren Äquator und Datumsgrenzen. Exoglobe bildet das Skelett der Erde exakt im Maßstab 1:1000000 ab. Am Boden spiegelt er sich in 80 zusammenhängenden quadratischen Glasfeldern. Die Fläche ist begehbar. Unter den durchsichtigen Platten drehen sich 80 bunt beleuchtete Globen. Jeder kartiert und visualisiert ein einzelnes Phänomen, ein Fragment, meist ein aktuelles und zukünftiges Problem der Menschheit: hier die tätigen Vulkane, da die Verteilung der Süßwasservorräte, die Dichte des Straßenverkehrs, das Ranking eines Landes bei Moody's Ratingagentur, die Verteilung der Flüchtlingsströme, die Verbreitung von Landminen, die Regenwälder, die Orte von Flugzeugabstürzen, von Atomwaffentests und, und, und. Jede Darstellung beruht auf einer Vielzahl von Daten. Sie speisen sich aus vielerlei Quellen, UNO, OECD, Moody's etc., alle verströmen Glaubwürdigkeit. Das ist die Welt, so die Botschaft. VW denkt global. Die Welt ist nicht heil. Doch inmitten der bedrohlichen Unordnung ist VW ein verlässlicher Akteur, ein *global player*. Der Konzern ist weltweit Teil der Lösung, ja sogar Treiber, Triebkraft bei der Suche nach Lösungen.

Besuchergruppen sammeln sich am Rand der Installation, bekommen von Betreuern einen Überblick über die dargestellte Weltproblematik. Kinder hüpfen und tänzeln derweilen ausgelassen über die Glasfelder. Oder sie rutschen darauf herum. Sie nehmen die Fläche als ihre Bühne und freuen sich auf die Autos – und auf die Pizza in einem der zahlreichen Restaurants auf dem Gelände. Man kann in der Autostadt gut essen. Angesagt ist überall gesunde Ernährung – ökologisch, saisonal, aus der Region. Dauerhafte Partnerschaften mit Biobauern und Lieferanten aus der Umgebung, von Bioland zertifiziert, gehören zum nachhaltigen gastronomischen Konzept. Das erklärte Leitbild: »vital – vegetarisch – vegan«. Wow! Wir treten hinaus ins Freie, nehmen Platz auf einer der ergonomisch geformten Bänke am Wasser, überblicken das Gelände. Die nächste Überraschung: Kein Auto ist zu sehen. Kein fahrendes, kein parkendes, kein Verkehrslärm. Die Autostadt inszeniert sich als verkehrsberuhigte Fußgängerzone. Die Pavillons sind harmonisch in eine Landschaft aus grünen Hügeln und blauen Wasserflächen eingebettet. Kanal und Hafenbecken, funktionale Bestandteile der Industrieanlagen, erweitern sich hier zu einer Lagunenlandschaft. Die Bassins sind meist in Beton gefasst, fast jedes mit Wasserspielen ausgerüstet. Die Hügel sind künstlich aufgeschüttet, mit Rasen belegt. Kein Maulwurfhügel weit und breit. Der Rasenschnitt ist perfekt. Jeder Halm ist auf 30 Millimeter getrimmt. Das entspricht der Norm für die Abschlagzone von Golfplätzen. Die Blumenrabatten sind geometrisch abgezirkelt. Bäume stehen solitär oder in kleinen Gruppen. Kiefern, Pappeln, Weiden – alle sorgfältig beschnitten. Fast jeder Baum trägt rund um den Stammfuß eine hölzerne Manschette. So wie die Staudenbeete mit Hauben versehen sind, die über Nacht verschlossen werden. Beides sind Schutzvorrichtungen gegen Kaninchenverbiss. Offenbar ist es den Gärtnern noch nicht ganz gelungen, alle Wildtiere zu ver-

Kein Auto, nirgends

treiben. Einmal sehen wir eine Graugans mit ihren Küken in Richtung Wasser marschieren. Dicht verfolgt von Besuchern mit gezückten Fotohandys.

Aus dem Wald kommend, erscheint uns diese Grünanlage als höchst artifiziell. Doch man muss wissen: Unter dem grünen Rasen liegt keineswegs gleich die eiszeitliche Sandbank der Allerflussaue. Bevor die Autostadt kam, war dieses Gelände die Schmuddelecke des Werkes. Hier türmten sich die leeren und lecken Ölfässer, die Schrottberge und Kohlenhalden. Die domestizierte Natur der Autostadt ist – auch – ein Triumph über die Altlasten des Industrialismus. Ein Detail beginnt zunächst unterschwellig zu stören. Dann baut sich ein mulmiges Gefühl auf. Es dauert, bis die Ursache des Unbehagens bewusst wird: In der Autostadt ist keine Vogelstimme zu hören. Hier herrscht der stumme Frühling. Rachel Carsons albtraumhafte Prophezeiung aus dem Amerika der frühen 1960er-Jahre ist hier irritierende Realität.

Hier herrscht der stumme Frühling.

Die Autostadt treibt die Naturbeherrschung auf die Spitze. Natur wird klein gehalten, zu einer Art Bonsai-Natur gemacht. Doch ohne die Grundidee von Bonsai. Die ist inspiriert vom japanischen Zen-Buddhismus. Auf kleiner Fläche strebt man danach, eine harmonische Beziehung von belebter und unbelebter Natur, von Stein und Wasser, Pflanze und menschlichem Geist, zu erzeugen und beispielhaft vorzuzeigen. Ein Hauch von *wabi,* von buddhistischer Gelassenheit, schwebt stets darüber. Ist in der Autostadt vielleicht eher das Anthropozän der Maßstab? Die neue Vision einer Verbindung von Natur und Technik zu einer futuristischen Techno-Garten-Welt?

Der Raum dient der flanierenden Menge. Leichtfüßig oder schwerfällig, kindlich grazil oder mit Rollator wandern sie über das Gelände. Paare, Familien, Einzelgänger. Manche sind ins Gespräch vertieft, manche haben das Handy am Ohr. Nirgendwo

Hektik, nirgendwo Müll. Wir blättern in einem Band, den wir am Eingang gekauft hatten. *Reflexionen*, so der Titel, zeigt »die Autostadt im Spiegel von Kunst und Kultur«. Er enthält bezaubernde Impressionen von dem alljährlichen großen, hier veranstalteten Ballettfestival. Es heißt: »Movimentos – menschliche Bewegung in ihrer schönsten Form«. Das Jahresmotto für 2014 lautet: »Glück«. Beim Weiterblättern stößt man auf die magischen Fotos des chinesischen Performance- und Illusionskünstlers Li Wei. Er lässt schlafende Mädchen vor dem Schornstein des Kraftwerks und betende Mönche über dem Dach des Porsche-Pavillons schweben. Schwerelosigkeit zwischen Erde und Himmel. Passend dazu das alljährliche Drachenbootrennen im Hafenbecken. Es lebt von den synchronisierten Bewegungen der jeweils zwanzig Ruderer, die ihr Boot mit kollektiver Muskelkraft zur Höchstgeschwindigkeit antreiben. Die Autostadt, so paradox es klingt, feiert ... die körperliche Bewegung.

Die Autostadt leuchtet – pastellgrün. Zwei Lesarten bieten sich an. Die eine: Sie ist der Einbruch nachhaltiger Werte in den inneren Bezirk des Industrialismus. Die andere: Sie ist eine gigantische Desinformationsveranstaltung – *greenwashing* eines industriellen »Weiter so«.

Kein Zweifel, das Außengelände ist nur Transitraum. Es bereitet die Bühne für eine möglichst intime Begegnung mit den Marken des Konzerns. Die acht Pavillons präsentieren DAS AUTO. Das volle Spektrum, die ganze Bandbreite. Ihr Inneres ist von den Reizen der Außenwelt hermetisch abgeschottet. Jede Ablenkung ist unerwünscht. Die Pavillons wirken wie die Höhlen einer klassischen Schatzsuche. Die Höhle von Audi, in der wir unseren Rundgang beginnen, steigt in einer ovalen Spirale aus weißen Wänden sanft an. Der Weg führt vorbei an Hunderten von Bildschirmen, die jeder interaktiv ein Thema präsentieren. Zwischendurch zeigt ein Kino auf großer Leinwand die Geschichte der vier Ringe. Von den Anfängen um 1900 mit einem Auto namens *Wanderer* – noch ein Wanderer in der Autostadt! – über den allradangetriebenen Audi quattro der 1980er-Jahre bis zu den Luxuskarossen und SUVs von heute. Auf jeder höheren Ebene wird die Flut der Bilder mehr und mehr durch eine Folge realer Gegenstände abgelöst. Terminals bringen die Komponenten des Fahrzeugs auf die Bühne: Antrieb, Karosserie, Elektronik.

Anschließend säumen die Modelle der aktuellen Produktpalette den Weg. Alle zum Anfassen, zum Probesitzen hinter dem Steuerrad, zum Streicheln von Lack, Leder und Chrom. In aufsteigender Linie, angefangen vom »Kleinwagen« A1 mit 95 PS bis zum einsam im Raum stehenden Audi-Meisterwerk, dem R8 mit 525 PS und Allradantrieb. Was sich durchzieht, ist der Kult der Beschleunigung: von 0 auf 100 km/h in 11,7 Sekunden (A1) bis zum Spitzenwert von 3,6 Sekunden (R8). Am Ende verschmelzen all die Zahlen, Daten, Fakten zu einem Narrativ. Jedes Detail verweist auf die »DNA« der Marke: *Vorsprung durch Technik.*

In die Welt gesetzt hat Audi den Slogan schon in den frühen 1970er-Jahren. Damals für das innovative Modell Ro 80. In der globalisierten Welt avancierte er zum *running gag.* »Vorsprunk durg Teknik« wurde im Englischen zum geflügelten Wort wie *Kindergarten* oder *Blitzkrieg.* Im TV-Programm der Fußball-WM 2014 flimmerte die Botschaft in hoher Frequenz über die Bildschirme. Jetzt ausgedeutet von der katalanischen Fußballikone Pep Guardiola. Der Werbespot ist augenzwinkernd als Motivationsansprache an ein kleines, junges, internationales Team von Audi-Ingenieuren inszeniert. Sattes Schwarz-Weiß, Länge 0:47. Der Gag ist das charmant gebrochene Deutsch des glamourösen Startrainers: »Vergessteurfolge denn nix is so alt wieders-tatusquo. Lasstoichwonwisionenantrai-ben, nichwonoirentaten. Ruckeschläg macheoichnur stäcke. Denktwaite immewäite, ssowait dassoichkaineain-cholenkan. Derchrössteärwolk issnuaderbechinnwon etwasncohchrösserem. Dännnua wennwirdastun chaben wir … wie sagt man … VORSPRUNG.«

Die Botschaft: Audi hat traditionell einen technischen Vorsprung vor der Konkurrenz und verteidigt ihn erfolgreich. Als Kunde und Audi-Fahrer kannst du an dieser Überlegenheit teilhaben. Sie überträgt sich. Sie macht dich überlegen. »Vorsprung« ist ein stolzes, altes Wort. Campes Deutsches Wörterbuch, erschienen 1811 im nahen Braunschweig, definiert »Vorsprung« als einen Sprung, »welchen man vor jemandem thut, damit er es sehe und nachthue«. Der Stolz auf einen »Vorsprung« ist insofern nichts Verächtliches. Schließlich geht es um Vorwärtsbewegung, um Antizipation, um den Willen zur Exzellenz und Führung – *leadership.* Doch was in dem Wort noch mitschwingt, ist der Gedanke des Zusammenspiels und der Kooperation mit denen, die folgen, der Gedanke der *Inklusion.*

In diesem Licht bekommt das Wort »Technik« eine feine Nuancierung. Sie erscheint als Werkzeug für Konvivialität, für die Kunst des Zusammenlebens. In der Spotlight-Beleuchtung des Audi-Pavillons ist davon nichts zu spüren. Hier erscheint »Vorsprung« als Schlüsselwort im Mantra von »Wettbewerb«, »Wettbewerbsfähigkeit« und »Überleben des Stärkeren«. Was hier mitschwingt, ist eher die Angst vor Nachfolgenden, die zu Verfolgern werden. Dann nämlich, wenn sie einem den Vorsprung streitig machen und ihrerseits einen Vorsprung herausarbeiten wollen.

Vorsprung macht einsam.

So wird der Vordenker und Pionier zum Getriebenen, zum Gejagten, zum Opfer. Im Hamsterrad der Konkurrenz führt die Verteidigung des Vorsprungs zur permanenten Erschöpfung. Gerade bei den vorübergehend Erfolgreichen. Vorsprung macht einsam. Weiter, immer weiter! Aber wohin? Die große Erzählung, die von »Beschleunigung« und »Vorsprung« handelte, ist jetzt am Ende. »Beschleunigung« ist im 21. Jahrhundert zum Synonym für Stress, für zerstörerische und selbstzerstörerische Prozesse geworden. Das junge, wilde Denken handelt von Vernetzungen. Dort ist »Vorsprung« keine besondere Kategorie. Knotenpunkte im Netz sind durch die Fäden organisch miteinander verbunden. Alle sind gleichwertig und unersetzlich. Sie dienen der Inklusion.

Lamborghini hat sein Domizil nur einen Steinwurf von Audi entfernt in einem kompakten schwarzen Kubus. Er ist gerade geschlossen. Die nächste Vorstellung in dieser *black box* beginnt in einer halben Stunde. Zeit zum Ausruhen auf einer Sitz- und Liegebank auf dem benachbarten grünen Hügel. Dann ist Eintritt. Es dauert einige Zeit, bis sich das Auge an das gedimmte Licht gewöhnt hat. Die Zuschauerränge füllen sich. Die Spannung steigt. Eine fürsorgliche weibliche Stimme bittet Schwangere und Menschen mit Herz-Kreislauf-Problemen, vorsichtshalber den Raum zu verlassen. Die Ansage erinnert an die Spots, die bei TV-Sendern den Filmen mit besonders krassen Sex- und Gewaltszenen vorgeschaltet werden. Hier stimmt sie auf ein Achterbahnerlebnis ein. Arena frei!

Senkrecht an der Wand, schwefelgelb lackiert, hüfthoch und geduckt, an der Wand gegenüber der Tribüne vertikal aufgehängt – der Lamborghini. Das Logo der VW-eigenen italienischen Marke – ursprünglich eine Traktorenfabrik – zeigt einen stilisierten wilden Stier, den legendären andalusischen Kampfstier Murcielàgo. Hinter Gitterstäben, doch wild und frei, unbändig und unnahbar, so erscheint der Bolide auf einer schweren Drehscheibe. Diese nimmt langsam Fahrt auf, beschleunigt. Das schwere Auto dreht Loopings, kippt nach außen. Der Krach seines hochtourigen Motors heult und röhrt aus den Boxen der Lautsprecheranlage, steigert sich mit jedem höheren Gang und prallt zum Schluss mit über 120 Dezibel auf die Trommelfelle. Sound der Beschleunigung. Kunstnebel steigt aus den Kulissen. Eine starke Dosis Rummelplatzvulgarität. In den Gesichtern der Besucher links und rechts von uns spiegelt sich eine Achterbahnfahrt der Gefühle. Kribbeln im Bauch, *thrill* – Angstlust, gepaart mit Ehrfurcht und narzisstischem Begehren.

»Wir wollen die Liebe zur Gefahr besingen, die Vertrautheit mit Energie und Verwegenheit.« So begann vor über 100 Jahren das futuristische Manifest einer kleinen italienischen Künstlergruppe. »Ein aufheulendes Auto ist schöner als die Nike von Samothrake.« Der italienische Futurismus begann mit dem Kult der Beschleunigung, der Maschine und der Technik. Am Schluss verbündete er sich mit Mussolinis faschistischer Verherrlichung von Gewalt und Eroberungskrieg. Abgestandenes Zeugs, Schnee von gestern. Die Autostadt räumt noch heute dafür eine Nische ein.

»Ein aufheulendes Auto ist schöner als die Nike von Samothrake.«
FUTURISTISCHES MANIFEST (1909)

»In a sportscar through Paris – with the warm wind in her hair.« So besang in den 1980er-Jahren die britische Popikone Marianne Faithfull mit ihrer brüchigen Stimme herzzerreißend traurig die Tagträume einer englischen Vorstadthausfrau. *The Ballad of Lucy Jordan* endet mit dem Gefühl des warmen Windes, den Lucy ein einziges und letztes Mal in den Haaren spürt. In dem kurzen Moment vor dem Aufprall ihres Körpers auf dem harten Beton. Die Strophe handelt von dem Sprung aus dem Fenster, mit dem sie ihrem freudlosen Dasein ein Ende macht. »On a bicycle through Paris – with the warm wind in her hair.« Wäre das nicht die zeitgemäße Variante des Songs? Sie könnte authentisch vom *flow* handeln, von einem Wärmestrom des Glücks, der allen zugänglich wäre – jung und alt, männlich und weiblich, arm oder reich.

»Können wir die Stöcke mit hineinnehmen?« – »Wenn Sie niemanden damit erschlagen!« Hatte uns leichtes Stirnrunzeln der Türhüterin am Einlass zum VW-Pavillon verunsichert? Ließ uns ihr fragender Blick auf unsere Ausrüstung kurz mal fremdeln? Überspielte sie mit ihrer hemdsärmeligen Antwort eine leise Unsicherheit ihrerseits? Ein weiträumiger Quader bildet den Pavillon der Marke Volkswagen. Im Inneren zeichnet sich dagegen eine Kugel ab. Die Kombination beider geometrischen Grundformen bringt zum Ausdruck, wofür die Marke Volkswagen stehen soll: Zeitlosigkeit, Demokratie, Perfektion. Die Kugel als Zeichen der Globalität, der Unendlichkeit, Gerechtigkeit und Dynamik ist umhüllt von einem Quader als Zeichen der Stabilität, der Klarheit, der Präzision. Die Assoziation »nachhaltige Entwicklung« als organische Verbindung von Stabilität und Dynamik liegt nahe. *Sustainable development* war im Jahr 2000 das Motto der EXPO in Hannover, in deren Vorfeld die Autostadt entstand.

Blickfang beim Betreten des Pavillons ist eine haushohe Skulptur. Ihre Gestalt erinnert wahlweise an einen mehrgliedrigen Hebekran, an einen mehrfach abknickenden Stängel oder an die Silhouette eines kahlen Baumes. Über seine Oberfläche fließt und flimmert ein ununterbrochener Strom von Bildern, Piktogrammen und Schriftzügen. Flankiert von den aktuellen VW-Modellen, soll dieser Ideenbaum den »Markenkern« von Volkswagen kommunizieren – und Bilder von dessen Zukunft. Seine Botschaft lautet: Wir kennen die Probleme, wir arbeiten an den Lösungen.

Überwölbende Idee ist ein neuer Futurismus: Die digitale Revolution wird alle Probleme lösen. 400 ppm CO_2-Belastung der Atmosphäre? Dichtestress auf den Straßen? Mentale Belastung, Unfallrisiko? Wir machen das Auto *smart.* Wir erfassen und optimieren seine Werte. Elektronische Assistenzsysteme übernehmen Orientierung in kritischen Situationen. *Fatigue-Detention*-Anlagen verhindern den oft tödlichen Sekundenschlaf, Antikollisionssysteme die Auffahrunfälle. Staumelder vermeiden Zeitverlust auf überfüllten Straßen. Einparkhilfen suchen selbstständig Parklücken und übernehmen das Rangieren auf engstem Raum.

Die kühnen technischen Innovationen münden in einem

Zukunftsprojekt, das von der globalen Automobilindustrie und den Internetgiganten im Silicon Valley gerade gemeinsam und mit missionarischem – um nicht zu sagen: sektenhaftem – Eifer gepusht wird: das selbst fahrende Auto. Diese Zukunftsvision setzt präzise an ganz realen Bedürfnissen und Ängsten der Gegenwart an: einem wachsenden Unmut über den Dichtestress auf den Straßen, der Angst vor tödlichen Unfällen, der Sorge um die Umweltbelastung. Für all diese Probleme soll es eine technische Lösung geben. Algorithmen steuern das Fahrzeug durch den Verkehr und minimieren Verbrauch und Schadstoffausstoß. Ein Autopilot bringt den Wagen sicher und ressourcensparend an das vorbestimmte Ziel. Digitalisierte Technik übernimmt Lenkung und Kontrolle des Fahrzeugs und macht den Fahrer zum entspannten Passagier. Das *self-driving vehicle,* so suggeriert der Ideenbaum, schließe den Kreis. Oder läuft dieser Turbo ins Leere?

Es lohnt sich, einen Schritt zurückzutreten und aus der Distanz die Alternative zu prüfen. Sie ist schon immer da und immer nah. Wenn ich sicher, ressourcensparend und entspannt von A nach B will, nehme ich ein öffentliches Verkehrsmittel. Von der S-Bahn-Station meines Wohnortes im nördlichen Ruhrgebiet steige ich einmal um – und bin in Berlin. Ich steige zweimal um und bin in Paris, steige dreimal um und bin in London oder Kopenhagen. Und habe unterwegs viel Zeit für mich selbst. So einfach ist das. Oder? Das selbst fahrende Auto stehe vor dem Durchbruch, verkündet die Autostadt. Wer will es eigentlich? Wer braucht es wirklich?

Die Alternative – sie ist schon immer da und immer nah.

Die obere Ebene des VW-Pavillons rückt das Elektromodell von Golf in den Fokus. *Blue motion* heißt das Motto. In einer Nische wird man zu einem interaktiven Spiel animiert. Ein Fotoshooting aus eigener Körperkraft. Du setzt dich auf eine Schaukel und holst Schwung. Sobald du dich ein paarmal hochgeschaukelt hast, ist das notwendige Quäntchen Energie erzeugt, und du bekommst eine Aufforderung, in die Linse einer auf Augenhöhe installierten Kamera zu schauen. Sie macht Klick. Einen Moment später kannst du auf einem Bildschirm dein Selfie in Augenschein nehmen – und gleich in alle Welt mailen. Ein Spiel mit tieferer Bedeutung: Auch Körperkraft ist eine erneuerbare Energie. Wanderer wissen das.

Wir sind wieder unten, am Ideenbaum. Um ihn herum sind die neuesten Modelle von VW gruppiert. Die ganze Palette vom Kleinwagen mit dem Kürzel »up!« über Polo und Golf, Beetle und Multi-Van bis hin zum Tuareg, dem SUV (»Geländewagen«, sagte man früher), und zur Luxuskarosse Phaeton. Wie überall in den Pavillons wird auch hier eine Aufwärtsspirale sichtbar. Das je kleinere Modell bereitet die Bühne und weckt das Begehren nach dem nächstgrößeren.

Dabei hatte VW für einen kurzen Moment in seiner Geschichte eine andere, eine wirklich alternative Erzählung. Sie fällt mir siedend heiß ein, als ich den Beetle sehe, eine für meinen Geschmack etwas zu aufgedunsene Version des alten Käfers. Wo steht eigentlich der Abbey Road Beetle? Das ist der Käfer Baujahr 1967, der auf der Abbey Road im Herzen Londons parkte, als die Beatles im Gänsemarsch auf dem Zebrastreifen die Straße überquerten. Das Datum war der 8. August 1969, knapp drei Wochen nach der Mondlandung. Das Foto, mit einer Hasselblad-Kamera aufgenommen (wie übrigens auch die NASA-Bilder des Blauen Planeten), erschien auf dem ikonischen Cover des Beatles-Albums *Abbey Road* und wurde weltberühmt. Der Käfer parkte zufällig dort. Doch er passte kongenial ins Bildprogramm. Das Spiel mit dem Wort »Beetle«, der ironische Gleichschritt der langhaarigen Gentlemen, der größten Band der Welt, und der lotusweiße, halb auf dem Bürgersteig unter einem dichten Laubdach parkende deutsche Kleinwagen. Ich wusste, dass die Autostadt das gute Stück aufgekauft hatte. Auf Nachfragen erfuhr ich, dass es momentan im Depot sei.

Wehmütig fielen mir andere Ikonen ein: Wo ist eigentlich der legendäre Woodstock-Bus geblieben? Dieser über und über mit psychedelischen Flower-Power-Motiven übermalte VW-Bully, der am Rand der matschigen Wiese parkte, wo die Woodstock-Generation das Fest ihres Lebens feierte? Die Abbildung zierte das Booklet der CD. Und wo ist wohl der blaue Bully, der im Februar 1963 schneebedeckt auf der Jones Street im New Yorker Stadtteil Greenwich Village auf dem Bordstein stand, als der 22-jährige, noch unbekannte Folksänger Bob Dylan, eng untergehakt von seiner damaligen Freundin, der 19-jährigen linken Aktivistin Suze Rotolo, mitten auf der Fahrbahn durch den verharschten Schnee stapfte? Noch eine ikonische Momentaufnahme. Sie fand sich wieder auf dem Cover von Dylans zweitem Album *The Freewheeling Bob Dylan,* das ihn und seine Songs wie *Blowing in the wind* und *Masters of War* berühmt machte. Da hatte VW in den USA und anderswo *street credibility.* Da stand die Marke für die gegenkulturelle Idee des *downsizing.* Runterkommen! Lässiger Einspruch gegen die Straßenkreuzermentalität aus Detroit. Verbunden mit dem Stolz auf Qualitätsarbeit: »... läuft und läuft und läuft« war damals die erfolgreichste Werbekampagne des Konzerns. Die Botschaft lautete: Wir achten auf Langlebigkeit.

Der VW-Käfer – ehemals Ikone der Gegenkultur

Small is beautiful war die zeitgeistige Variante des alten Bauhaus-Mottos: *weniger ist mehr.* Nur ein Jahr nach der Mondlandung und Woodstock beschloss man in der Zentrale der VW-Stiftung in Hannover, einen Projektantrag des damals noch völlig unbekannten Club of Rome zu bewilligen. Das Geld von VW finanzierte die am MIT in Cambridge/Massachusetts erstellte Studie über die *Limits to Growth.* Im März 1972 ist sie erschienen und machte weltweit Furore. Ein Durchbruch im Denken, dessen Tragweite bis heute nicht richtig verstanden ist. Auch nicht in der Autostadt. Jedenfalls sah ich nirgendwo einen

Raum über »the Making of *The Limits to Growth*«, nicht mal eine schlichte Vitrine mit der Erstausgabe von den *Grenzen des Wachstums.* Als Erinnerung an einen historischen Moment und eine verpasste Chance für den Konzern, sich vom Wachstumswahn zu befreien und den Kurs zu korrigieren.

Als wir den Quader verlassen, spricht uns eine ältere Dame an. Sie hat unsere Wanderstöcke bemerkt, nimmt sie in Augenschein, streichelt entzückt die entrindete Oberfläche des Holzes. »Ist das Holunder?« – »Nein, Weide, frisch geschnitten.« – »Wo?« – »Draußen am Kanal.«

Vom Porsche-Pavillon klingt Musik herüber. Ein Kammerorchester probt und wirbt für ein abendliches Konzert. Die Wasserfläche glitzert unter den mittlerweile tiefer einfallenden Sonnenstrahlen. Und trotzdem – mich beschleicht eine gewisse Beklommenheit, als wir den rampenartigen Zugang emporsteigen. Der Bau ist gedrungen. Nur zehn Meter hoch. Alles ist gerundet, kantenlos, wirkt von außen wie ein Bunker – oder ein Stahlhelm. Die Rampe setzt sich im fensterlosen Inneren fort. Ein Zitat von Ferry Porsche, umstandslos gleich in englischer Übersetzung, dominiert den Eingangsbereich, wirkt wie ein Passwort: »I looked around and could not find quite the car I dreamed of, so I decided to build it myself.« Dem Traum folgen. Das Auto bauen, das es vorher noch nie gab. In Perfektion.

In der Folge wird dieses Leitmotiv immer wieder neu variiert. Am höchsten Punkt der Rampe, wo sich der Weg wieder nach unten senkt, kommt auf der Sohle des Raumes eine weitere abschüssige Fläche ins Blickfeld. Ein Rudel aus 25 silberfarbenen Porsche-Modellautos aus den unterschiedlichsten Epochen, im Maßstab 1 : 3 gebaut, stürzt sich wie auf einer sechsspurigen Autobahn zu Tal. Unten warten drei Prototypen der aktuellen Kollektion. Zum Anfassen. Ein Macan Turbo, ein 911 Turbo S, ein Panamera Hybrid. Alle ebenfalls silbern lackiert.

Von unserer Empore aus betrachten wir das Schauspiel. Die

Fahrzeuge sind ständig von zehn bis zwölf Fans umlagert. Jeder – vom Kind bis zum Senior – wird von einem der fünf Guides mit einer knappen Geste eingeladen, Platz zu nehmen. Fast alle folgen der Einladung, öffnen die Fahrertür, steigen ein, lauschen dem satten Klang beim Schließen der Tür, ergreifen das Lenkrad, richten ihre Blicke durch die Windschutzscheibe in eine imaginäre Ferne, lassen sich von ihrer Begleitung fotografieren. In den Blicken, der Körpersprache, den Berührungen malt sich Faszination ab – und Ehrfurcht. Helfer mit Staubwedeln und Wischtüchern in der Hand stehen bereit, nach jeder Berührung die metallischen und gläsernen Oberflächen zu polieren. Auch uns distanzierten Beobachtern signalisieren die Betreuer, wir mögen doch herunterkommen und einsteigen. Beide schütteln wir den Kopf. Warum lässt mich die freundliche Einladung kalt? Bin ich ideologisch verklemmt? Ich glaube eher, nach ein paar Stunden aufrechtem Gang unter freiem Himmel habe ich schlicht und einfach keine Lust, mich in eine Kapsel zu zwängen.

An der Wand läuft in Endlosschleife eine Videoinstallation. Die Botschaft handelt von inneren Werten, Charakter, Identität. »Unser Antrieb ist unser Anspruch« – »Die Evolution liegt in unserer DNA« – »Zukunft braucht Herkunft«. Eingeblendet sind Kurzstatements von Porsche-Fahrern aus dem globalen Dorf. Wall-Street- oder Silicon-Valley-Typen, chinesische Geschäftsleute, junge kreative, mediterrane Frauen geben in ein, zwei Sätzen zu Protokoll, was sie mit dem Namen »Porsche« assoziieren: »Tradition« – »Zuversicht« – »the sexiest motorsound I ever heard« – »Der Wunsch, Porsche zu fahren, war der eigentliche Grund, zur Schule zu gehen« – »Diese prickelnde Tuchfühlung mit Fahrzeug und Straße« – *»street credibility«*. Ein kurzes Innehalten. Die Bilderflut verschwindet. Es ertönt die brüchige Stimme eines alten Mannes. Auf Englisch, der Lingua franca der globalisierten Welt, sein deutscher Akzent ist freilich unüber-

»Porsche – the sexiest motorsound I ever heard«

hörbar, spricht ER. Der *mastermind,* das Genie, *the wise man,* Ferry Porsche, Ingenieur, Entrepreneur, geboren 1909, gestorben 1998, Spross und Fortsetzer eines noch Größeren, des Gründers Ferdinand Porsche. In dem klaustrophobischen Ambiente hört der Besucher ihn über Sein und Zeit und Sinn philosophieren. Fast gespenstisch, wie aus einer Gruft.

»Time is one of the few things man cannot influence. It gives each of us a beginning and an end. The search for purpose in our lives is universal and will never change. Finding an aim in life is the essence of the human spirit. We all have the desire to create something that will show we were here. That we did something of value, of meaning. The desire to create something timeless, something that withstands time. For something to endure it must be unique and yet so universal anyone can appreciate it. Creating something that time cannot erode, something which ignores time as a physically ending concept, this is the ultimate victory …« Etwas schaffen, dem die Zeit nichts anhaben kann. Etwas, das nachhält. Etwas, das einzigartig ist und doch so allgemeingültig, dass es jeder verstehen kann. Der alte Porsche sinniert gelassen über letzte Dinge. Über Werte, Verantwortung, Nachhaltigkeit. Vom Auto ist nicht mehr die Rede.

Weiter, immer weiter. Das KundenCenter mit den beiden Autotürmen am nördlichen Rand ist der eigentliche, der harte Kern der Autostadt. Hier kommen DAS AUTO und DER KUNDE im ultimativen Moment der »Selbstabholung« zusammen. Die Idee stammt aus der Gründerzeit des Werkes. Schon der KdF-Wagen sollte von den Volksgenossen direkt vom Werk abgeholt werden. Anfahrt mit der Reichsbahn, Heimfahrt auf der Autobahn. Damals ging es um Kostensenkung, heute primär um »Kundenbindung«. Der feierliche Moment der Übergabe von Auto und Schlüssel wird zeitlich gestreckt und räumlich auf verschiedene, miteinander zusammenhängende Schauplätze verteilt.

Der Raum für den ersten Akt der Inszenierung hat monumentale Dimensionen. Zwei runde, gläserne Türme erheben sich fast so hoch wie das Hochhaus der Konzernzentrale an der Grenze zwischen Autostadt und Werksgelände. Durch Tunnels sind die beiden Areale verbunden. Wie durch einen Geburtskanal werden die Neuwagen zum Fuß des Turms bewegt und von dort durch gigantische Greifarme und Hebevorrichtungen geräuschlos auf die Stellplätze in den zehn Etagen des Turms verteilt. Ein gläserner Aufzug bringt den Besucher innerhalb der Rotunde nonstop bis aufs Dach. Dort kann er staunend beobachten, wie in einem ruhigen Rhythmus und in scheinbar willkürlicher Reihenfolge die Stellplätze geleert und mit Autos der diversen Marken neu aufgefüllt werden. In den beiden Türmen ist keine Menschenseele zu sehen. Unter den Augen der Zuschauer vollzieht sich der Weitertransport der Autos von den Türmen wiederum unterirdisch hinüber zum Abholterminal.

Die Architektur dieses Terminals ahmt bis in die Raumaufteilung und die Sprache hinein die Ästhetik internationaler Airports nach. Der riesige untere Bereich ist Wartezone und Showroom. Sämtliche Fahrzeuge der gegenwärtigen Produktpalette sind hier ausgestellt. Zum ersten Mal auf unserem Rundgang sehen wir Preisschilder. Das Produkt, das bisher seine technischen Eigenschaften, ästhetischen Qualitäten und seine Erzählung vorführte, offenbart sich jetzt als Ware und der Gast als Kunde. Und ihm gebührt Respekt. Auf einer digitalen Anzeigetafel erscheint sein Name zusammen mit dem des betreuenden Händlers. Die Tafel informiert ihn in der Öffentlichkeit von Gleichgesinnten, zu welchem Zeitpunkt er sich an welchem »Gate« des Abholcenters zur Übergabe von Wagen und Schlüssel einfinden möge. Die Wartezeit lässt sich in diversen Restaurants oder Bars, beim Shoppen oder in den tiefen Polstern der zahlreichen Sitzecken entspannt verbringen. Momente der Vorfreude, oft im Kreis der Familie.

Eine Leuchtdiodenschrift an der Wand zitiert ausführlich den amerikanischen Psychologen Seth Godin. Sie spricht von den Grundbedürfnissen des modernen Menschen: Wir möchten verbunden sein *(to be connected)*, uns abheben und etwas bewirken *(to make a difference)*. Wir möchten bedeutsam sein *(to matter)*, gebraucht und vermisst werden *(to be missed)*. Kein Zweifel, hier dreht sich alles um nur eine, aber eine wesentliche Stufe in der Pyramide der Grundbedürfnisse: Selbstwertgefühl, Stolz, Hunger nach R-E-S-P-E-K-T. Die Autostadt koppelt den Autokauf an dieses Grundbedürfnis. Die Botschaft: Das neue Auto macht dich ab morgen in der Nachbarschaft, auf dem Firmenparkplatz, im öffentlichen Raum des Straßenverkehrs neu sichtbar. Es unterstreicht, stärkt und steigert deine Persönlichkeit. Es verschafft dir den gebührenden Platz in deinem sozialen Umfeld. Es macht dich fit für das *social scanning*. Das ist die weltweit epidemisch um sich greifende Praxis, sein Gegenüber in Sekundenschnelle daraufhin zu taxieren, ob er zu den Gewinnern gehört – oder zu den Überflüssigen. Wenn in der Autostadt von »Bedürfnissen« gesprochen wird, meint man vor allem – das Geltungsbedürfnis.

Gehörst du zu den Gewinnern – oder zu den Überflüssigen?

Wieder ist ein Auto aus dem Turm – wie von Geisterhand gesteuert – vorgefahren. Eine Lautsprecherstimme ruft einen Namen auf. Ein schlaksiger Mann, Generation Golf, Jeans, T-Shirt und Sakko, erhebt sich aus den Polstern. Gefolgt von Sohn und Tochter im Grundschulalter. Generation Elektroauto? Generation Carsharing? Gleich wird man Papa an Gate A den Schlüssel überreichen. Die Bezahlung ist schon vorher geregelt. Nun ist er Eigentümer. Alle steigen ein. Der Motor wird angelassen. Das Auto bewegt sich, zunächst langsam, durch die Ausfahrtzone. Erste Gewöhnung an Schaltung, Lenkung, Bremssystem und an den Geruch. Dann nimmt der Wagen Fahrt auf, rollt immer zügiger in Richtung Autobahnauffahrt. Ein Glücksmoment im Leben der jungen Familie? Ich möchte mir kein Urteil anmaßen.

Auf dem Weg zurück zum KonzernForum fällt mir ein, was ein alter Bekannter, seines Zeichens altgedienter Zauberkünstler, mir kürzlich erzählt hatte. Das Wesen der Zauberkunst bestehe in der spielerischen Täuschung, der geschickten Vorspiegelung falscher Tatsachen, der unterhaltsamen Irreführung des Publikums. Der Illusionist spiele bewusst mit dem Verhältnis von Sein und Schein. Durch gezielte Ablenkung des Zuschauers und Fehlleitung seiner Aufmerksamkeit macht er ihn glauben, eine andere Wirklichkeit zu sehen als die, die tatsächlich gerade stattfindet. Der Zauberkünstler nutzt die Unkenntnis des Zuschauers über die angewendeten Naturgesetze. Durch Schaffung einer illusionshaften, spannungsgeladenen Atmosphäre aus Licht- und Geruchs- und Geräuschreizen lenkt er zusätzlich das Denken der Zuschauer in falsche Bahnen. Mit diesen Tricks kreieren all die Magier, Hellseher, Gedankenleser und Wunderheiler eine bunte Scheinwelt voller Blendwerk, Lockmittel und Desinformation. Alles natürlich mit der Absicht, sie zum Staunen zu bringen und auf diese Weise zu unterhalten.

So kommen wir auf LEVEL GREEN, unser letztes Ziel auf diesem Rundgang. Dieser neueste Baustein im Gefüge der Autostadt befindet sich im westlichen Flügel des KonzernForums. LEVEL GREEN ist eine Welt für sich. Wir wandern durch einen Raum aus gerundeten organischen Formen, lindgrün und leuchtend schwarz, mit Einsprengseln aus weißem und bläulichem Licht, gebaut aus Plastik, Plexiglas und Bildschirmen. Eine Nische? Eine Präsentation aus dem konzerneigenen Labor für die *emerging future,* die sich abzeichnende Zukunft? Eine Herzkammer der Autostadt? Ihr Palast der Weisheit? Mit LEVEL GREEN thematisiert der VW-Konzern die Idee der Nachhaltigkeit, den ökologischen Imperativ des 21. Jahrhunderts.

Empfangen wird man mit einer interaktiven Installation. Sie lädt dazu ein, den eigenen ökologischen Fußabdruck zu messen. Auf einer Plattform stehend, gibt man Antworten auf Fragen nach seinem Lebensstil ein. Über wie viel Wohnraum verfüge ich? Mit wie viel Personen zusammen? Wie hoch ist der Energieverbrauch des Haushalts? Wie oft nutzt man das Flugzeug? So geht es weiter. Am Ende werden die Antworten vom Computer bilanziert. Ich glaube, es bräuchte 3,66 Hektar, also 5,1 Fußballfelder, um die Ressourcen für meinen persönlichen Lebensstil zu erzeugen und zu entsorgen. 1,7 Erden würden benötigt, um meinen Lebensstil für alle zugänglich zu machen. Mit einer Dosis Schuldgefühl gehe ich weiter. Auch du bist nichtnachhaltig!

Doch was heißt Nachhaltigkeit für VW? Auf zahllosen Bildschirmen werden »die Dimensionen des abstrakten Begriffs der Nachhaltigkeit« anschaulich gemacht. Anhand immer neuer Beispiele erfährt man, welchen Beitrag VW leistet: die Verantwortung für den gesamten Lebenszyklus des Fahrzeugs zu übernehmen. Forschung und Entwicklung – Produktion – Nutzung – Recycling – neue Produktion – *Cradle to Cradle.* Das heißt: Wir denken nicht nur von der Wiege bis zur Bahre, sondern bis zur Wiege der nächsten Fahrzeuggeneration. Weiter, immer weiter! Pep Guardiolas Forderung erhält hier einen grünen Anstrich: immer weiter die Umweltverträglichkeit zukünftiger Fahrzeuge erhöhen. Bei der Wertschöpfungskette und der Lebenszyklusanalyse die Ökobilanz immer weiter ins Zentrum rücken. Emissionsfreie Mobilität, Elektromobilität, Biokraftstoffe, *urban mining,* also aus Müll neue Rohstoffe gewinnen. Die Erzählung ist hier: Nachhaltigkeit gehört zum Markenkern. Welchen persönlichen Beitrag kann jeder Einzelne leisten? Die Antwort von LEVEL GREEN: einen VW kaufen, die Markenbindung weiter verinnerlichen. Guten Gewissens VW fahren.

Weiter, immer weiter. In der Rotunde eines Kinosaals erscheint in einer 360-Grad-Perspektive die Zukunft auf der Leinwand. Visionäre, Pioniere, Gründer aus den Metropolen der Welt präsentieren in fünfminütigen Spots ihre zukunftshaltigen Ideen, die sie schon heute umsetzen – und auf neu angelegten Geschäftsfeldern vermarkten. Die Unternehmerin Robin Chase hat in den USA eine Carsharing-Firma gegründet und zur größten der Welt gemacht. *ZipCar – share a car, save the world.* Jetzt arbeitet sie an einem neuen Muster: Nicht mehr ein fremdes Auto leihen, sondern das eigene »stundengenau« verleihen – ist die Grundidee. Analog zum Couchsurfing, das die Tourismusindustrie revolutionieren könnte. Daniel Nocera, Chemiker am MIT, arbeitet am *artificial leaf,* das die pflanzliche Fotosynthese nachahmt, um Sonnenstrahlen in nutzbare Energie umzuwandeln. Der Durchbruch, versichert er dem Zuschauer im Kinosaal, komme rechtzeitig, um den Energiebedarf von 2050 zu decken. Kongjian Yu, Professor für Gartenbau an den Universitäten von Peking und in Harvard, bringt das Grün zurück in die urbanen Räume. In großem Stil, als zusammenhängende grüne Zonen, die vor allem aufgelassene Industrieflächen, kontaminierte Böden, Brachen wieder revitalisieren und zur Matrix der Städte der Zukunft machen. »Mit *think blue* möchten wir Menschen inspirieren und motivieren, sich für ökologische Nachhaltigkeit zu engagieren.« Die Botschaft lautet: VW lässt sich auf Nachhaltigkeit ein. Der Konzern hat sich die Idee zu eigen gemacht, hat sie in seiner »Corporate Identity« verankert, in seinen Genen, seiner DNA. Das neue Narrativ des Konzerns: Vorsprung durch Nachhaltigkeit? Etwas stimmt hier nicht. Aber was genau?

Verwirrspiel Nachhaltigkeit

VW akzeptiert Nachhaltigkeit, beansprucht aber die Deutungshoheit über den Begriff. An dieser Stelle beginnt das Verwirrspiel, das Spiel mit Sein und Schein, die gezielte Ablenkung und Fehlleitung der Aufmerksamkeit, die Mentalmagie. LEVEL GREEN schafft den Bezugsrahmen für die Wahrnehmung von Nachhaltigkeit. Das AUTO und DER MARKT sind die vorgegebenen Größen.

Von diesem Rahmen aus rücken Zahlen, Daten und »Werte« in den Fokus. Nachhaltig ist, wenn die Werte von Verbrauch und Abgas besser sind als die der vorhergehenden Fahrzeuggeneration – und besser als die der Konkurrenz. Dass zwei Autos vom Baujahr 2016 allemal einen größeren ökologischen Fußabdruck hinterlassen als etwa ein Auto des Baujahrs 2006, fällt unter den Tisch. Man fokussiert auf technische Lösungen. Es gibt ein Problem – unsere Ingenieurskunst entwickelt die Lösungen.

Verzicht auf schädliche Praktiken ist kein Thema. Die viel wirksameren Änderungen im Wertesystem und im Lebensstil der Gesellschaft erscheinen als irrelevant. Man fokussiert den Blick auf den »Markt«. Alles, was nicht marktkonform ist, bleibt außen vor. Die *non-market solutions* im Bereich der menschlichen Mobilität, also die Eigenbewegung, gehört nicht zum Spektrum der Lösungen. Das Dilemma des Marktes in Bezug auf Nachhaltigkeit wird ausgeblendet: Der Markt interessiert sich nicht für die nachfolgenden Generationen. Denn diese haben keine Kaufkraft und sind nicht als Kunden präsent.

In diesem ganzen Bezugsrahmen entsteht eine »schwache« Nachhaltigkeit, eine Art Bonsaiform dieser Idee. Sie verwischt die Unterscheidung von nachhaltig und nichtnachhaltig. Der Abgasskandal, der im September 2015 losbrach, machte das Scheitern des *greenwashing* sichtbar. Man wollte und musste die Erwartungen der umweltbewussten Kundschaft (und die strengen Auflagen der Gesetzgeber in Kalifornien und anderswo) erfüllen und gleichzeitig dem Kostendruck standhalten. So kam man – in Panik oder mit der Arroganz der Macht – auf den fatalen Zaubertrick mit dem Einbau der Software zur Manipulierung der Messergebnisse bei den Dieselabgasen.

Wozu das Ganze?

Jeder Level ist nur eine Ebene, eine Plattform auf dem Weg zur nächsthöheren. Der rote Faden in der Erzählung von LEVEL GREEN und vielleicht sogar der gesamten Autostadt handelt von der Reduktion. Weniger Benzinverbrauch. Weniger Abgase. Weniger CO_2-Belastung. Weniger Staus. Weniger Unfälle. Weniger Stress. Die Abwärtsspirale des »Weniger« führt in der Konsequenz zu einer roten Linie, die VW nicht – oder noch nicht, vielleicht auch nie und nimmer – überschreiten kann oder will. Sie führt an den Punkt, wo ein Durchbruch zu einer Mobilität nach menschlichem Maß möglich wird. All die zukunftsweisenden Ziele lassen sich anders, ganz schlicht und einfach und viel wirksamer lösen. Die radikal wirksamen Lösungen beginnen im Kopf, nämlich mit der schlichten Frage: Wozu das Ganze? Wozu dieser ungeheure Aufwand an menschlichem Geist und Ressourcen, um in Zukunft Mobilität zu ermöglichen? Es gibt die einfache Lösung. Vom *self-driving car* ist es nur ein kleiner Schritt zum Schienenfahrzeug, zum Bus, zu den modernen kollektiven Transportsystemen, die wir längst haben und weiterentwickeln könnten. Mitten im größten Boom ihrer Geschichte zeigt sich die tiefe Krise der Automobilindustrie. Es ist die Krise ihrer Erzählung.

18:15 Apr 29 21°. Bei Sonnenuntergang sitzen wir bei einer vegetarischen Pizza im Freiluftrestaurant am großen Tor des KonzernForums. Es ist immer noch warm. Der Wind hat aufgefrischt. Die ziehenden Wolken am blauen Himmel spiegeln sich majestätisch in der turmhohen Glasfassade. Die Brise kräuselt das Wasser in dem großen Bassin vor uns. Die Bewegung der Feinwellen bildet sich an der Betonrundung des Porsche-Pavillons ab. Die letzten Besucher verlassen den Bau und kommen langsam die Freitreppe herab. Die untergehende Sonne strahlt die Szenerie an. Sie wirft die menschlichen Schatten in die von den Wellen erzeugten Reflexe an der Oberfläche des Pavillons. Überlebensgroß gleiten die Figuren darüber. Einen Moment lang entsteht ein Inbild von der Schönheit des menschlichen Körpers in Bewegung.

Sind wir, die wir als Wanderer hierhergekommen sind, als

Einzige dafür sensibilisiert? Jedenfalls kommt mir ein Gedankenblitz: Erscheint gerade in diesem magischen Abendlicht im Herzen der Autostadt ein Zeichen an der Wand für die *emerging future,* die Zukunft, die schon begonnen hat? Gewiss, die Autostadt feiert das Auto. Das ist ihr Daseinszweck. Doch unterschwellig, scheinbar absichtslos, entfaltet sie einen Kult um die Movimentos, die »schönsten Formen menschlicher Mobilität«. Aus den einzelnen Puzzlesteinen setzt sich ein neues Bild zusammen und gewinnt Tiefenschärfe: Das Flanieren der Massen über die grünen Hügel, die ineinanderfließenden Bewegungsabläufe der Drachenbootruderer im Hafenbecken, die Auftritte der internationalen Ballettkompanien beim alljährlichen Tanzfestival, die abgehobenen Schwebeperformances der Akrobaten auf den Fotografien von Li Wei – gehört das alles möglicherweise zu einer großen Suchbewegung, die um die Frage kreist: Lässt sich von der ganz elementaren Schönheit, Energie und Würde der menschlichen Bewegung her die Mobilität der Zukunft – gelassen – neu denken? Ist die Bewegung nach menschlichem Maß der heimliche Traum der Autostadt? Wird in dem Kult um die körperliche Bewegung *the next level,* die nächste Ebene, sichtbar? Der rote Faden für die Gastronomie der Autostadt »vital – vegetarisch – vegan« wäre konsequent weiterzuspinnen bis in ihren inneren Bezirk: »vital – entschleunigt – autofrei«.

»Der Coolnessfaktor, kein Auto zu besitzen, ist in Berlin schon sehr hoch. Ich frage mich, ob das irgendwann eine massive Veränderung für Ihre Industrie bedeutet.« In einem Interview mit dem Vordenker der Autostadt tauchte diese Frage auf. Seine hastige Antwort: »Hier wird auf eine sehr kleine Gruppe fokussiert.« Danach plätschert das Gespräch weiter. Doch es hatte den archimedischen Punkt berührt – autofrei leben. Der Faktencheck: 40 Prozent der Haushalte in Berlin besitzen kein eigenes Auto. 44 Prozent der Wege werden zu Fuß und mit dem

Der Coolnessfaktor, kein Auto zu besitzen …

Fahrrad zurückgelegt, 27 Prozent mit öffentlichen Verkehrsmitteln, 30 Prozent mit Auto, Lkw und Motorrad. Das Auto ist schon out. Zunächst, wohl wahr, in urbanen Milieus. Doch wie leicht kann daraus eine Mehrheit werden. Und dann kommt *the end of the world as we know it.* So jedenfalls hieß es in einem Song der Gruppe R. E. M aus den 1990er-Jahren. Die Schlusspointe der Liedstrophe: *And I feel fine!* Das Ende der automobilen Welt, wie wir sie kennen, wäre jedenfalls eine Befreiung.

Ein letztes Mal die Stimme von Ferry Porsche: »Creating something that time cannot erode, something which ignores time as a physically ending concept, this is the ultimate victory.« Die Rede ist vom Willen, etwas Funktionales und Schönes, etwas Zeitloses und Bleibendes zu kreieren und zu hinterlassen und auf diesem Weg – Sinn zu finden. Warum eigentlich lässt sich VW auf nachhaltige Werte ein? Die Antwort scheint mir verblüffend einfach. Sie wollen überleben. Sie wollen die Guten sein. Sie wollen geliebt werden.

~

Das Fenster des Gästezimmers, in dem ich in dieser Nacht schlief, geht zum Garten. Es stand die ganze Nacht offen. Ein Luxus, den ich mir so oft wie möglich gönne, immer wieder neu genieße – und brauche. Geweckt hatte mich der Ruf eines Kuckucks. Seit ein paar Tagen, so erzählten mir meine Gastgeber beim Frühstück, sei er wieder da. Noch war es dunkel. Doch das erste Licht des neuen Tages breitete sich zügig aus. Im Grau des östlichen Morgenhimmels erschien ein aprikosenheller Streifen. Dann ging über den Dächern der Nachbarhäuser die Sonne auf. Der Morgenchorus der Singvögel im Garten schwoll an. Zunächst erklang das Flöten der Amsel. Kurz darauf setzte die Mönchsgrasmücke ein, gefolgt von Kohlmeise und Grünfink. Für sie alle beginnt der Frühlingstag mit süßer Werbung um einen Partner und hartem Wettsingen um die Behauptung des Reviers. Das erste Zilp-zalp-zilp-zalp des Weidenlaubsängers kollidierte mit dem Krach anspringender Motoren in den Garagen und Carports der Nachbarschaft. Die allermeisten Leute im Dorf pendeln zu VW. Zwölf Kilometer Luftlinie, 20 Autominuten bis zum nächstgelegenen Werkstor. Die Frühschicht beginnt Punkt 6:30 Uhr.

Nach dem Frühstück zeigen mir meine Gastgeber ihren Garten. Gerhard und Gisela haben sich vor gut zwanzig Jahren im Dorf angesiedelt. Der alte Bauernkotten mit dem tief nach unten gezogenen Dach hatte für sie auf den ersten Blick das Fluidum von Heimat. Etwa zehn Generationen hatten es vor ihnen bewohnt. Niedersächsisches Fachwerk, ein Dreiständerhaus aus uralten Eichenbalken, die Gefache aus Weidengeflecht und Lehm errichtet und mit Reet gedeckt, immer mal wieder umgebaut. Das kalkweiß verputzte Flechtwerk wurde durch ziegelroten Backstein ersetzt, das Reetdach durch Ton. Die Eichenbalken sind noch immer vom Rauch der alten Herdstelle geschwärzt. Fast zwei Jahrzehnte lang war das Anwesen unbewohnt. Das Wohnhaus verfiel, der Garten verbuschte. Die Trommers waren beide berufstätig, als sie das verwahrloste Anwesen übernahmen. Sie als Lehrerin in einer benachbarten Gemeinde, er als Hochschullehrer für Biologiedidaktik in Frankfurt am Main und Pionier der Wildnispädagogik. Immer sind die beiden viel und weit gereist. Und oft wochenlang gewandert: in den Wildnissen Skandinaviens, im Südwesten der USA, in Patagonien, Marokko und Island. Und dennoch haben sie sich auf ihrem Stück Land den Traum erfüllt: ihr Anwesen in ein grünes Kleinod zu verwandeln. Ihr Anwesen? Das ist nicht unseres, sagt Gerhard, wir sind auch nur Gäste, die da hindurchgehen.

»Da! Siehst du? Hirschzungenfarn. Ist der nicht herrlich? Das Blatt rollt sich gerade auf. Hier wieder! Du siehst, er kommt hier, er kommt da, er kommt dort. Nur ein Exemplar ist dort hingepflanzt worden. Alles andere kam von selbst. Wenn die

Sporen keimen und gedeihen, dann ist es gut. Dann ist das hier der Platz geworden, wo er sich wohlfühlt. Und das zeigt er mir, indem er sich ausbreitet. Alles, was so wächst und ein Fortkommen hat und eine so dynamische Ausbreitungstendenz, das sagt dir: Es ist schön hier. Ich nehme deine Einladung an. Deshalb ist dieser Farn ein besonderer Kumpan von mir.«

»Alles, was gut wächst und gedeiht, das sagt dir: Es ist schön hier. Ich nehme deine Einladung an.«

Hirschzungenfarn hatte ich noch nie bewusst wahrgenommen. Es ist eine Pflanze der Urwelt. Lange vor uns hat sie ihre Reise durch die Evolution angetreten. Schon in den Wäldern der Karbonzeit, vor 300 Millionen Jahren, wuchs sie, viel größer als heute, hat jedes Jahr neu ihre jungen hellgrünen Blattzungen zu Spiralen eingerollt und jeden Frühling entrollt, ihre ledrig glänzenden, glattrandigen Blätter aus dem Halbschatten zur Sonne ausgestreckt. Zusammen mit anderen Farnen, mit dem Schachtelhalm und dem Bärlapp haben die Farne die unzähligen Generationen von Wäldern gebildet, die untergingen, von Erdmassen und Gestein mit ungeheurer Wucht zusammengepresst wurden und über geologische Zeiträume hinweg die fossilen Lagerstätten von Kohle und Öl aufbauten, die wir seit sechs oder sieben Generationen auf immer größerer Stufenleiter ausbeuten und innerhalb der nächsten zwei oder drei Generationen erschöpft haben werden. Derweilen steht der Hirschzungenfarn hierzulande längst auf der Roten Liste der vom Aussterben bedrohten Arten. Lautlos, klaglos, unbemerkt verabschiedet er sich aus dem großen Spiel der Evolution. Im Garten der Trommers hat er einen Rückzugsort gefunden – auf engstem Raum die Freiheit, sich auszubreiten. »Wie der Mohn hier«, sagt Gerhard. »Oder der Thymian. Oder die Wolfsmilch. Oder der Hartriegel. Und da, gleich daneben, mit den schmutzig violetten Blüten – ein nordischer Eisenhut. Der wächst eigentlich nur in Skandinavien. Ich mag ihn ungeheuer, weil ich ihn von den bunten Wiesen Norwegens und Schwedens kenne. Unser Garten ist eine Brücke zu der Landschaft, die vom Harz bis nach Norwegen reicht. Oder der Steinbrech, hier, siehst du, wie er sich aufrichtet. Trauben-Steinbrech. Der ist kalkliebend, hat Kalkdrüsen an den Blatträndern. Da blüht er schon. Oder schau mal, der Schachtelhalm, der hier überall kommt. Auch so eine Urzeitpflanze. Der zeigt mir den Silikatgehalt des Bodens an. Ich könnte dir aus diesem Garten tausend Geschichten erzählen.«

Das Gartenreich, das wir an diesem Frühlingsmorgen durchstreifen, hat viele Gesichter. Ein Bereich dient – wie früher – der Selbstversorgung. Gemüse, Kräuter, Obst, Nüsse, Blumen, auch Brennholz – »wir haben von allem immer so ungemein reichlich«, sagt Gisela. Jeden Tag. Auch zum Verschenken. Doch außerhalb des Nutzgartens taucht man bei jedem Schritt im Labyrinth der Wege in ein neues Ambiente ein. Hier ein Arboretum, ein Baumgarten. Dort ein vom Grundwasser und vom Regenwasser gespeistes Feuchtbiotop aus Teich und Moor und federnden Uferwegen. Eine Schmetterlings- und Bienenweide. Ein abenteuerliches Baumhaus, versteckte Sitzecken – Rückzugsräume für die jungen und alten Bewohner und deren Gäste. Alles überragt ein künstlicher Berg.

Von Weitem wirkt er wie eine Felswand, die etwa sechs Meter hoch vom Teichufer aufsteigt. Entstanden ist sie aus einem riesigen Haufen Ziegel- und Lehmschutt, der bei der Renovierung des Fachwerkhauses anfiel, darunter ganze Granitblöcke aus den Fundamenten. Aufgelockert hingelegt, bildeten sie den Sockel des künstlichen Berges. Der weitere Aufbau ist immer aus dem Moment heraus entstanden. Auf seinen Wegen durch das Hügelland zwischen Brocken und Aller, auf Äckern und an Feldrainen, in aufgelassenen Steinbrüchen, am Grund von Wildbächen, an den Geröllstränden der Ostsee und in der Vulkanlandschaft Islands hat Gerhard Steine entdeckt, betrachtet, aufgelesen und mitgenommen. »Immer wenn ich einen

Stein in der Hand hatte«, erinnert er sich, »hab ich gedacht, wo könnte der hin? Hier habe ich sie dann einfach lose aufgelegt oder auch mal wild übereinandergestürzt und dann liegen lassen oder ein bisschen mit Mörtel fixiert. Manches bröckelt und fällt wieder zusammen. Der Berg ist in Bewegung. Manches wiederum ist dauerhaft. Mal war das ein Feuerstein, den ich unterwegs sah und besonders schön fand, weil er noch die Sedimentspuren zeigte und Schicht für Schicht sichtbar macht, wie er sich aufbaut. Oder hier: Muschelkalk aus unserer Gegend, mit Abdrücken von Muscheln. Irgendwo gibt's Fundstücke von unseren Strandgängen. Mit Abdrücken vom Ammonshorn oder Seelilien. Oder hier, diese versteinerte Auster hab ich aus Gotland. Die hat auch so einen Schichtaufbau, und da dachte ich, die korrespondieren miteinander, bis sie irgendwann zerfallen. Eine steinerne Ge-Schichte hat sich abgelagert und erzählt die Geschichte der Landschaft. Und diese geht weiter. In den Fugen und Ritzen siedelt sich Leben an. Hier zum Beispiel das Zymbelkraut. Ungemein zart, aber so vital, dass es die Hänge des Steinbergs besetzt. Es ist abhängig von durchstreichender feuchter Luft. Viel mehr braucht es nicht. Kalkstein speichert Feuchtigkeit, erwärmt sich langsam und kühlt auch langsam ab, ist also ein Wärmehaltestein und ein Feuchtigkeitshaltestein, und deswegen nimmt sich das Zymbelkraut ja diesen Raum in den Fugen und Ritzen und kann an dieser rauen Oberfläche wie ein Bergsteiger klettern. Da! Siehst du die Blättchen? Isländischer Mohn. Der ist heute Morgen gerade aufgegangen. Gestern Abend waren die Blätter noch in der Knospe verhüllt. Um den hier zu halten, habe ich ihm eine Miniterrasse geschaffen. In Island findest du den Mohn überall auf den Lavaschotterböden, auch in verschiedenen Farben, eine wunderschöne Pflanze! Dieses Unberechenbare, diese Ungewissheit«, sagt Gerhard, »ist für das Auge so spannend und hat wohl schon in evolutionären Zeiten die Aufmerksamkeit der Sinne gereizt. Das Ungewisse ist immer spannender als das Gewisse. Da lauert und schmeichelt etwas seltsam Wildes, vor dem wir nicht die Balance verlieren wollen.«

Im Geröll am Fuß des Steinhügels wurzelt ein Mammutbaum. Der Sequoiadendron oder das California Mountain Redwood ist in der Sierra Nevada heimisch. Dort wird er an die 3 000 Jahre alt, bis zu 90 Meter hoch und acht Meter dick. Gerhard hat ihn als kleines Bäumchen gekauft, in seinen Garten gepflanzt und ihm früh den kümmernden Gipfeltrieb gekappt. Daraus ist in 25 Jahren dieser Baum geworden, der jetzt mächtig in die Höhe und in die Breite geht. Um ihn zu umarmen, müssen Gerhard und Gisela sich schon zusammentun. Die ungeheure Wuchskraft erklärt sich einerseits aus den Genen des Baumes, vielleicht aber auch aus dem lockeren, gut durchlüfteten Untergrund, der dem Granitgestein seiner Heimat ähnelt. Gerhard hat verwandte Bäum hinzugesellt. Eine Meta-Sequoie aus China, eine Sumpfzypresse aus Florida, eine deutsche Eibe. Äußerlich haben sie wenig gemeinsam, doch sie gehören alle zu der weltumspannenden Familie der Eibengewächse. Oder hier zum Beispiel, eine Fichte aus dem norwegischen Ottatal, als Winzling von einer Wanderung in Norwegen mitgebracht. Wie schlank und schmal sie aufwächst. Im Vergleich zu der viel breiteren Harzfichte ist ihre Wuchsform den Schneemassen angepasst. Bäume pflanzt du an einen Ort, und dort können sie nicht weg. Sie müssen Wind und Wetter standhalten. Und das Standhalten beobachte ich und begleite ich und lerne dabei, zu denken wie ein Baum.

Eigentlich ist Ostfalen, wie man das östliche Braunschweiger Hügelland neuerdings wieder nennt, Eichenland, genauer gesagt Stieleichenland. Die Hügelstruktur begünstigt diese wärmeliebende Art. Denn jeder Hügel, um den die Sonne tagsüber herumgeht, wirkt wie ein Wärmespeicher. Er heizt sich auf und gibt dann die Wärme noch lange in der Nacht ab. Wenn Luft durchstreicht und es sehr warm ist, dann schlägt sich feuchte Luft an der kühlen Rückseite nieder. Im Sommer sammelt der Hügel also Wasser, im Winter gibt er es ab. Auch die schweren Lehmdecken der Böden unter den Eichen in den Niederungen halten die Feuchtigkeit lange und kommen so den Eichen zugute. Die alte dörfliche Ökonomie hat die Eiche weiter begünstigt. Jahrhundertelang wurde sie als Bauholz, Zaunholz, Brennholz verwendet, ihre Eicheln für die Schweinemast. In den Bauernhäusern und Kirchendächern sind ganze Wälder verbaut worden. Im Bombeninferno des Zweiten Weltkriegs ist diese Vergangenheit untergegangen – einfach verbrannt.

Der vielleicht älteste Baum auf dem Anwesen der Trommers aber ist eine Esche. Sie trägt heute für die Enkelkinder ein Baumhaus. Eine Strickleiter macht den Weg nach oben frei. Alte Bretter, Gebilde aus Schrott und Plastikplanen säumen den Aufstieg, verwandeln das Baumwesen in einen Piratenausguck oder den Söller einer Ritterburg, in ein Tigerhaus oder in einen Kerker. Was an Schrott oder sonst nicht mehr Brauchbarem herumliegt, lockt die Fantasie der Kinder zum Improvisieren. Hier oben spielen sie bis in die Dämmerung, manchmal noch mit Taschenlampen. Namen sind in den Stamm geritzt oder genagelt, Runen, geheimnisvolle Worte, »Ausguck 6« zum Beispiel. Oben ist ein Seil befestigt. Daran lassen die Kinder ihre Trinkbecher und Körbe hinab, lassen sie sich mit Äpfeln, Kirschen oder Süßigkeiten füllen. Manchmal wird hier oben sogar Kakao gekocht.

Hier erzählt Gerhard den Kindern selbst erdachte Geschichten, in Fortsetzungen. Darin kommen der Gnom Gaugilli vor oder der Ämpflings-Ede oder die Elke mit dem Schraubenzieher, die fast alles reparieren kann. Poesie, sagt er, ist der starke Urgrund, den wir haben und der das ganze Leben tragen kann. Armut ist für Kinder nicht schlimm. Armut gehört vielleicht sogar zur Kindheit. Doch mit großer Trennschärfe müssen wir unter-

Armut gibt dir die Chance, aus wenig viel zu machen.

scheiden zwischen Armut und Elend. Letzteres vernichtet die Kindheit. Egal, ob es sich um soziales Elend handelt oder um die Verelendung, verursacht durch Konsum und Überfluss. Armut gibt dir die Chance, aus wenig viel zu machen. Wir klettern vom Baumhaus herunter. Eine Elster fliegt auf. Die Strophen der Mönchsgrasmücke erschallen. Laut quakt ein dicker grüner Frosch von seinem Ansitz auf einem Seerosenblatt im Teich. »Habe ich diesen Garten?«, fragt Gerhard. »Nein, der Garten hat mich. Da ist eine solche Fülle!«

Ist das der Sinn dieses Gartens und dieser Art von Gärtnern: das immer wieder neue Erleben von Fülle? Der Weg dahin: Fühlung aufnehmen, in Resonanz treten mit dem, was Gerhard »das Wilde« nennt. Was ist damit gemeint? Das Wilde, sagt er, ist eigentlich eine Art Dynamo. Nicht ein technischer Dynamo, der eingesperrt ist und dir zielgerichtet den Strom liefert, sondern eine vitale Kraft – ein sonnenbewegter, kosmisch bewegter Dynamo mit Suchfunktion, der sich den Platz sucht, wo er sein eigenes Design anbringt und gestaltet. Diese Suchmaschine funktioniert so, dass sie erratisch, also unberechenbar, ungeplant über das Land fliegt, über Seen und Flüsse, die Wüste und die Meere. Und immer wieder rieseln aus diesem Dynamo Samen, Algen, Bakterien, Pilzsporen herunter. Und wenn es passt, dann bildet sich hier oder dort die Insel, die passt, die Nische, die passt, aber nur da, wo sie passt. Und dort entwickelt der sonnengetriebene, windgetriebene, mit den Vögeln fliegende Dynamo seine vitale Kraft – und seine Erzählkraft, die Kraft, dir zu erzählen: Sieh mal, so ist das hier, so läuft der wilde Prozess, wenn du ihn nur zulässt. Wenn wir den beobachten und begleiten, bekommen wir eine Ahnung, wie sich das schöne Wilde ins Werk setzt, wie es uns begleitet und wie es, wenn wir gestorben oder sogar ausgestorben sind, weiterwirkt und weiter gestalten wird. Mein Gedanke vom Vortag kehrt zurück: In der Natur bilden *stabilitas loci* und Mobilität eine flexible Einheit. »Ihr könntet eine ganze Woche hier verbringen«, sagt Gisela, die sich aus ihrem Kräutergarten wieder zu uns gesellt hat. »Wenn du noch kein Gärtner bist, dann wirst du es jetzt.«

~

»Morgen zeige ich dir das *paläon*«, hatte Gerhard angekündigt, als wir abends am Teich saßen. Wir nahmen ... das Auto. 35 Kilometer Luftlinie südöstlich vom Portal der Autostadt erhebt sich aus der nur leicht gewellten Ebene zwischen Elm und Harz, nur wenige Schritte vom Krater einer Tagebaumondlandschaft entfernt, ein Kubus. Mehrfach verkantet, mit einer Fassade aus spiegelndem Glas, ruht der Bau wie ein Gletscher im Sonnenlicht. Ein Wort des Philosophen Arthur Schopenhauer ziert den Eingangsbereich: »Der Wechsel allein ist das Beständige«. Das *paläon,* darauf legt man Wert, ist kein Museum, sondern ein Forschungs- und Erlebniszentrum. Der archäologische Schatz, um den sich alles dreht, besteht aus ein paar länglichen Hölzern, nicht viel länger als unsere Wanderstöcke vom Vortag. Vor zwanzig Jahren hat man sie beim Abbau der Braunkohle in fünfzehn Meter Tiefe ausgegraben und konnte sie zu acht kompletten Speeren zusammensetzen. Ihr Alter: circa 300 000 Jahre – die Altsteinzeit, die Zeit von *Homo erectus,* dem Vorfahren von *Homo sapiens.* Die Schöninger Speere gelten als die ältesten bisher gefundenen Jagdwaffen der Menschheit.

Hinter Glas, im Innersten des Kubus, liegt Speer II. Unsere Blicke gleiten an dem 2,29 Meter langen, aus vier nahtlos ineinanderpassenden Teilen zusammengesetzten Schaft auf und ab. Der Speer ist schlank, zur Mitte hin leicht konisch geformt, vorne angespitzt, ähnelt einem Speer von heute. Das Holz ist Fichte, das in heutigen Baumärkten billigste Sortiment. Doch hier haben wir etwas Exquisites, eine ausgesuchte Holzqualität. Der Speer ist aus dem ganzen Stämmchen einer gefällten Krüppelfichte herausgeschnitten. Der Baum ist in einem kalten Klima gewachsen, wie wir es heute auf dem Brocken oder im nördlichen Skandinavien haben. Die Jahresringe liegen dicht an dicht. Das maximal nur 3,7 Zentimeter dicke Holz ist circa 50 Jahre lang gewachsen. Extrem langsam, extrem gerade, extrem stabil. Es ist das Beste vom Besten, das man für exakt diesen Zweck in dieser Umgebung finden konnte. Ein besonderes Faszinosum ist die Speerspitze. Man hat sie asymmetrisch bearbeitet, sodass der Markkanal, die weichste Stelle im Holz, Millimeter vom Zentrum entfernt endete und die Spitze selbst im Hartholz lag. Speer II ist ein Meisterwerk.

Wir gehen ein paar Schritte hinüber zu einer Videoinstallation. Der Film aus der ZDF-Reihe *Terra X* zeigt in extremer Zeitlupe einen Speerwurf. Ausgeführt vor der dramatischen Kulisse einer Canyonlandschaft, von einem heutigen Topathleten, einem Europameister im Zehnkampf, mit einer Replik des Schöninger Speeres. Die extreme Zeitlupe enthüllt die Dynamik der Aktion: langer Anlauf, Aufsetzen des Standbeins mit der Ferse und Vollbremsung des Körpers, der Wurfarm streckt sich nach hinten. Oberkörper und Hüfte sind zur Seite gedreht, Drehung der Hüfte nach vorn. Ein von der Ferse über die Brustmuskulatur und den Arm verlaufender Spannungsbogen entsteht. Drehung des Oberkörpers, der Wurfarm schnellt nach vorn, die Hand lässt los. Abwurfgeschwindigkeit circa 30 Meter pro Sekunde. Der Speer steigt in einer steilen Kurve in die Höhe, geht in die Horizontale über, schwingt wellenförmig, bis er den Sinkflug beginnt. In 45 Grad Neigung trifft der Speer auf, schleudert Erde in die Höhe, bohrt sich in den Boden. Weite: 70 Meter. Beinahe unglaublich: Mit einer Replik des 300 000 Jahre alten Speeres kommen Topathleten von heute nahe an ihre persönliche Bestleistung heran. Die Botschaft von *Terra X*: Das Design der Speere von *Homo erectus* aus der Altsteinzeit ist nahezu perfekt. Besser können wir es auch heute nicht machen.

Wir treten nach draußen ins Sonnenlicht. Auf dem Freigelände grasen Pferde. Das Areal ist savannenartig bewachsen, mehrere Stuten ziehen gerade zu einer Wasserstelle, nehmen ein paar Schluck Wasser, ziehen weiter, verschwinden bis zum Bauch in den Kräutern und Disteln, rupfen hier und da an den Gräsern. Es sind Przewalski-Pferde, eine archaische, wieder rückgezüchtete Wildpferdrasse. Mit ihren muskulösen Körpern, dem hellbraunen Fell und der schmalen, schwarzen Mähne ähneln sie den Pferden, die vor 300 000 Jahren, in der 20 000 Jahre dauernden Warmphase zwischen zwei Eiszeiten, hier durchzogen – und mit Speeren gejagt wurden. Die Archäologen legten ein komplettes Jagdlager frei. Auf einem Areal von zehn mal zehn Metern fanden sie neben den Tierknochen und den Resten von hölzernen Artefakten auch bearbeiteten Feuerstein und Überreste von Zunderschwamm, also die Utensilien zum Feuermachen. Auffällig: Kein Pferdeschädel zeigt Spuren von Gewalteinwirkung. Hat man sie bewusst unversehrt gelassen – ein Zeichen von Ehrfurcht vor dem Leben, vor allem Lebendigen?

Das vielleicht größte Faszinosum enthüllte die Pollenanalyse der Archäologen. Am Ufer des Sees, an dem der altsteinzeitliche Jagdplatz lag, wuchsen vor 300 000 Jahren Birken, Schwarzerlen, Hasel, im Bereich von Elm und Harz auch Fichten und Kiefern, zeitlich versetzt sogar wärmeliebende Bäume wie Hainbuche, Esche und Eibe. Es sind, fällt mir plötzlich ein, Baumarten, denen wir auf unserer gestrigen Wanderung in die Autostadt auf Schritt und Tritt begegnet sind. Bei allem Wandel – was für eine Stabilität der natürlichen Vegetation!

Nein, es ist nicht zu spät für eine andere Zukunft.

Von der Pferdekoppel schweift unser Blick über die weite Landschaft. Der Tagebau, an dessen Kraterrand wir stehen, ist 1987 in Betrieb gegangen. 2017 wird er stillgelegt. Jenseits erhebt sich 300 Meter hoch der Schornstein des Braunkohlekraftwerks Buschhaus. Auch er hat bald ausgedient. Von dort oben könnte man am nördlichen Horizont die Schornsteine des VW-Werkes am Mittellandkanal sehen. In den Zwischenräumen erstreckt sich der von naturnahen Laubmischwäldern bedeckte Höhenzug des Elm, drehen sich Windräder, fließen Bäche durch Wiesen und Ackerland der Aller zu, liegt das kleine Gartenparadies der Trommers. Nein, die Landschaft zwischen dem Tagebaukrater und dem Werksgelände von VW ist nicht kaputt. Auch drei Generationen nach ihrer Industrialisierung ist sie noch vital. Sie ist Habitat für eine Vielfalt von Pflanzen, Tieren und Menschen. Allen bietet sie potenziell Lebensqualität. Nein, es ist nicht zu spät für eine andere Zukunft.

»Der Wechsel allein ist das Beständige«, schrieb Schopenhauer und fuhr fort: »Der Kluge ist der, welchen die scheinbare Stabilität nicht täuscht und der noch dazu die Richtung, welche der Wechsel zunächst nehmen wird, vorhersieht.« Ja, aber mir scheint, es gibt zwei Konstanten: die Robustheit von Gaia, der Biosphäre, und die Genialität des menschlichen Geistes. »Die Suche nach Sinn in unserem Leben ist universal. Sie wird niemals enden.« Die Stimme von Porsche habe ich noch im Ohr. Eine andere Stimme mischt sich ein. Sie kommt von weit her, aus der englischen Romantik: »The road of excess leads to the palace of wisdom«, sagte William Blake, der Weg des Exzesses führt zum Palast der Weisheit. Das System VW hatte seine Zeit. Sie ist um. Indem es sich zu erhalten versucht, bringt es das Gegenteil von sich selbst hervor. Könnte man auf dieser Basis – gelassen – eine gemeinsame Plattform der Reflexion über Zukunft begründen und eine ihr angemessene gemeinsame Sprache finden?

Zwischenruf

In Kontakt bleiben

~

Ein Sonntag Anfang November. 12 Uhr mittags, 11 Grad Celsius, blassblauer Himmel, der Wind weht aus nordöstlicher Richtung, Geschwindigkeit 15 Kilometer pro Stunde, eine schwache Brise. Das kräftige Hochdruckgebiet erstreckt sich über Mittel- und Westeuropa nach Südskandinavien und sorgt für ruhiges Spätherbstwetter. Ich sitze am Schreibtisch, als durch das geschlossene Fenster ein feines Geräusch an mein Ohr dringt. Ich merke auf. Das kann kein Motorensurren sein. Das hier ist lebendig, wild, ebbt ab, kommt wieder, kommt vom Himmel. Lange dauert es nicht, bis ich aufspringe und auf den Balkon trete. Über mir, in circa 200 Meter Höhe, fliegt ein Schwarm Zugvögel. Ich sehe die sehr lange und große Formation, höre die wandernde Klangskulptur in der Luft – *krru, krra, krru* –, erkenne die langen, nach vorn gestreckten Hälse, die angelegten Beine, die langsam rudernden Bewegungen der Flügel. Majestätischer Anblick, magischer Tierlaut.

Kein Zweifel: Da ziehen Kraniche. Von Nordosten nähert sich der nächste Schwarm. Neue Fanfarenrufe, geballtes Schnattern, darin enthalten das helle *Krreijää* der Jungvögel. Schwarm um Schwarm nähert sich, zieht über unseren Garten, entfernt sich wieder. Jede Figur ist eine Variation – ein Pfeil, ein Keil, ein Halbbogen, eine Eins. Schwärme lösen sich für einen kurzen Moment auf. Ihre Kette verschlingt sich. Sie sammeln sich, formieren sich neu, kreisen, um Flughöhe zu gewinnen, ziehen weiter. Einzelne beginnen den Sinkflug, bewegen sich für einen kurzen Moment in die Gegenrichtung, orientieren sich neu, folgen allein, zu zweit, zu dritt dem Schwarm. Auf dem Balkon nebenan steht die Nachbarin mit ihrem jüngsten Enkelkind auf dem Arm und dem älteren neben sich. Johann schaut und lauscht beinahe andächtig, Christian jauchzt. Wie lange dauert die Galavorstellung der herbstlichen Natur? Eine Stunde? Wie viele Kraniche mögen es gewesen sein? Tausende. Eine gewaltige Menge, wenn man bedenkt, dass die gesamte Population des eurasischen Graukranichs auf 300 000 geschätzt wird.

Die Schwärme sind in diesem Jahr spät dran. Sie konnten sich Zeit lassen. Der Herbst war milde, das Nahrungsangebot auf den Rastplätzen an der südlichen Ostsee reichlich. In der Boddenlandschaft von Darß und Rügen haben sie gelassen abgewartet, bis der Rückenwind stabil genug war. Dann haben sie die Gelegenheit beim Schopf gepackt. Plötzlich ist der Himmel über mir wieder leer und still. In Kürze werden die Schwärme den Niederrhein und wenig später die Maas überqueren. Auf ihrem Weg zum abendlichen Rastplatz, vermutlich dem Lac de Der, einem Stausee, umgeben von Maisfeldern, in der Champagne, im nordöstlichen Frankreich. Dieser Flugtag ist nur eine Zwischenetappe von etwa 500 Kilometern auf ihrer alljährlichen diagonalen Wanderroute zwischen den Brutplätzen im mittleren Skandinavien und den Winterquartieren in der spanischen Extremadura oder dem nördlichen Marokko.

Der Kranichzug zieht jeden Zuschauer unwillkürlich in seinen Bann. Woher diese Faszination? Wir spüren, so die These des großen amerikanischen Ökologen Aldo Leopold, die Tiefenzeit der Erdgeschichte. Wir hören das »Ticken der geologischen Uhr«. *Grus grus* hat lange vor *Homo sapiens* den Weg durch die Evolution angetreten. Er stammt aus dem fernen Eozän. »Wenn wir seinen Ruf hören, so hören wir nicht bloß einen Vogel. Wir hören die Trompeten im Orchester der Evolution. Er ist das Symbol einer Vergangenheit, in der noch alles wild, ungezähmt und unbezähmbar war. Er ist ein Symbol dieser unvorstellbaren Flut vieler Jahrtausende, die das Leben von Vögeln und Menschen gleichermaßen prägt.« Seitdem *Homo sapiens* die Bühne betreten hat, signalisiert ihm das Schauspiel des Vogelzugs die Rhythmen und Zyklen des Jahreslaufes, die ewige Wiederkehr des beinahe Immergleichen. Seine Flugwege waren immer schon da. Schon vor dem Holozän und – hoffentlich – auch noch nach einem Anthropozän. In vielen naturverbundenen Kulturen der Welt verkörpert der Kranich Werte wie Beständigkeit, Wachsamkeit, Treue, Weisheit. Er ist der Vogel des Glücks.

Die Rätsel sind noch längst nicht gelöst. Woher dieser scheinbar unfehlbare Orientierungssinn, der die Kraniche beim Flug quer durch ganz Europa leitet und seine ostasiatischen Verwandten nicht einmal bei der Überquerung des Himalajas auf über 5000 Meter Höhe im Stich lässt? Wir wissen noch nicht genau, wie die Nomaden der Lüfte navigieren. Eine Rolle spielt gewiss eine mentale Landkarte, in der die Topografie der Transiträume eingezeichnet ist. Doch wie entsteht sie? Wie wird sie abgespeichert, an die jungen Vögel weitergegeben und über die lange Kette der Generationen vererbt? Neueste Forschungen chinesischer Wissenschaftler haben einen inneren Kompass entdeckt: Ein bestimmtes Protein ergänzt sich mit dem körpereigenen Cryptochrom zu einem zylinderförmigen Gebilde. Dieses ist extrem magnetisch und reagiert wie eine Kompassnadel auf das Magnetfeld der Erde.

Auch die wechselnde Gestalt der Formationen ist kein Zufall. Ihr Design folgt den Gesetzen der Aerodynamik. In jedem Moment ist sie darauf ausgerichtet, den Luftwiderstand zu minimieren. So ermöglicht die Ordnung des Verbandes jedem einzelnen Tier, seinen Energieeinsatz auf das Nötigste zu reduzieren. Welchen Sinn hat das Konzert aus Trompetenstößen, Schnattern und Kreischen? Die fliegenden Kraniche rufen sich etwas zu. Es sind Kontaktlaute, es ist Kommunikation, deren Sinn wir nicht verstehen. Wie finden die Vögel sich zum Schwarm zusammen? Die Brutgebiete sind weiträumig. Viele Paare kommen mit ihrem Nachwuchs zum Sammelplatz. Einzelgänger stoßen dazu. Wie entscheiden sie über die Zusammensetzung des Schwarms und über den richtigen Moment für den Aufbruch? Wie stimmen sie sich während des Zuges ab? Wir wissen es nicht. Doch schon der mittelalterliche Naturforscher Conrad von Megenberg, ein Zeitgenosse von Meister Eckhart, vermutete, dass im Schwarm das Prinzip der Rotation gelte: »Der vorderste Kranich, der die anderen leitet und führt, schreit und braucht seine Stimme, damit die anderen nicht aus der richtigen Flugordnung ausscheren. Und wenn der vorfliegende Kranich heiser wird, so fliegt ein anderer an seine Stelle und übt dasselbe Amt aus.«

Ein »Machtwort« unter Kranichen scheint es nur in einer Situation zu geben: Wenn der Schwarm sich niederlässt, um nach Futter zu suchen, übernimmt ein Kranich die Rolle des Wächters. Sobald eine Gefahr entsteht, ertönt inmitten des Geschnatters sein lauter Ruf. Augenblicklich erhebt sich der gesamte Schwarm und fliegt davon. Dieses Signal ist bindend für alle. *Tsuru no hitoko,* Kranichschrei, nennt man in Japan, wo diese Gattung besonders verehrt wird, das autoritative Wort, die letztendliche Entscheidung in einer Gruppe.

In der Situation des Zuges, so scheint es, folgt jeder Vogel im Schwarm instinktiv einem kleinen Bestand eiserner Regeln: Bleib den vor dir und neben dir fliegenden Vögeln nahe. Doch komme ihnen nicht in die Quere. Folge der durchschnittlichen Richtung, die sie einschlagen. Die Faustregeln des kollektiven Verhaltens: Abstand halten, die Bewegungsrichtung abgleichen, den Zusammenhalt bewahren. Und: nicht aufhören zu kommunizieren. Denn jedes Individuum verfügt über zusätzliche, ergänzende Informationen. Und jedes hat den inneren Kompass.

Staunend stehen wir vor dem Phänomen der Schwarmintelligenz. Es ist im Spiel, wenn Ameisen den kürzesten Weg von ihrem Haufen zu den jeweils lohnendsten Futterplätzen finden. Wenn Bienen ausschwärmen, um den optimalen Platz für ihren neuen Stock ausfindig zu machen. Wenn eine Herde Rentiere einen hungrigen Wolf abwehrt oder ein Fischschwarm einem angreifenden Hai ausweicht. In all diesen Fällen ist der Schwarm um ein vielfaches intelligenter als jeder einzelne Akteur. Niemand hat die Führung inne. Niemand hat den großen Überblick, den Masterplan. Doch jeder trägt bei. Die Interaktion der vielen mit ihren Nächsten und mit der Lokalität, ihrer Umwelt, macht das kollektive Verhalten von selbstorganisierten Systemen erfolgreich.

Das Geheimnis: Einfache Lebewesen folgen einfachen Regeln. In diesem Prozess sammeln alle Individuen die notwendigen Informationen über ihre hautnahe Umgebung, tauschen sie in einer ständigen Kommunikation mit ihren Nächsten aus und nutzen sie für gemeinsame Ziele und Zwecke. So entsteht eine Vielzahl von Optionen, aus denen sich die besten herauskristallisieren. So erwächst aus vielen klitzekleinen Regungen die koordinierte Bewegung eines Kollektivs – eine flexible und resiliente Selbstorganisation.

»Wir fahren im Schwarm. Dicht an dicht, dass sich fast die Reifen berühren. Die Straße gehört uns. Keine rote Ampel, kein Auto kann uns stoppen. Ich höre, dass die Ersten von uns die Unterführung erreichen. Sie klingeln und jauchzen. Wir können es gar nicht abwarten, es ihnen gleichzutun.« Die Rede ist von einem menschlichen Schwarm. In Metropolenräumen überall auf der Welt sammeln sich Fahrradfahrer zu einer bestimmten Zeit – jeden letzten Freitag im Monat – an einem bestimmten Ort und fahren einfach los. Jeder ist eingeladen, keiner ist verantwortlich.

Man fährt mit moderater Geschwindigkeit, so um die 20 Stundenkilometer. Ohne festes Ziel. Wer gerade Lust hat, sich an die Spitze zu setzen, entscheidet für die rollende Masse, wo es langgeht. Im geschlossenen Verband, ein paar Dutzend oder ein paar Tausend, nutzen sie, auch dort, wo Radwege vorhanden sind, die gut ausgebauten Fahrbahnen der vor langer Zeit autogerecht gemachten Stadträume. Der Pulk bremst nicht ab, wenn mal eine Ampel auf Rot springt, sondern setzt die Fahrt fort, solange bis der oder die Letzte die Kreuzung überquert hat. Die Regeln sind einfach: Bleibt zusammen. Passt gegenseitig auf euch auf. Lasst keinen zurückbleiben oder vorpreschen. Folge keinem blindlings. Übernimm deinen Teil der Verantwortung. Ein großer Spaß, Party auf Fahrrädern, Feier der Eigenbewegung und der spontanen Selbstorganisation. Die Botschaft: Wir blockieren nicht den Verkehr. Wir sind der Verkehr. Macht doch einfach mit. Wir erheben Anspruch auf das gute Leben. Übrigens: Das Wort »schwärmen« hatte schon im Mittelhochdeutschen einen Unterton von Fantasie, Begeisterung, Leben in Saus und Braus.

Die weltweite Bewegung nennt sich *critical mass,* kritische Masse. Den Namen hat der New Yorker Fahrradkonstrukteur George Bliss ausgetüftelt. Die Inspiration kam 1992 bei einem Besuch in China. Fasziniert hat ihn dort die – damals noch! – gelassene Interaktion von Radlern und Autofahrern: An einer nicht geregelten Kreuzung von Radweg und Autofahrbahn warten die Radler so lange, bis sich eine genügend große Menge von ihnen, die kritische Masse, angesammelt hat. Dann setzen sie sich kollektiv in Bewegung. Die Autofahrer bleiben stehen, bis die Menge vollzählig die Straße überquert hat, und setzen dann ihren Weg fort.

»Kritische Masse« – der Ausdruck stammt aus der Nuklearphysik. Dort bezeichnet er die Mindestmasse an spaltbarer Materie, die eine nukleare Kettenreaktion in Gang setzen und aufrechterhalten kann. »Kritische Massen« bilden und einsetzen –

ist das ein gangbarer Weg, um eine Kettenreaktion zur großen Transformation auszulösen? Der Königsweg? Vielleicht. Bis dahin gilt die einfache Regel: dranbleiben – an den Zielen, am Sinn, an den anderen. Ich baue auf die Schwarmintelligenz.

Kapitel 3

Energiequelle Gelassenheit

Vom Wert des Lassens

~

In den Neujahrsgrüßen, welche die Leute ihren Nächsten zurufen, schreiben, texten oder twittern, in den guten Vorsätzen zum Jahreswechsel, die sie für sich selbst fassen, spiegelt sich immer eine ganze Menge Zeitgeist. Zur Jahreswende 2014/15, so berichtete die FAZ, wünschte die US-Fluglinie American Airlines ihren Passagieren auf der transatlantischen Route »Erfolg, Gesundheit, Glück und Sicherheit«. Die russische Aeroflot setzte etwas andere Akzente. An Bord einer Maschine auf dem Flug nach Moskau wünschte eine »schmeichelnde Frauenstimme«, so die Reporterin der FAZ, zunächst ebenfalls Erfolg und Gesundheit, dann aber »originelle Ideen und viel, viel Liebe«.

In Deutschland dagegen eroberte zu Beginn des Jahres 2015 ein neuer Wert zum ersten Mal Platz 1 im Ranking der guten Vorsätze und Wünsche: Gelassenheit. Laut einer Umfrage des Meinungsforschungsinstituts forsa im Auftrag einer großen Krankenkasse nahmen sich 56 Prozent der Männer und sogar 67 Prozent der Frauen vor, »gelassener zu werden«. Das ist eine satte Mehrheit. Folgerichtig wurden in diesem Jahr ein langer Essay über Gelassenheit und ein Buch über die Wunder des

Waldes zu den größten Bucherfolgen. »Gelassen« ist ein wunderschönes Wort. Es klingt sanft. Zwei helle Vokale rahmen einen etwas dunkler gefärbten, drei weiche Konsonanten, ein stimmloses »s«. Ein schönes Wort mit großer Kraft. Hat es das Potenzial, zu einem Signalwort für das 21. Jahrhundert zu werden? Das Bedürfnis ist echt, die Sehnsucht groß, die Suche intensiv – aber oft hilflos.

Denn wo immer das Wort auftaucht, lauern im Hintergrund seine dunklen Schatten: Stress, Depression und – in letzter Konsequenz: Panik. Ein Jahr nach der besagten Umfrage ist das Klima rauer geworden. In Zeiten weltweiter Krisen, von Kollapserscheinungen und Terror hat in diesem Land das Phänomen der Angst Hochkonjunktur. Es ist eine diffuse Angst. Verlustangst und Abstiegsangst, die bis zur Schockstarre gehen kann, mischt sich mit dem Gefühl der Kränkung und Frustration. Auf diesem Boden wächst angesichts barbarischer Anschläge islamistischer Fundamentalisten eine angstbesetzte Wut. Sie steigert sich zu offenem Hass auf alles Fremde und latenter Gewaltbereitschaft gegenüber Flüchtlingen. Eine Rhetorik aus dem Arsenal der Schädlingsbekämpfung greift um sich. Dieses Virus frisst sich in die Gesellschaft hinein. Es droht, sie zu zersetzen und zu spalten. Nicht zuletzt lenkt es von den existenziellen Bedrohungen der Menschheit ab und lähmt in einem entscheidenden Moment den Kampf gegen den Klimawandel und die Zerstörung unserer natürlichen Lebensgrundlagen.

Ist vor diesem Hintergrund Gelassenheit tatsächlich noch zeitgemäß? Oder signalisieren wir damit nur eine relaxte Haltung gegenüber den Zumutungen des Alltags? Selbstschutz der individuellen und kollektiven Psyche? Ein notdürftiges Krisenmanagement? Mit Varianten von Gleichgültigkeit, von Laisser-faire-Toleranz, von Rückzug in Idylle und Wellness ist die Zukunft tatsächlich nicht zu meistern. Dazu braucht es Entschlos-

»Entschlossen« und »gelassen« – ein Gegensatz?

senheit und aktives Handeln. Im Englischen spricht man vom *warrior spirit.* Doch sind »entschlossen« und »gelassen« überhaupt ein Gegensatz? Ist eine »aktive Gelassenheit« oder eine »gelassene Entschlossenheit« denkbar und lebbar? Ist dieser Widerspruch nicht schon immer in dem komplexen Begriff aufgehoben gewesen? In der Ruhe liegt die Kraft! Das eine ist ohne das andere nicht zu haben. Gelassenheit, ja, aber was ist das? Machen wir uns also auf die Suche nach der Bedeutung, den Facetten und Tiefenschichten eines sehr komplexen Leitbilds.

~

Im Sommer 2014 machte eine Leitfigur der deutschen Gesellschaft Gelassenheit zu seinem Markenzeichen. Joachim Löw, der Fußballtrainer, wurde zur Gelassenheit in Person. Im Trainingslager der Mannschaft in Südtirol, der letzten Station vor der Fußball-WM in Brasilien, gab er die Devise »Ruhe und Gelassenheit« aus. Was er damit meinte, brachte er so auf den Punkt: »Wichtig wird sein, dass in schwierigen Momenten der Druck nicht auf die Mannschaft übertragen wird. Da ist es von Bedeutung, seinen roten Faden weiterzuverfolgen und Gelassenheit zu zeigen.« Diese Haltung bewahren und ausstrahlen, sie vom Umfeld fordern, machte Löw zur neuen deutschen Tugend. Eine, die alte »typisch deutsche« Fußballerwerte wie »Durchschlagskraft«, »Wille« und »mannschaftliche Geschlossenheit« nicht verdrängen, aber ergänzen sollte. Diese Kombination von »gelassen« und »entschlossen« erwies sich auf dem langen Weg durch das WM-Turnier als Schlüssel zum Erfolg.

Löw ist ein Tüftler. Löw ist ein Perfektionist. Löw ist aber auch Teamplayer. Er lässt mitdenken und mitarbeiten: Manager, Spielanalytiker, Psychologen, Arzt, Mannschaftsrat. Erfolg im Sport lässt sich nicht anordnen, nicht erzwingen. Löw hat bestens ausgebildete Spieler. Alle haben gelernt, ein Spiel zu lesen. Jeder ist in der Lage, Spielsituationen zu lösen, die immer wieder neu und anders und überraschend auf ihn zukommen. Mit ihnen zusammen hat Löw Trainingsziele angestrebt, Matchpläne entwickelt, die jeweils angemessene Aufstellung festgelegt. So sah die Welt die Bilder aus Brasilien über die Bildschirme flimmern. Löw am Spielfeldrand. Ganz gelassen. Er lässt die Spieler spielen, lässt sie in den Spielfluss, den Flow, kommen. Macht nicht den Versuch, etwas zu dirigieren, was völlig offen ist: die nächste Spielsituation. Und die Mannschaft wächst Spiel für Spiel weiter über sich hinaus. Beim Anfangserfolg gegen Portugal, beim Zittersieg gegen Algerien, dem Geduldsspiel gegen Frankreich, dem historischen Triumph über Brasilien. Dann die 113. Minute des Endspiels gegen Argentinien. Schürrles Lauf an der Außenlinie, Ballabgabe, langer Pass, Götzes Ballannahme, *Gol da Almanha.* Ein Moment für die Ewigkeit. Löw bleibt ganz ruhig, fast demütig. Er weiß, dass ein einziger Moment gegnerischer Überlegenheit, ein Quäntchen Glück die Waage zur anderen Seite geneigt hätte. Und dann? Löw zeigt Respekt, er tröstet, er lässt dem sportlichen Gegner seine Würde. Eine Serie von Niederlagen in den Monaten nach dem großen Triumph bringt ihn nicht von seinem Kurs ab.

Eine Momentaufnahme vom Abend des legendären Halbfinales Brasilien gegen Deutschland. In der Halbzeitpause – beim Stand von 5 : 0 – sendete das ZDF das *heute-journal* mit Claus Kleber. Es war die Nachrichtensendung mit der höchsten Einschaltquote in der Geschichte des deutschen Fernsehens. Aufmacher war der Besuch von Bundeskanzlerin Merkel in China. Sie hatte an diesem Tag an der Pekinger Tsinghua-Universität einen Vortrag gehalten. Ihr Thema: Nachhaltigkeit und offene Gesellschaft. Man sah einen kurzen Ausschnitt aus ihrer Rede. Dann ein noch kürzeres Interview mit einem chinesischen Studenten aus dem Auditorium: »Deutschland ist für mich guter Fußball und Nachhaltigkeit.«

Politik und Fußball kultivieren die Aura von Gelassenheit.

Auch Angela Merkel hat sich schon früh entschieden, eine Aura von Gelassenheit zu kultivieren. Aufschlussreich ist ein Porträt von ihr, aufgenommen 2008, also schon in ihrer ersten Amtsperiode. Das Bild des Berliner Starfotografen Andreas Mühe zeigt sie auf dem Freigelände des Botanischen Gartens in Dahlem. Das Gesicht ist im Seitenprofil von der Kamera abgewandt. Doch ihre Körpersprache, die leicht hochgezogenen Schultern, die vor dem Bauch gefalteten Hände, macht sie sofort kenntlich. Die Gestalt im dunkelblauen Hosenanzug steht im knöchelhohen Gras am Ufer eines Teiches. Ihre Silhouette grenzt eng an die Konturen des Baumpatriarchen, neben dem sie aufrecht steht. Der sich verbreiternde Stammfuß und die tiefen Borkenrisse lassen vermuten, dass es sich um einen Mammutbaum handelt. Neben dem mächtigen Baum wirkt sie klein. Doch sie lässt sich darauf ein. Ich will, signalisiert sie, nicht leben ohne den Trost der Bäume. Der Himmel ist blau, fast wolkenlos. Es ist ein heiterer Spätsommertag. Das Sonnenlicht fängt sich auf der Rinde des Baumes und in Merkels blondem Schopf. Ihr Blick wandert über die zum Teil von Seerosenblättern bedeckte, tiefblaue Wasseroberfläche hinüber zum anderen Ufer, wo sich eine steinerne Bogenbrücke über den Teichabfluss schwingt. Der Bildausschnitt erfasst ein eng umgrenztes preußisches Elysium. Nichts ist dem Zufall überlassen. Drei Tage lang hatte der Fotograf das Gelände durchstreift und abgewartet, um den perfekten Ort und den richtigen Zeitpunkt zu bestimmen. In diesem Ambiente, fast demütig angesichts der sie umgebenden großen Natur, verkörpert Angela Merkel Ruhe, Gelassenheit und Souveränität. Sie nimmt Maß – an den Urphänomenen. In der Ruhe liegt die Kraft.

Der Herbst 2008, als das Bild entstand, war der Moment des Bankencrashs an der Wall Street. Die globale Kettenreaktion, die er auslöste, setzt sich in immer neuen Schockwellen bis heute fort. Gestützt auf ihren sozialdemokratischen Finanzminister, war Merkel damals vor die TV-Kameras getreten. Sie wirkte sichtlich erschüttert, wie benommen, so als habe sie gerade in einen Abgrund geblickt. Sie war erschüttert. Sie hatte das System nahe am Kollaps gesehen. In dieser Verfassung gab sie mit stockender Stimme eine Garantie für die Spareinlagen ab. Damit stürzte sie erst recht die Bevölkerung in ein Wechselbad der Gefühle und viele an den Rand der Panik. Ein Aufruf kurz danach sollte zur Beruhigung beitragen: »Wirtschaft ist zu einem Großteil Psychologie. Deshalb kann jeder durch Gelassenheit einen Beitrag leisten, damit keine durch Angst getriebene Abwärtsspirale entsteht.« Schon damals lautete ihre Botschaft: Wir schaffen das. Aber du musst dich noch mehr anstrengen. Jeder muss sich noch mehr anstrengen. Das Mantra von Wachstum, Produktivität, Wettbewerbsfähigkeit begleitete wie ein Schatten Merkels Rhetorik der Gelassenheit. Es wirkte wie eine Fortsetzung der »Politik der ruhigen Hand« Gerhard Schröders oder das »Aussitzen« der Probleme in der Nachfolge Helmut Kohls. Deutschland – ein Hort von Sicherheit und Stabilität. Gelassenheit wozu? Als neue deutsche Staatsräson und psychische Stählung für den Wettbewerb in der globalen Ökonomie?

In der Folgezeit machte Merkel die »Raute« zu ihrem *running gag*. Ihre Arme sind angewinkelt, die Hände hält sie mit der Innenseite so vor dem Bauch, dass die beiden Daumen und Zeigefinger sich berühren. Das Zeichen bringe eine gewisse Liebe zur Symmetrie zum Ausdruck, sagte sie selbstironisch. Die Raute helfe ihr, den Rücken gerade zu halten. Die Medien lieben Merkels Geste als Zeichen von Besonnenheit, Zuversicht, Durchhaltevermögen und Unbeirrbarkeit. Ihre Stunde schlug, als sich im Frühherbst 2015 die Flüchtlingstrecks auf der Balkanroute verstärkten. In dieser Situation wurde ihr »Wir schaffen das« auf ein humanitäres Anliegen übertragen.

~

Zur Ruhe kommen. Rund um das Bedürfnis nach Balance und Sicherheit entwickelt sich im 21. Jahrhundert eine Bewegung – und eine Branche – mit enormen Wachstumspotenzialen. Ihr Label heißt: Wellness, ihr Zauberwort: Gelassenheit. »Runterkommen«, »sieben Tage voller Gelassenheit«, Yoga-Tiefenentspannung, ganzheitliche Gelassenheit für Frauen, Luxury-Wellness-Urlaub, vier Schritte zur Gelassenheit – so flimmert es über die Webseiten von Wellnessanbietern und Ratgeberverlagen. Illustriert mit Bildern von gepflegten Menschen inmitten luxuriöser Spa-Zonen oder harmonischer Natur. Die altmodische »Kur« mit all den Kneipp'schen Anwendungen, Wassertreten, Heilfasten, Kniebeugen und Spazierengehen transformiert sich zu etwas Neuem.

Starke Impulse kommen aus den uralten asiatischen Weisheitslehren: Zazen, das meditative Sitzen, Kinhin, die Gehmeditation, Tai-Chi und Qigong, die streng geregelten Bewegungen. Ziel ist eine neue »Ganzheitlichkeit«, die den Dualismus von Körper und Geist überwinden helfen soll. Gesundheit rückt in den Horizont von intakter Natur, Achtsamkeit und – Sinnsuche. Doch auf diesem Markt wird Gelassenheit zu einem käuflichen Produkt gemacht – zur Ware. Sie soll den Kunden aus seiner Erschöpfung und Antriebslosigkeit herausholen und wieder fit machen. Fit wofür? Für die Fortsetzung des Rattenrennens? Oder für den schrittweisen Ausstieg aus der Tretmühle? Daran scheiden sich die Geister.

Gelassenheit als Ware

Das Wort ist – wie jedes andere erfolgreiche Signalwort auch – in das Feuerwerk der Reklamesprache geraten: »Freiheit, Brüderlichkeit, Gelassenheit. *Vive le moment.*« Ein paar Wochen nach der Fußball-WM startete die französische Zigarettenmarke Gauloises eine groß angelegte Werbekampagne. Zum ersten Mal sah ich das Plakat auf einem Bahnsteig in Hannover, als mein ICE aus Berlin einfuhr. Bald darauf erschien es an einer schmuddeligen Giebelfront an einer Durchgangsstraße in meinem Wohnort im nördlichen Ruhrgebiet. Zwei Gauloises-Schachteln mit dem Flügelhelm des gallischen Kriegers, daneben das großformatige Foto von einem Kleinbus, der allem Anschein nach auf einer Piste mitten in der nordafrikanischen Wüste parkt. Die Türen stehen sperrangelweit auf. Das Fahrzeuginnere ist von innen hell erleuchtet und mit Ausrüstungsgegenständen für das Wüstentrekking übersät. Auf dem Fahrzeugdach stehen in einer Reihe vier junge Leute. Sie kehren dem Betrachter den Rücken zu. Zwei halten sich an den Händen. Alle sind nur leicht bekleidet. Doch an den Füßen tragen sie schwere Wanderstiefel. Alle sind total versunken in das Schauspiel des unendlich weiten und unendlich klaren Sternenhimmels über der Wüste. Sie inhalieren die reine Luft der Wüstennacht. Niemand raucht. Warum auch? Wo immer sie herkommen und hinwollen – sie sind angekommen. *Vive le moment!* Lebe den Moment. Es lebe der Moment.

Der kühne Griff der Werbetexter ist ihr ironisches Spiel mit einem eigentlich unantastbaren kulturellen Erbe. »Freiheit, Gleichheit, Brüderlichkeit« gehört zum Kernbestand moderner Identität. Seit die Französische Revolution die drei großen Ideen der europäischen Aufklärung – und der Menschheit – zu einem machtvollen Ideal verschmolzen hat. Nein, nein, sagten sich die anonymen Texter im Auftrag der Zigarettenmarke. Die Vektoren in diesem Kräftespiel gehören mal aufgemischt und dynamisiert. Freiheit und Brüderlichkeit waren ihnen offenbar unverzichtbar. Was passiert, wenn wir die Idee der Gleichheit mal ausblenden und ersetzen? Das Produkt ihres Gedankenexperiments öffnet eine überraschende Perspektive auf den Zeitgeist: Gelassenheit scheint zumindest in der Szene der jungen, wilden Kreativen auf dem besten Weg, zu einem Schlüsselkonzept aufzusteigen. Und nicht nur dort.

Etwa zur gleichen Zeit tauchte in den Hochglanzmagazinen, in denen die *global player* der Luxusgüterindustrie Reklame machen, die neueste Werbung der exklusiven Schweizer Uhrenmarke Patek Philippe auf: »On ne possède jamais vraiment une Patek Philippe ... Eine Patek Philippe gehört einem nie ganz allein. Man erfreut sich ein Leben lang an ihr, aber eigentlich bewahrt man sie schon für die nächste Generation.« Der Slogan der Firma ist seit Generationen unverändert. Vornehm relativiert er die Lust am Besitz dieser Luxusuhr – man könnte auch sagen: die Gier danach. Er koppelt sie nämlich an den Gedanken der Treuhänderschaft, der Verantwortung für die folgenden Generationen, kurz, an das Prinzip Nachhaltigkeit.

Doch die Ikonografie war in diesem Jahr eine andere. Während früher ein Vater mit einer Patek Philippe am Handgelenk den Sohn an Bord der familieneigenen Motorjacht in die Kunst des seemännischen Knotens einweihte oder eine Mutter der Tochter vormachte, wie man stilvoll auf einem Louis-seize-Sofa Platz nimmt, sieht man vor Weihnachten 2014 Vater und Sohn Schulter an Schulter, der Sohn auf einem Bänkchen stehend, an der Anrichte der häuslichen Küche. Beim gemeinsamen Plätzchenbacken. Vor ihnen liegt auf einem daumendicken Holzbrett der Teig, teils noch ausgerollt, teils bereits geformt. Daneben die Zutaten und Utensilien, eine Tafel Schokolade, ein Glas mit Zuckerzeug, eine Schüssel Eier, die Backrolle. Das Rezeptbuch ist noch aufgeschlagen. Papa, die Patek Philippe umgebunden, den Ehering am Finger, hat einen Arm Halt gebend um die Taille des Juniors gelegt, lächelt entzückt, als dieser eine Handvoll Mehl in den Raum pustet, den Blick nach oben gerichtet, dem Flug des Mehlstaubes in den Raum folgend. Beide sind gemeinsam versunken in ihr Spiel und ihre spielerische Arbeit. *Vive le moment.*

Diese Bildwelt entfaltete sich weiter. Im nächsten Frühjahr schlendern Vater und Sohn, in ein Gespräch von Mann zu Mann vertieft, über die Lichtflecken im knöchelhohen Gras einer baumbestandenen Wiese. Im Frühling 2016 liegen sie lauthals lachend dicht nebeneinander auf der heimischen Wohnzimmercouch. Intime Glücksmomente. Sehr zeitgeistig. Eine Frage freilich stellt sich mit jeder Folge neu: Wozu eigentlich die Patek Philippe am Arm? Beim Backen und Herumtollen daheim stört sie nur. Beim Gang durch den Sommerwald ließe sich die Zeit am Stand der Sonne ablesen. Was wirklich zählt, ist der magische Moment des Einklangs zweier verwandter Seelen. Die sündhaft teure Uhr ist doch verzichtbar, oder?

~

Cool. Diese Vokabel ist der Beitrag der globalisierten Jugendkultur zum Wortfeld von Gelassenheit. Sie ist allgegenwärtig. Es beginnt schon in den Kitas, pflanzt sich fort über die Schulhöfe bis in die Großraumbüros und in die Studios der TV-Sender, die für die werberelevanten Zielgruppen produzieren. Es ist zu einem Attribut geworden, das man den verschiedensten Gegenständen und Ereignissen verleihen kann. So signalisiert es nicht viel mehr als Zustimmung, Bewunderung, Respekt – toll! Hört man genauer hin, dann meint das Wort primär ein bestimmtes Verhalten und dann eine bestimmte Haltung oder Pose, die man wählen, einüben und verkörpern kann. An den Grundschulen im Ruhrgebiet gehört Coolness-Training inzwischen zum Pflichtprogramm. Dort wird geschult, wie man sich gewaltlos gegen verbale und körperliche Attacken von Mitschülern wehren kann. Sag nein!

Jeder kennt die Bildwelten von cool, jeder kennt die coolen Typen, die unsere Popkultur der letzten Jahrzehnte bevölkern.

Coolness als mentales Schutzschild

Von James Dean, Pippi Langstrumpf bis Harry Potter, von den *femmes fatales* des Film noir bis zu den Charaktermasken von James Bond. Wir sehen ihre Inkarnation auf den Straßen unserer Metropolenräume, in den Großraumbüros, in den Sportarenen, vor der eigenen Haustür – oder im Haus, ja im Spiegel. Auch

Löw auf der Trainerbank und die Merkel im Bundeskanzleramt und die jungen Wilden aus der Gauloises-Werbung ließen sich mit dieser Vokabel beschreiben. Doch unter der Oberfläche der Inszenierungen kommt eine existenzielle Dimension zum Vorschein. Der Begriff kommt aus der afroamerikanischen Popkultur – aus New York. *Birth of the Cool* nannte der Jazztrompeter Miles Davis eine Aufnahme, die 1949 entstand. Ursprünglich war Coolness eine Art Mentalmagie, verwandt mit Voodoo, eine Strategie der Marginalisierten. Wenn dir der Zugang zu den mit Geld käuflichen oder in der Familie vererbten Statussymbolen verwehrt ist, dann ist Coolness ein Weg, wie du den Weißen und Mächtigen ebenbürtig wirst. In einer Umgebung, die du als kalt, feindlich, bedrohlich wahrnimmst, in einer Zeit, die du als krisenhaft empfindest, gegenüber Autoritäten, gegen die du nicht ankommst, ziehst du dich auf dich selbst zurück. Du schottest dein inneres Kastell ab. Du maskierst deine Verletzlichkeit, deine Verunsicherung, Schwäche und Wut. Du bringst dein Begehren unter Kontrolle, indem du die Dinge, die dir unerreichbar erscheinen, die Menschen, an die du nicht auf Augenhöhe herankommst, abwertest und als entbehrlich einstufst.

So raubst du ihnen ihre Macht über dich und machst dich von ihnen unabhängig. Hinter diesem mentalen Schutzschild arbeitest du an der Entwicklung deiner mentalen Kraft, Kreativität und Virtuosität und bringst sie immer besser ins Spiel. So verstanden, wird Coolness – und ähnlich auch Gelassenheit – zu einer Strategie der Selbstermächtigung der vermeintlich Schwachen. Zu einer Strategie des Selbstschutzes vor den Unzumutbarkeiten des Alltags, des nackten Überlebens in der Krise: In diesem Sinne wäre Coolness am präzisesten mit »Gleichmut« zu übersetzen.

Doch diese Spielart von Gelassenheit ist ein zweischneidiges Schwert. Wer cool als Dauerzustand verinnerlicht, wer nur gelernt hat, sich selbst der Nächste zu sein, wird schnell einsam.

Seine *power* lässt sich leicht instrumentalisieren. Die Unerschütterlichkeit, die beim Überlebenskampf im Getto nützlich war, ist auch gut fürs Geschäft. Wer gelassen bleibt, hält im Konkurrenzkampf länger durch. Diese Kompetenz ist im erbarmungslosen Wettbewerb auf den Märkten und Finanzmärkten der Welt von Vorteil. Mit der Kontrolle seines Gefühlshaushalts kann man für die Wall Street arbeiten oder für *Occupy Wall Street.* Man kann sich für Ärzte ohne Grenzen einsetzen oder – ja, auch das – in den *Jihad* ziehen.

Gelassenheit – wo beginnt das »kalte Herz«?

Gelassenheit, ja, aber was ist das? Wir brauchen Trennschärfe. Wie verhält sich Gelassenheit zu »Coolness« und »Gleichmut«? Und wie gehen Gelassenheit und Entschlossenheit zusammen? Wo liegen Schnittmengen? Wo beginnt die No-go-Zone des »kalten Herzens«? Uns fehlt der Urtext. Oder vielmehr: die Urtexte. Die Suche danach führt uns auf eine verschlungene Zeitreise zurück bis in die Tiefe der »Achsenzeit«.

~

Mit dem Terminus »Achsenzeit« bezeichnete 1949, kurz nach der Katastrophe des Zweiten Weltkriegs, der Philosoph Karl Jaspers jenen Zeitraum im ersten Jahrtausend vor unserer Zeitrechnung, als in unterschiedlichen Kulturen der Welt – von den Weisheitslehrern Chinas, Indiens und Persiens zu den Propheten Israels bis hin zu den griechischen Philosophen – auf einmal, fast gleichzeitig, begonnen wurde, über menschliche Würde und deren Heiligkeit (in der Sprache unseres Grundgesetzes: Unantastbarkeit) nachzudenken. In dieser Achsenzeit, so Jaspers, sei ein entscheidender Durchbruch gelungen: Der Mensch sei sich »des Seins im Ganzen, seiner selbst und seiner Grenzen bewusst« geworden. So entstanden Plattformen der Reflexion und des Dialoges für alle zukünftigen Bestrebungen nach Freiheit und Gleichheit, nach Erfüllung und Glück in der Geschichte. Sie als Basis für eine tragfähige globale Ethik zu nutzen, so hoffte Jaspers 1949, könnte sich nach dem Zivilisationsbruch in den Kriegen und Genoziden des 20. Jahrhunderts als rettender Ausweg erweisen.

Wesentlich für unseren Zusammenhang: In all diesen spirituellen, religiösen und philosophischen Systemen der Achsenzeit spielen Vorstellungen von Gelassenheit eine Schlüsselrolle. Hören wir genauer hin, wie über drei Jahrtausende hinweg die Stimmen aus dieser Zeit zu uns sprechen, und achten wir auf ihre Signalwörter.

»Erzeugen und nicht besitzen. Wirken und nichts drauf geben. Erhalten und nicht beherrschen. Das heißt tiefe Tugend.« Eine Stimme aus dem China des 7. Jahrhunderts vor Christi Geburt. Es ist die Stimme des »greisen Meisters« Laotse. »Zurückgekehrt in den Ursprung, heißt: Ruhe. Ruhe heißt: Zurückkehren zur Bestimmung. Zurückkehren zur Bestimmung heißt: Ewigkeit.« Diese Sentenzen soll Laotse auf seiner letzten Wanderung aufgeschrieben haben. Als er im hohen Alter und müde des um sich greifenden Chaos und der zunehmenden Kollapserscheinungen das Land verlassen wollte und den Shan-Gua-Pass überquerte, bat ihn ein Gelehrter, der dort einen Turm zur Beobachtung des Sternenhimmels und der meteorologischen Ereignisse betrieb, um einige schriftliche Aufzeichnungen. Laotse tat ihm den Gefallen. Danach setzte er seine Wanderung Richtung Westen fort, und seine Spur verliert sich.

Wu wei nennt man im Chinesischen die Haltung, die uns in den beiden Textstellen entgegentritt. Wörtlich bedeutet das »nicht tun« oder auch: handeln durch nicht handeln, bewusst nichts tun, oder: nicht widerstreben. Zuallererst erfordert diese Praxis den Rückzug aus den eigenen Verstrickungen mit Besitz, Macht und Gier. Doch ist diese befreiende Bewegung erst der Anfang. Wenn sich die alten Fixierungen und die Erstarrung der eigenen Persönlichkeit gelöst haben, kann die zweite, die entscheidende Bewegung folgen: die Hinwendung, die Rückkehr, die Vereinigung mit dem Tao, dieser Energie, die alle Wesen umfasst und durch alles fließt, die belebende Naturkraft bis hinauf zur Laufbahn der Himmelskörper, zur kosmischen Allmacht. In manchen Übersetzungen ist die Rede vom »Sinn« oder vom »Weg«. Dieser Weg ist das Ziel von *wu wei.*

Kaum ist die schemenhaft überlieferte Gestalt des Laotse von der Bildfläche verschwunden, taucht in Asien eine weitere spirituelle Figur auf. In Nordindien, auf der südlichen Seite des Himalajas, schart im 6. vorchristlichen Jahrhundert Buddha eine wachsende Schar von Anhängern um sich. Erst Jahrhunderte nach seinem Tod beginnt man ihn abzubilden. Die Statuen zeigen ihn in meditativer Haltung. Oft im Lotossitz, mit verschränkten Beinen und aufrechtem Rückgrat. Die Augen sind halb geschlossen, der Blick nach innen gekehrt. Es ist die Haltung des Gesammeltseins, der höchsten Konzentration. *Samma Samadhi* nennt man im Sanskrit diese Fähigkeit, die eigenen unruhigen, schweifenden, zerstreuten Gedanken und Emotionen zu bändigen, unter Kontrolle zu halten und auf einen einzigen Punkt zu zentrieren, meist auf den eigenen Atem. Der Bewusstseinszustand, der auf diese Weise angestrebt wird, heißt *Upekkha.* Das ist der Zustand des Gleichmuts. Wer ihn erreicht, hat sich von seiner Unruhe und von den Ursachen des Leidens, nämlich Gier, Hass und Verblendung, befreit. Er ist mit seinem Leben als Ganzem und mit dessen Begrenztsein durch den Tod konfrontiert. Das Ich rückt an den Rand des Bewusstseins. Es versinkt. Man befindet sich auf dem Weg zum Nirwana, zur Erfahrung der Leere, des vollkommenen Nichts. Sich sammeln, seine mentalen Kräfte zusammenfassen – fokussieren, sagt man heute – ist bis heute ein unverzichtbarer Aspekt von Gelassenheit.

Nur wenige Jahrzehnte nach Buddhas Tod, im 5. Jahrhundert vor unserer Zeitrechnung, treten an den europäischen »Küsten des Lichts«, in der Ägäis, Freunde der Weisheit, die griechischen Philosophen, hervor und befassen sich auf ihre Weise mit der Frage nach dem richtigen Leben. Einer von ihnen, Demokrit (geboren um 460 v. Chr.), bezeichnet das anzustrebende Ideal mit dem Begriff *euthymía.* Das Wort setzt sich zusammen aus *eu* (gut, glücklich, heiter) und *thymós* (Leben und Lebenskraft, Mut und Gemüt). Gemeint ist ein heiterer Zustand des Wohlbefindens, die Fähigkeit, innerlich heiter und gefasst durch das Leben zu gehen. Das Wortfeld erweitert sich. Zwei Philosophengenerationen später bringt Epikur den Begriff *ataraxía* ins Spiel. Der Blickwinkel ist etwas anders ausgerichtet. Das Wort ist die Negation des Verbs *tárassein* (beunruhigen). Gemeint ist also ein Zustand der Nichtbeunruhigbarkeit. Wir übersetzen es mit *Unerschütterlichkeit.* Beide Signalwörter zusammen denkend, sprachen die Philosophen an den Küsten des Lichts auch von der »Meeresstille der Seele«. Ihr Ideal begründete eine philosophische Schule, die Stoa. Die Achsenzeit ging zu Ende. Ihre Impulse wirkten nachhaltig.

»Meeresstille der Seele«
Stoa

Non concuti – sich nicht erschüttern lassen. Diese Flaschenpost kommt aus dem Imperium Romanum zur Zeit seiner größten Machtentfaltung zu uns. Ihr Absender ist Seneca, der römische Staatsmann und Philosoph, geboren in der Provinz Hispania, dem heutigen Spanien, im selben Jahr wie Jesus Christus. So umschrieb vor 2000 Jahren der römische Philosoph den Kern dessen, worum es geht. Diese Fähigkeit, diese Haltung, sagt er, ist etwas Großes, etwas Vollkommenes, der Götterwelt Nahes. Was seine griechischen Vordenker *euthymía* und *ataraxía* genannt hatten, bezeichnet Seneca jetzt in seiner Sprache als *tranquillitas animi:* Seelenruhe. In sich selbst ruhend, mit sich in Übereinstimmung sein eigenes Tun freudig betrachten – so nähert man sich dem »höchsten Gut« *(summum bonum).* Die Seelenruhe verleiht einem die Kraft, den Haushalt seiner Emotionen zu beherrschen und zu lenken, sich nicht von äußerlichen Dingen abhängig zu machen, sein eigenes Begehren jederzeit zügeln zu können. Es ist die Haltung, die einen befähigt, sich nicht von Schicksalsschlägen und Krisen aus der Bahn werfen zu lassen.

Seneca selbst lebte in aufgewühlten Zeiten. In einer Epoche der Exzesse. Nero war Kaiser. Im Laufe seiner Amtszeit nahmen Korruption, nackte Gier, brutale Gewalt, nahm die Dekadenz überhand. Der blutrünstige Kaiser, dem er lange als Erzieher gedient hatte, ließ dem stoischen Philosophen, der sich auf sein Landgut bei Rom zurückgezogen hatte, am Schluss nur die Wahl, sich selbst zu töten. Der Entschluss fiel ihm offenbar leicht. Denn die Seelenruhe, die er gelehrt hatte, machte ihn erhaben selbst über die ultimative Entscheidung über Leben oder Tod. Sie erhebt einen souverän über das größte Unrecht, das einem von anderen zugefügt wird. Du bietest all dem die Stirn und sagst deinem Gegner, ja deinem Schicksal selbst: »Alles magst du tun, zu gering bist du, um meine heitere Ruhe *(serenitas)* zu verfinstern.« *Serenitas* – innere Heiterkeit – ist ein weiteres zentraler Begriff Senecas. Seine Fortsetzer ergänzten *claritas,* innere Klarheit, und *securitas,* die gleichmütige, unerschütterliche Selbstsicherheit des Ichs.

Eine überraschende Entdeckung: Schlüsselwörter der stoischen Lebenskunst kommen aus dem Vokabular der Meteorologie. *Tranquillitas, serenitas, claritas* beschrieben in der lateinischen Alltagssprache die Wetterphänomene: die von wenigen weißen Wolken akzentuierte, azurne Bläue des Himmels, die von einer milden Brise leicht gekräuselte Oberfläche des Meeres, die bukolische Stimmung der sommerlichen Zypressenhaine, Weinberge und Felsquellen der römischen Provinzen. Die Heiterkeit der mediterranen Landschaft erzeugt die Leichtigkeit des Seins. Daran Maß zu nehmen und diese Qualität dauerhaft auf die seelische Grundgestimmtheit des eigenen Ichs zu übertragen – das schwingt im antiken Konzept von Gelassenheit mit und macht es so anziehend. *Serenitas* ist das Gegenteil von *aus-*

teritas, der Düsterkeit einer erzwungenen Askese. Jeder *turbo,* wörtlich: Wirbelsturm, all diese sich beschleunigenden Wirbel, Wirren und Verwirrungen tun dir nicht gut. Sie sind verwerflich. Ironie unseres heutigen Sprachgebrauchs: Ein »Turbokapitalismus« verurteilt heute ganze Regionen des mediterranen Südens zur »Austerität«, zur Verelendung. Merkwürdig, wie wir bis heute – heute wieder – im Banne dieser Gegensätze stehen.

Doch wie wandelte sich im deutschen Sprachraum die stoische *ataraxia* und *tranquillitas animi* zu »Gelassenheit«? Die Antwort finden wir in der Zeit der gotischen Kathedralen und der Bettelorden. Das Modewort des 21. Jahrhunderts ist eine Prägung aus der Sprache der deutschen Mystik.

~

»Svenne alliu diu werlt abevellet von der sêle [...] sô kumet diu sêle in eine ruowe.« Da ist das Wort wieder: Seelenruhe. Um 1300 predigt der Mönch und Theologe Meister Eckhart im thüringischen Erfurt von der *ruowe.* »Wenn die ganze Welt abfällt von der Seele, dann kommt die Seele zur Ruhe.« Mit den Gedanken des »heidenischen meisters« Seneca war Eckhart wohl vertraut. Der Faden der Überlieferung war nicht abgerissen. Augustinus, der Kirchenvater, hatte stoisches Gedankengut und Vokabular in die frühchristliche Theologie eingebracht. Mittelalterliche Gelehrte und Ordensgründer setzten die Tradition fort. Die rheinische Mystikerin Hildegard von Bingen beispielsweise verband mit großer Kühnheit ihre Vorstellung von *viriditas,* der Grünkraft, dem blühenden Leben, mit der Schau von *candida serenitas,* der strahlenden Heiterkeit und heiteren Ruhe.

Doch auch sie erzählte ihre Visionen noch ausschließlich in lateinischer Sprache. Meister Eckhart wollte nun auch das einfache Volk erreichen – und die Frauen. Bildung für alle! Das ging nur, wenn er auch die Schlüsselbegriffe in die Sprache des Volkes, ein spätes Mittelhochdeutsch, übersetzte. Im Vergleich zu den westeuropäischen Sprachen, die das lateinische Vokabular nur leicht verändert weiternutzten, begann hier ein sprachlicher Sonderweg. Eckharts Ausgangspunkt *ruowe* ist eine wörtliche Übersetzung von *tranquillitas.* Doch dann geht er einen Schritt weiter. Er verbindet das antike Wortfeld von *Seelenruhe* mit den Ausdrücken, in denen das Neue Testament zur Nachfolge Christi aufruft. »Omnia relinquere«. Alles hinter sich lassen, »alliu dinc lâzen«, um Christus zu folgen. Dieses *relinquere* übersetzt Eckhart mit *lâzen.* Damit kommt das ganze Wortfeld ins Vibrieren.

»Wenn die ganze Welt abfällt von der Seele, dann kommt die Seele zur Ruhe.«
MEISTER ECKART

Sein Anspruch war hoch: »Gebt euch nicht mit kleinen Dingen ab, denn ihr seid zu Kleinem nicht geschaffen.« Eckhart lehrte und predigte für eine junge Generation, die für seine Botschaft empfänglich war. Zu den Ikonen dieser Generation gehörten immerhin Figuren wie Parzival, der Gralssucher, dessen Geschichte der Minnesänger Wolfram von Eschenbach unweit von Erfurt, auf der Wartburg, erzählt hatte. Zu den Ikonen des Zeitgeistes gehörte »Uta von Naumburg«, Inbild der kühlen Selbstbeherrschung, die so ungemein lebendige steinerne Figur, die etwa zur Zeit von Eckharts Geburt im nahen Dom zu Naumburg auf den Sockel gestellt wurde. Für den italienischen Kunsttheoretiker Umberto Eco war sie noch an der Schwelle des 21. Jahrhunderts die begehrenswerteste Frau der Kunstgeschichte. Elisabeth von Thüringen, die Landgräfin, die radikal das höfische Leben auf der Wartburg hinter sich ließ, um in franziskanischer »höchster Armut« Christus nachzufolgen, war erst 30 Jahre tot und schon heiliggesprochen, als Meister Eckhart um 1260 geboren wurde.

Er kam selbst aus dieser Landschaft im grünen Herzen Deutschlands. Auf einem kleinen Kastell, Burg Altenfels, unterhalb vom Kamm des Thüringer Waldes, nicht weit von Tambach, ist er aufgewachsen. Umgeben von rauschenden Gebirgsbächen und schroffen Felswänden, überwuchert von Farnen, Moos und Heidelbeergesträuch, sind noch heute karge Überreste des *bürgelîn* im Gelände zu erkennen – ein lohnendes Ziel auf einer meditativen Rennsteigwanderung. Der Ort jedoch, an dem man der Spiritualität der neuen Wortschöpfung und ihrem Sinn noch heute sehr nahekommen kann, ist die Predigerkirche in Erfurt.

Eine Selbsterfahrung: Einen Moment lang bin ich an diesem Tag Ende Mai ganz allein in dem monumentalen Längsschiff des spätgotischen Kirchenbaus. Die Mittagssonne fällt durch die hohen Fenster. Ich habe mich getraut, im Chorgestühl Platz zu nehmen, an der Stelle, wo einmal der Prior, der Leiter der klösterlichen Gemeinschaft, seinen Sitz hatte. Das Eichenholz ist durch die Jahrhunderte gedunkelt, beinahe schwarz. Man hat es dendrochronologisch untersucht. Es ist noch das Gestühl aus der Bauzeit der Kirche. Bei jeder Bewegung, die man macht, knarrt es – wie damals. Auch der Chorraum stand schon so da, als vor 700 Jahren Meister Eckhart dem Kloster vorstand, für das diese Kirche ursprünglich erbaut wurde. Wo ich sitze, war sein Stammplatz, wenn sich die Mönche, gekleidet in die weißen Kutten der Dominikaner, zu ihren Gebeten und Gesängen versammelten. Mein Blick schweift durch den Altarraum, kommt zur Ruhe auf dem hohen Glasfenster gegenüber. Draußen wiegt sich sacht das hellgrüne Blattwerk eines Nussbaums in der Frühlingsbrise. Federwolken ziehen vorüber. Himmelsbläue. In diesem Raum predigte Meister Eckhart den jungen Mönchen von der *gelâzenheit.* In dem Kapitelsaal des Klosters, zwei Räume weiter, hat er sie darin unterrichtet. Dabei hat er um 1300 das Wort geschöpft und als Begriff in die deutsche Sprache eingeführt. »Der mensche, der gelâzen hât und gelâzen ist und der niemermê gesihet einen ougenblik ûf daz, daz er gelâzen hat, und blîbet stæte, unbeweget in im selber und unwandeliche, der mensche ist aleine gelâzen.«

Stetig, unbewegt in sich selbst, unwandelbar bleiben – das ist noch das alte, stoische Vokabular. Doch nun kommt *lâzen* ins Spiel. »Gelassen« kommt von »lassen«. Klingt banal, ist aber von großer Tragweite. Sich selbst und die Welt lassen, das ist das mönchische Ideal. Es meint die Nachfolge Christi, der seine Jünger aufgerufen hatte, »um meines Namens willen« ihr Zuhause und alles hinter sich zu lassen *(omnia relinquere)* und damit einen radikalen Bruch mit ihrer bisherigen Lebensweise zu vollziehen, nämlich den Durchbruch zu einem neuen Leben zu wagen. Und darum geht es zuallererst: Dinge, die bisher zum eigenen Leben gehörten, hinter sich lassen können, sie sein lassen, sie unterlassen, sich davon abkehren, loslösen und innerlich befreien. »Der ist vil saeliger, der aller dinge mac enbern und ir nit enbedarf, dan der alliu dinc besezzen hât mit nôtdurft. Der mensche ist der beste, der des enbern kan, des er keine nôt enhât. Dar umbe, der allermeist kan enbern und versmaen, der hât allermeist gelâzen.« Sich nicht von den vielen Dingen und deren Besitz abhängig machen. Entbehren können, was einem nicht nottut. Sich nicht von den vielerlei Einflüssen, die von außen auf Geist und Seele einströmen, ablenken lassen. In diesem Akt, in diesem Prozess haben wir den Ausgangspunkt von Eckharts Theorie der Gelassenheit. Zu den Dingen gehören wesentlich auch das eigene Ego und dessen Prägungen, Fixierungen, Neigungen und eingeschliffene Gewohnheiten. Alles auf den Prüfstand stellen können. Einfach loslassen können. So wie man Ballast abwirft. Die *ruowe* ist eine Folge von *lâzen.* »Ruhe« meint nicht eine Zeit des Ausruhens, etwas Passives, sondern einen Zustand des Bereitseins zur Begegnung mit etwas Wichtigerem, Höherem.

Ruhe ist eine Folge des Lassens.

In diesem Licht scheint an dem Wort »lassen« eine zweite Bedeutung auf: sich auf etwas Neues »einlassen«, sich ihm hingebungsvoll »überlassen«. Die entsprechende lateinische Vokabel wäre *committere.* Das ist übrigens das Wurzelwort für das englische *commitment,* das man mit Verpflichtung, Hingabe oder Engagement übersetzen kann. In dem neuen Begriff »Gelassenheit« ist also eine Doppelstrategie angelegt: lassen können, um frei zu sein. Die Abkehr von weltlichen, materiellen Dingen ist kein Selbstzweck. Sie schafft bloß den Raum für die Hinwendung zu anderen, immateriellen Dimensionen des Daseins. Lausche auf das Wunder! Für Eckhart ist es die Öffnung zum ganz anderen. Die große Wende ist eine Drehbewegung. *Relinquere* und *committere.* Die Abwendung vom Alten und die Hinwendung zu etwas Neuem sind zwei Phasen einer Bewegung. Die Erwartung des göttlichen Funkens öffnet den Raum für den »Durchbruch« zu dem Erleben, »daz ich und got einz sin«. Das ist die Gipfelerfahrung schlechthin. Mehr geht nicht. In der *unio mystica,* der mystischen Einheit mit dem Göttlichen, wird dem Menschen *beatitudo,* Glückseligkeit, zuteil – und *vride.* Eckhart geht hier an eine Grenze. Seine Gleichsetzung von Mensch und Gott hat ihm später eine Anklage bei der Inquisition eingebracht.

»Lausche auf das Wunder!«
MEISTER ECKHART

Der Eintritt in das Kloster bedeutete: Du musst dein Leben ändern. Das mönchische Ideal drückte sich in der Kleidung aus: Kutte mit Kapuze, Strick, barfuß in Sandalen – arm an Dingen. Doch der Weg der freiwilligen *armuot* war gesichert durch eine Kultur des Teilens. Auch wurde er niemandem außerhalb der Bettelorden vorgeschrieben, schon gar nicht den Habenichtsen der Gesellschaft. Es ging um eine Einladung zur mentalen Befreiung von der Macht der Dinge und der Gewohnheiten, um so eine neue Balance von *tuon* und *lâzen* zu finden. Die Dinge nutzen, ja, aber sich nicht davon abhängig machen, sich nicht auf das Haben und Habenwollen fixieren, auch nicht auf das erworbene Wissen, auf das eigene Ego. »Got hât gelihen und niht gegeben.« Erwerb und Besitz sind kein Ver-

»Gott hat geliehen, nicht gegeben.«
MEISTER ECKHART

dienst, nicht etwas, das einem zusteht, nicht einmal eine »Gabe« Gottes, sondern eine Leihgabe. Damit ist jede Fixierung auf Besitz und Ego hinfällig. Sie aufzulösen und die Konzentration auf das Wesentliche zu verinnerlichen, aus einer abstrakten Regel zu einer *forma vitae,* Lebensform, zu verstetigen – darin lag für Meister Eckhart der entscheidende »Durchbruch« auf dem Weg zur Gelassenheit.

Von der freundlichen Küsterin geführt, gehe ich am Altar vorbei zum Ausgang. Ihr Schlüsselbund rasselt. Die Tür zur Sakristei öffnet sich. Hier beteten und sammelten sich Meister Eckhart, seine Vorgänger, seine Nachfolger bis heute. Unsere Schritte hallen. Noch eine Pforte. Wir betreten einen großen, hellen, festlichen Raum: den Kapitelsaal des Klosters, den Ort der täglichen Lesung und der Aussprachen. Das hochgotische Gewölbe wird von achteckigen Pfeilern getragen. Die Wände sind im Sandsteinton verputzt. Das Tageslicht fällt durch die steinernen Gitter von kunstvoll gestalteten Maßwerkfenstern herein. Aus der Tiefe der Zeit kommt der Hall einer Stimme: »Das ledige gemüete vermac alliu dinc.« In diesem Raum wurde der Satz zum ersten Mal ausgesprochen. Im Kapitelsaal seines Klosters hielt Meister Eckhart die *collationes* ab, die Lehrgespräche mit den jungen Novizen. »Das ledige gemüete vermac alliu dinc.« Die befreite Seelenkraft vermag alles. Ich übersetze frei: *In der Ruhe liegt die Kraft.* Eine Botschaft von großer Tragweite: Hier rückt *gelâzenheit* in den Horizont von entschlossenem Handeln.

Ich trete hinaus ins Freie. Der Kreuzgang des Klosters, Ort der Kontemplation und der Zwiesprache, ist nicht mehr vorhanden. Vom benachbarten Schulhof tönt Pausenlärm herüber. Die Kastanienbäume ringsum sind verblüht. Efeu wuchert über die Klostermauer. Dahinter fließt die Gera. Ein Streifen Auenwald am anderen Ufer spiegelt sich grün in der Strömung. Weiter unterhalb überquert die Krämerbrücke, die Touristenattraktion Erfurts, den Fluss. Zu Meister Eckharts Lebzeiten wurde sie gerade aus Stein neu errichtet und – schon damals – mit den Fachwerkbuden der Händler überbaut. Seine thüringische Heimat hat Eckhart im Alter von 50 Jahren endgültig verlassen. In seinem Orden hatte er weiterhin hohe Ämter inne. An der Sorbonne in Paris, in Straßburg, in Köln. Dort geriet er in den Verdacht der Häresie, so wie Seneca am Ende seines Lebens in Ungnade gefallen war. Der Meister der Gelassenheit starb anno 1328, vermutlich auf einer der endlosen, staubigen Landstraßen Südfrankreichs. Er war zu Fuß unterwegs nach Avignon, wo ihn das päpstliche Urteil in seinem Ketzerprozess und – möglicherweise – der Scheiterhaufen erwarteten.

~

Als Meister Eckhart im alten Europa durch die Lande zog, blühte im westlichen Afrika, auf dem Territorium des heutigen Nigeria, die Yoruba-Zivilisation. Ihr spirituelles Zentrum war die heutige Universitätsstadt Ile-Ife. Die dortigen Künstler waren – und sind – berühmt für ihre Skulpturen aus Terrakotta, Bronze oder Holz. Sie zeigen Gottheiten und Heroen – Jäger, Heiler, Krieger – aus einer mythischen Vergangenheit. Körpersprache und Mimik sind von großer Ausdruckskraft. Die Augen sind weit geöffnet, die Lippen schmal. Die rechte Hand ruht auf dem Herzen, die linke auf dem Bauch. So blicken sie auf die Welt, in einer Balance aus Ruhe, Konzentration und Selbstbeherrschung. Sie strahlen Selbstvertrauen und Zuversicht aus. *Itutu* und *àshe* sind zwei Wörter dafür in der Sprache der Yoruba. *Itutu* bezeichnet die Temperatur des fließenden Wassers: kühl. Es meint die eher rezeptive und reflexive Seite, das Aufnehmen von Eindrücken in einem ruhigen Fluss. Dagegen ist mit *àshe* eher ein darauf basierendes aktives Handeln gemeint.

Die beiden Wörter benannten ein zentrales Leitbild der Yoruba-Kultur. Im 18. und 19. Jahrhundert war dieses Volk besonders stark vom Sklavenhandel betroffen. Die versklavten Menschen nahmen das Leitbild mit auf die Plantagen der Karibik und des amerikanischen Südens und später in die Fabrikhallen

Anmut unter Druck

und in die Vergnügungsviertel, auch in die Jazzklubs der urbanen Zentren. Dort brauchten sie es bitter nötig, nötiger denn je. Der amerikanische Kulturwissenschaftler Robert Farris Thompson hat diese Zusammenhänge erforscht. Er hält die beiden Wörter aus der Yoruba-Sprache für die Urtexte der heute allgegenwärtigen Vokabel *cool:* »In dem Maße, wie wir mit Großmut und Umsicht leben und Anmut unter Druck *(grace under pressure)* ausstrahlen, nehmen unsere Erscheinung und unsere Handlungen so etwas wie eine aristokratische Würde an. Je mehr wir den Funken kreativer Kraft, mit der Gott uns ausgestattet hat, verwirklichen, desto eher finden wir das Selbstvertrauen, um jede Situation zu meistern. Das ist *àshe.* Das ist Charakter. Das ist mystische Coolness.« *Grace under pressure.* Anmut unter Druck – gefällt mir.

~

Lassen sich die Urtexte aus den verschiedenen Kulturen der Welt ins Heute übersetzen? Also behutsam aus ihrem kulturellen Kontext herauslösen und in ihrer ganzen Vielfalt für unsere Gegenwart fruchtbar machen? Die Versuche ziehen sich wie ein roter Faden, mal ziemlich verborgen, dann sehr nah an der Oberfläche, durch die globalisierte Kultur – und vor allem die Gegenkultur – der letzten Jahrzehnte. Wer in den 1960er-Jahren auf ein Gymnasium ging, egal, ob in Westdeutschland oder der DDR, hat mit einiger Wahrscheinlichkeit im Deutschunterricht zum ersten Mal von Laotse gehört, als Brechts wunderbares Gedicht über die Entstehung des Taoteking durchgenommen wurde. »Das weiche Wasser bricht den Stein« – man nahm so einen Satz als schöne Metapher für dialektischen Materialismus.

Dass mystische Weisheit etwas mit unserem eigenen Leben zu tun haben könnte, ahnten wir vielleicht, als die Beatles mit Songs wie *All you need is love* (1967) und *Let it be* (1969) die Charts stürmten. Die Botschaften unterschieden sich schon ziemlich gravierend von den rüden »Twist and shout«-Schreien der Anfänge. Hier tauchte urplötzlich eine Philosophie des Lassens auf: *Let it be* – lass es geschehen. »Be gentle, don't fight things, just try to go with the flow and it will all work out« (Paul McCartney). Lass dich ein auf das Fließen der Dinge. Schon vorher – weltweit via Satellit ausgestrahlt – *All you need is love:* Liebe als das wesentliche Grundbedürfnis und als die grundlegende Haltung zur Welt. Melodien, Stimmführung und die Instrumentierung beider Songs mit Piano, Orgel, Bläsern, Gitarre und Schlagzeug klangen ziemlich europäisch. Sogar die Marseillaise wurde – ironisch – zitiert. Doch die Hörer wussten, woher die Inspiration für die Texte kam, nämlich aus Indien, wo alle Beatles 1968 wochenlang meditiert hatten. Nun gaben sie eine Lektion in gelassener Lebenskunst, und das in einer Zeit, als viele aus unserer Generation stark dazu neigten, sich nur noch zornig und kritisch mit der Welt zu beschäftigen, und nicht merkten, dass die Welt sich das nicht gefallen lässt – sondern zurückschlägt. *Let it be.* Lass los. Lass es heile. Die rätselhafte Liedzeile »there's nothing you can do that can't be done« – ein Echo auf Eckharts »das ledige gemüete vermac alliu dinc«?

Jahre später lasen wir ein schmales Buch des deutschbritischen Ökonomen E. F. Schumacher: *Small ist beautiful. Die Rückkehr zum menschlichen Maß,* erschienen 1973. Es handelte von einer neuen Balance zwischen Tun und Lassen in der Ökonomie. Diese, so der weltweit diskutierte Autor, habe der richtigen Lebensführung zu dienen und nicht umgekehrt. Lokale Arbeit für lokale Bedürfnisse. Nicht Maximierung von Produktion und Konsum, sondern ein Optimum an Lebensqualität und Glück. Solche Leitgedanken enthielten schon so ziemlich das gesamte Rüstzeug für eine fundierte Wachstumskritik im 21. Jahrhundert. Ein Kapitel handelte von »Buddhist Economics«. Das Material hatte Schumacher in den 1950er-Jahren in Birma gesammelt. Parallel lasen viele damals – ebenfalls weltweit – Erich Fromms *Haben oder Sein*. Da ging es 1976 um *Die seelischen Grundlagen einer neuen Gesellschaft*. Fromms Bezugspunkte waren Marx und – Meister Eckhart! Letzterer habe »den Unterschied zwischen den Existenzweisen des Habens und des Seins mit einer Klarheit beschrieben, wie sie von niemandem je wieder erreicht worden ist«. Das Sein im Sinne von Eckhart sei »Erneuerung, Ausfließen, Verströmen, Tätigsein«, also »das Gegenteil von Haben, Ichbindung und Egoismus«. Mit Eckhart formuliert Erich Fromm eine frühe und radikale Kritik an der Dynamik von Wachstum und Konsum. Und er schöpft daraus eine Alternative, die in unserer scheinbar alternativlosen Gegenwart ermutigend wirkt.

In diesem Licht las man auch einen Philosophen, der ebenfalls überall auf der Welt rezipiert wurde, den man jedoch wegen seines Teufelspaktes mit dem Naziregime – eigentlich – verachtete: Heidegger. So abstoßend Heideggers politische Biografie auch war, bestimmte Denkwege in seinem Spätwerk erschienen erhellend. Heideggers Ausgangspunkt war die Kritik an der entfesselten Dynamik der Technik, der instrumentellen Vernunft und der Naturbeherrschung. Diese habe zunehmend zerstörerische und selbstzerstörerische Züge angenommen. Heidegger geht es nicht um eine umstandslose Ablehnung aller technischen Innovationen. Er plädiert vielmehr für die »Haltung des gleichzeitigen Ja und Nein«. Technik in Gebrauch nehmen – oder auch nicht – »als Dinge, die nichts Absolutes sind, sondern selbst auf Höheres angewiesen sind«. Das ist die eine Seite. Sich »für den in der technischen Welt verborgenen Sinn offen halten«. Das ist die andere.

»Die Gelassenheit zu den Dingen und die Offenheit für das Geheimnis gehören zusammen.«
Martin Heidegger

Gemeint ist die Offenheit und Empfänglichkeit für die ursprüngliche Einheit, für das Ganze von Erde und Himmel, Göttlichem und Sterblichem. »Die Gelassenheit zu den Dingen und die Offenheit für das Geheimnis gehören zusammen«, sagt Heidegger, und er fügt dem Eckhart'schen Begriff eine dritte Bedeutung von *lassen* hinzu: den Dingen um uns herum, also der Umwelt, *nichts antun,* sondern sie *schonen,* und das heißt: das Geschonte *in seinem Wesen belassen.* Dieses *Lassen* ist kein Absturz in die Kargheit oder gar Verelendung. »Der Verzicht nimmt nicht«, schrieb Heidegger 1953. »Der Verzicht gibt. Er gibt die unerschöpfliche Kraft des Einfachen.« »Das ledige gemüete vermac alliu dinc«, hatte Meister Eckhart gepredigt. Bei Heidegger wird der Mensch »Hüter des Seins«. Eine gewaltige Aufgabe. Sie erfordert entschlossenes Handeln – da, wo gehandelt werden muss. So rückt Gelassenheit in den Horizont von Ökologie und Nachhaltigkeit.

Ich habe noch die schon leicht brüchige Stimme von Dorothee Sölle im Ohr. Im Sommer 1997 besuchte ich sie in ihrem Haus in einer stillen Straße in Hamburg-Altona, um sie für mein Buch über alternative Projekte *(Ausstieg in die Zukunft)* zu interviewen. Damals stand sie im Zenit ihres Ruhms: Liebling und Publikumsmagnet der evangelischen Kirchentage, Autorin von Bestsellern, Kultfigur in der Szene der progressiven Christen in den USA, Aktivistin in der beginnenden Antiglobalisierungsbewegung. Wir brauchen eine Globalisierung von unten, war ihre feste Überzeugung. Eine andere Welt ist möglich – das Motto passe auch in die Bibel. Für die Zyniker im konservativen Lager machte sie das zur verhassten Personifizierung des sogenannten Gutmenschen.

Einsicht in die Güte der Schöpfung

Als ich sie besuchte, hatte sie gerade ihr *opus magnum* beendet. Der Titel *Mystik und Widerstand.* Gleich zu Beginn unseres Gespräches kommt sie auf die Schöpfungsgeschichte zu sprechen: Wir müssen ein Grundvertrauen in die Güte der Schöpfung zurückgewinnen. So wie es im Schlusssatz der biblischen Schöpfungsgeschichte, der Genesis, zum Ausdruck kommt: »Gott sah, dass alles sehr gut war.« Das Wort »gut« ließe sich auch mit »schön« übersetzen. Das Wasser, das aus dem Boden kommt, von dem Mensch, Tier und das Gras trinken darf, der Halm, auf dem das Korn wächst, die ganze natürliche Welt, die Fülle des Lebens ist gut, ist schön, ist bejahenswert – ist kein Marktgegenstand, keine Ware. Aus einer solchen Einsicht in die Güte der Schöpfung entstehe auch ein Vertrauen in den Sinn des eigenen Daseins. Dass ich nicht zufällig entstanden bin, sondern da bin, gebraucht und gewollt bin, jetzt, hier, so wie ich bin. »Der eigentliche Sündenfall«, so sagt die linke Theologin, liege in dem »Gedanken des Besitzens«, in dem Versuch, zu besitzen und in Besitz zu nehmen. Der Gegenentwurf liege in der »Mutualität«, einer Beziehung des gegenseitigen Gebens und Nehmens.

In der Mystik sei das Erstaunen darüber angelegt, dass etwas da ist und schön ist. Wie es in der Geschichte vom brennenden Dornbusch heißt: Ziehe deinen Schuh aus, denn der Ort, wo du stehst, ist heilig. Jetzt und hier sprichst du mit dem Göttlichen. An diesem Punkt bringt Dorothee Sölle einen mystischen Grundsatz ins Spiel: *Gang ûz dir selbst ûz.* Verlass dein Ego. Geh auch aus deiner eigenen Sklaverei heraus. Hier schlummere die Kraft für den Widerstand gegen die absolut zerstörerischen und versklavenden Kräfte der Globalisierung. Meister Eckharts Anschauung vom »Leben aus seinem eigenen Grund«, die Liebe *sunder warumbe* (ohne warum?) stelle subversiv die Fundamente der gegenwärtigen Dynamik infrage: die Zweckrationalität, das Kosten-Nutzen-Kalkül, den Versuch, die Verfügungsgewalt über alles Lebendige zu erlangen. Dorothee Sölles bahnbrechende Idee: Sie bindet mystische Gelassenheit zurück an ein Vertrauen in die Güte der Schöpfung und in die Kraft von Mutualität und Solidarität. Die Fülle des Lebens entsteht nicht aus dem Wachstum der industriellen Produktion, sondern aus einer veränderten Wahrnehmung von Mitwelt und Umwelt. Aus diesem Grundvertrauen kommt der Mut zum Loslassen und – letztlich – zur Hinwendung zu einer höheren Macht.

Zum Schluss des Gesprächs holte Dorothee Sölle ein Bündel Korrekturfahnen aus der Schublade – ihr demnächst erscheinendes Mystikbuch –, band es zusammen und schenkte es mir. Lachend empfahl sie, zuerst den Schluss zu lesen, wo sie einen amerikanischen Quäker zitiert. Auf die Frage, wie man leben solle, habe er drei Eigenschaften genannt: »Grenzenlos glücklich. Absolut furchtlos. Immer in Schwierigkeiten.« Das, sagt sie, finde sie herrlich. Und realistisch!

~

»Du musst dein Leben ändern« – der Imperativ könnte von jedem der Weisheitslehrer der Achsenzeit formuliert worden sein. Er stammt aber aus dem berühmten Rilke-Gedicht *Archaischer Torso Apollos,* ist also inspiriert von einem Kunstwerk jener Achsenzeit. Das Gedicht von 1908 formuliert eine Einladung, selbst an einer nur verstümmelt erhaltenen antiken Götterfigur neu Maß zu nehmen und über sich hinauszuwachsen. Ganz im Sinne von Meister Eckharts »Gebt euch nicht mit kleinen Dingen ab, denn ihr seid zu Kleinem nicht geschaffen«. Im wirklichen Leben steht am Anfang einer solchen Entscheidung oft das Gefühl von Erschöpfung und Überdruss an der Routine des Alltags. Albert Camus erzählt in seinem *Mythos des Sisyphos* von dem Moment, in dem die Routine kollabiert: »Aufstehen, Straßenbahn, vier Stunden Büro oder Fabrik, essen, Straßenbahn, vier Stunden arbeiten, essen, schlafen, Montag, Dienstag, Mittwoch [...] Eines Tages aber steht plötzlich das *Warum* da. Und mit diesem Überdruss, in den sich Erstaunen mischt, fängt alles an.«

Doch wie geht es von diesem Nullpunkt aus weiter? Der eine Weg ist der Abstieg in das »schwarze Loch«. Die Symptome einer beginnenden Depression sind allgemein bekannt: Schlaflosigkeit, Konzentrationsschwäche, Appetitlosigkeit, Antriebsschwäche. Wenn du morgens Stunden brauchst, um überhaupt aufzustehen, ist das ein Beweis, dass in deinem Leben fundamental etwas nicht stimmt. Doch ist das ein »Defekt«, der mit ein paar Chemikalien »behoben« werden kann? In den USA, wo die Depression früher als hierzulande epidemische Ausmaße erreicht hat, betten Forscher wie Jonathan Rottenberg dieses Phänomen neuerdings in einen größeren Zusammenhang ein. Sie sprechen von einer »Architektur des Systems von Stimmungen« *(architecture of the mood system).* Sie halten die Depression für eine Form von »kreativer Zerstörung« – für einen *stop mechanism,* für eine Notbremse. Die Depression sei eine gezielte Intervention von Leib und Seele. Sie stelle sicher, dass du nicht so weitermachst wie bisher. Sie erzwinge ein Loslassen. Sie helfe dir, von unerfüllbaren Wünschen und unrealistischen Zielen abzulassen. Es gibt keine Alternative? Doch! Nämlich das freiwillige und rechtzeitige Loslassen, verbunden mit der Orientierung auf neue sinnstiftende Ziele, mit einem Wort: die Einübung von Gelassenheit.

> *»Mit diesem Überdruss, in den sich Erstaunen mischt, fängt alles an …«*
> Albert Camus

Der israelische Psychologe und Nobelpreisträger Daniel Kahnemann vertritt die These, dass uns die Angst vor dem Verlust stärker antreibt als die Aussicht auf Gewinn. Die Angst vor dem Abstieg, so scheint es, ist stärker als die Lust am Aufstieg. Wenn dem so ist, dann wird die Einübung von Gelassenheit heute eminent wichtig, nämlich als eine Strategie zur Überwindung von Verlust- und Abstiegsängsten. Sie wirft nämlich die Fragen auf: Was ist wirklich wichtig? Was brauchst du wirklich? Und damit verbunden: Was brauchst du nicht? Was kannst du lassen? Hier erscheint wiederum die Doppelstrategie von Gelassenheit: Das Überflüssige, das Zerstörerische und Selbstzerstörerische aus seinem Leben zu streichen ist kein Absturz. Es erleichtert und befreit. Einsparen, Vermeiden, Reduzieren sind die noch völlig unterschätzten Schlüsselkompetenzen auch der persönlichen Lebensführung. Das Überflüssige gar nicht erst erzeugen – und dann in Kooperation mit anderen aus einem Minimum an Ressourcen ein Optimum an Lebensqualität schaffen. Jede Art des Minimalismus erfordert eine große Sorgfalt. Bei der Reduktion des Zuviel ist ein Absturz in das Zuwenig, die Schäbigkeit, die Hässlichkeit sorgfältig zu vermeiden. Weniger ist mehr. Die Formel, geprägt in den 1920er-Jahren im Ambiente des Weimarer Bauhauses, hat es in sich: Worin besteht das »Mehr« im Weniger? Was gibt der Verzicht? Da wird es spannend. Die Konstanten eines solchen neuen Denkens, so scheint mir, wären ein sorgfältiger Minimalismus und eine Kultur des »Lassens«.

Doch die Macht der Gewohnheit ist stark. Der Ausstieg aus der Routine, jede dauerhafte Veränderung im gewohnten Lebensstil gestaltet sich schwierig. Woher die Kraft nehmen? Wäre es nicht sinnvoll, für die Einübung von Gelassenheit eine Idee ins Spiel zu bringen, die man früher mit dem schönen Wort »innehalten« umschrieb oder als »schöpferische Pause« bezeichnete? Heute spricht man kurz und knackig von »Auszeit«. Das heißt: nicht auf das Erweckungserlebnis, den großen Wurf warten, sondern jede, auch noch die kleinste Gelegenheit nutzen, um aus dem Teufelskreis von Hyperaktivität und chronischer Erschöpfung, Getriebensein und Depression auszubrechen. Bewusst Gegenpole zu den normalen Abläufen von Arbeit und Freizeit schaffen. Abstand gewinnen, zur Ruhe kommen. Innehalten, in sich gehen, sich sammeln, ganz im Augenblick und in dem, was man gerade tut, aufgehen – und dann in den Alltag zurückkehren. Gestärkt, das heißt mit neuen Impulsen, diesen Alltag anders gestalten. Für so verstandene Auszeiten ist kein Sabbatjahr nötig. Sie können durchaus auch auf

Die Angst vor dem Abstieg ist stärker als die Lust am Aufstieg.

ganz kleinen »Zeitinseln« geschehen, die man ganz bewusst im Meer der Normalität anlegt. Für die Gestaltung solcher Inseln der Gelassenheit gibt es kein Patentrezept. Die vielen kreativen, oft ganz simplen Akte sind viel wichtiger. Ich schaue mich um – im eigenen Lebenskreis.

~

Um zunächst aus dem Nähkästchen zu plaudern, meine Erfahrung ist: Der Wald macht ruhig. Ich komme zur Ruhe, wenn ich wandere. Stunde um Stunde unter dem Laubdach über die grünen Hügel eines großen zusammenhängenden Waldgebietes schweifen, das bringt die Tiefenentspannung. Ich erinnere mich an einen solchen Wandertag im nordhessischen Nationalpark Kellerwald. Siesta machte ich tief im Waldesinneren. Ein Aurora-Falter, der mit seinen leuchtend orangeroten Flügelspitzen auf der Suche nach Weideplätzen vorübergaukelte, hatte mich zu einer durchsonnten Lichtung geführt. In einem Halbkreis stehen mächtige, vielleicht 150- oder 200-jährige Buchen. An einem Baumstumpf ist zu sehen, wie der Baum jedes Jahr um einen neuen Jahresring gewachsen ist, ohne irgendetwas von seiner Vergangenheit zu zerstören. In der Mitte der Lichtung ragt zwei, drei Meter hoch ein Baumtorso. Aufrecht stehendes Totholz, an der Bruchstelle wüst zersplittert, von Zunderschwämmen besiedelt, von Spechthöhlen durchlöchert. Daneben hingestreckt, schon von Pilzen und den Larven verschiedenster Käferarten zersetzt, der umgebrochene Stamm. Er riecht erdig, nach Mulm und Moder. Neben dem Baumleichnam wuchert hüft- bis schulterhoch, buschig und hellgrün belaubt der Buchenjungwuchs, Naturverjüngung, sagen die Forstleute. Zusammen mit den blühenden Gräsern der Hainsimse bewegen sich Zweige und Blattwerk in der Brise. Dahinter die Bläue des Himmels. Ab und zu eine weiße Wolke. Auf Augenhöhe die Kammlinie aus Baumkronen – der nächste Hügel.

Ein guter Ort für eine Schaurast. Einfach mal zwei Stunden nur an die graue, glatte Rinde eines Buchenstamms gelehnt im warmen Moos sitzen, schauen, lauschen, dösen, zur Ruhe kommen. Die Eigenzeiten der Natur sind hier sinnlich erfahrbar. Sie erscheinen in der Wanderung von Licht und Schatten im Laufe dieser Mittagsstunde. Sie sind präsent in dem Ausschnitt aus dem jahreszeitlichen Rhythmus von Blühen, Reifen, Welken, den ich vor Augen habe. Sie verkörpern sich in all den Wahrzeichen der jahrhundertelangen Zyklen von Werden, Wachsen und Vergehen, die meinen Ansitz umgeben. Am Stamm lehnend, lasse ich die andere Zeit auf mich wirken und bekomme dabei eine Ahnung von der Fülle des Lebens und der Güte der Schöpfung.

Eine Ahnung von der Fülle des Lebens

Eine andere, wiederum persönliche Erfahrung: Brotbacken macht ruhig. Zuerst hatte ich es in der unbeschwert glücklichen Zeit praktiziert, als unsere Tochter Milchzähne bekam. Das war Mitte der 1980er-Jahre. Damals brachte gerade Barbara Rütting, die Filmdiva und grüne Aktivistin der frühen Jahre, das Knowhow der Vollkornküche in Bestsellern unters Volk. Es war die Zeit der Alternativkultur. In jenen Jahren war nichts, aber auch gar nichts »alternativlos«. Jeder und jede, die etwas auf sich hielt, hatte einen Plan für ein alternatives Projekt in der Tasche. Wir wollten unter anderem die Kontrolle über unsere Lebensmittel zurückgewinnen. Selber Brot backen war ein wichtiger Schritt dahin. Doch als Hanna zur Schule kam, ließ mein Eifer nach, und ich gab das Brotbacken wieder auf. Der Antrieb kam 2015 zurück. Da wurde der Überdruss an den Fertigbackwaren einfach zu groß. Ich wusste, dass die Tante meiner Frau einmal in der Woche mit Sauerteig backt. Jeden Montagvormittag. Für die ganze Woche. Seit 30 Jahren. Sie lud mich ein zum Mitmachen, als ich ihr von meinem Vorsatz erzählte, mein Wissen und Können aufzufrischen und neu anzufangen.

Tante Reginas Küche ist blitzblank geputzt. Sie ist bestens organisiert. Den Sauerteig hatte sie am Abend zuvor mit 375 Gramm Roggenmehl und Wasser gemischt und warm gestellt. Eine Portion wird nun abgezweigt und in einem Gläschen zur Seite gestellt – für das Brot der nächsten Woche. Die Mühle steht bereit. Eine wuchtige Salzburger Mühle, Gehäuse aus Buchenholz, Mahlwerk aus Granit, hält schon ewig, ist unverwüstlich. Es kann losgehen. 500 g Roggen wird gemahlen, die eine Hälfte fein, die andere wird geschrotet. Dann dieselbe Menge Dinkel mahlen. Nach und nach das Mehl zum Sauerteig in den Topf geben, ein paar Löffel Sonnenblumenkerne, Kürbiskerne dazu, eine Handvoll Salz, lauwarmes Wasser, ein Würfel Hefe. Es riecht säuerlich. Jetzt musst du den Teig kneten und schlagen. Mit einer Hand, die Finger leicht gespreizt, geht sie in ruhigen Bewegungen immer wieder durch die klebrige Masse, bis sie richtig durch ist, also der Sauerteig sich mit dem Mehl und dem Wasser verbunden hat. Mir geht das in die Arme. Aber das macht nichts. Dann haben wir Pause. Der Teig braucht seine Zeit, um aufzugehen. Dies ist die Stunde der Mikroben.

Tante Regina kommt von einem Bauernkotten in der Nähe. Dort, wo das Ruhrgebiet ländlich wird. Es ist das Milieu von Hape Kerkelings »Omma«, das er in seinen Kindheitserinnerungen beschwört. Ihr Papa malochte auf der Zeche, nach der Schicht auf dem eigenen Land. Wir hatten Roggen, erzählt sie, Kartoffeln und Rüben, zwei Kühe, Schafe, Schweine, Hühner und Gänse. Als Kind hat sie noch selbst erlebt, wie auf der Tenne mit dem Dreschflegel die Körner aus den Ähren geschlagen wurden. Mit den Brotlaiben sind wir zum Nachbarn. Die hatten einen gemauerten Backofen. Und da durfte die ganzen Nachbarschaft backen. Man war nicht kleinlich. Dafür wurde geholfen, wenn sie mal auf dem Feld waren. Das Prinzip der Gegenseitigkeit.

Die Stunde der Mikroben

Inzwischen ist der Teig aufgegangen. Jetzt müssen wir das

noch mal gut durchkneten. So ungefähr 50-mal die ganze Masse gut durchdrücken, dann in die ausgefettete Form geben. Der Backofen ist auf 50 Grad Celsius vorgeheizt. Dem Teig eine Stunde Zeit lassen zum Aufgehen, dann die Temperatur auf 225 Grad erhöhen. Dann die ausgebackenen Laibe herausnehmen. Abkühlen lassen, den Duft des frischen Brotes inhalieren. Bald kann man das frische Brot anschneiden und die erste Scheibe mit guter Butter bestreichen – und genießen. Der ovale Brottopf ist dickwandig getöpfert. Der Deckel hat Luftlöcher. Das Brot muss atmen können. So hält es sich eine ganze Woche. Dann ist wieder Zeit zum Backen. Mit Vollkorn, Wasser, Salz und sonst gar nichts.

Die drei Stunden sind wie im Flug vergangen. Die Küche ist wieder blitzblank, als ich mich verabschiede. Mit meinem Laib Brot im Rucksack und einem Marmeladenglas voll von ihrem Sauerteig. Damit arbeite ich bis heute. Woche für Woche widme ich einen Vormittag dem Brotbacken. Mir ist diese Zeit heilig. Das Korn mahle ich mit einer Handmühle. Wenn der Teig ruht, ruhe ich auch. Bei der Arbeit mit dem Sauerteig klinke ich mich ein in das uralte Spiel der Mikroben, die in der feuchtwarmen Masse des gemahlenen Korns aktiv sind. Und in ihre Zeitrhythmen. Ich fühle mich lebendig. Ich komme zur Ruhe. In der Ruhe liegt die Kraft.

~

Wenn ich mich in unserem Bekanntenkreis umsehe, entdecke ich vielerlei Strategien der Einübung von Gelassenheit: Eine junge Frau, beruflich stark eingespannt, macht sich jeden Morgen nach dem Aufstehen eine Kanne Wasser heiß, Leitungswasser wohlgemerkt, kein Premium-Mineralwasser, und trinkt es in kleinen Schlückchen. So beginnt sie ihren Tag. Ein Bekannter fährt bei Wind und Wetter zwanzig Kilometer mit dem Liegerad zur Arbeit in einem Chemiewerk im Ruhrgebiet. Auf diesem Weg spürt er einen Hauch von Leichtigkeit des Seins und kommt wunderbar entspannt an. Ein Verwandter, frühpensionierter Bergmann, betreut seit Jahren mit Hingabe die örtliche »Tafel« und findet darin Sinn. Eine junge Familie wartet jedes Jahr geduldig auf die Erdbeerzeit. Dann nehmen die Eltern ihre Kinder mit zum Bauern aufs Feld. Erdbeeren pflücken, essen, Kuchen backen, Marmelade kochen, ein Fest daraus machen. Bis zum nächsten Jahr.

Mein Freund Uwe war früher bekennender Workaholic. Einer, der vierzehn Stunden im Geschirr war, angetrieben von dem Wunsch, etwas zu bewegen, zum Schluss von dem Zwang, immer mehr »abhaken« zu müssen. Termine, Termine. »Sie stehen neben sich«, sagte ihm einmal seine Ärztin. Doch er machte weiter. Ein Forstmann, ziemlich hoch geklettert in der Hierarchie der Verwaltung, ein leidenschaftlicher und in dieser Szene berühmter Jäger. Ehrgeizig, exzellent und renommiert auf allen Feldern. Bis er an Krebs erkrankte. Als er die Krankheit – vorerst – besiegt hatte, fasste er einen Entschluss: Ich ziehe mich zurück.

Sein Rückzugsort ist ein altes Forsthaus mitten in den Wäldern der Schorfheide. Ein geräumiges Holzhaus, Ställe. Ein schmaler Pfad führt zum See. Dort liegt sein Kahn. Lange Zeit kam er ohne Internet, Telefon, TV aus. Mittlerweile ist er über Handy und E-Mail erreichbar. An den Wänden hängt noch ein Dutzend Geweihe. Es sind Trophäen und Erinnerungen an eine Zeit, mit der Uwe abgeschlossen hat. Heute rührt er kein Gewehr mehr an. Stattdessen kümmert er sich hingebungsvoll um ein kleines Bestiarium aus Hund und Katz, Pferd, Waschbär und einem zahmen Füchslein. Er genießt es, die Tiere zu hüten, mit ihnen zusammen zu sein. Er leidet mit, wenn sie sich verletzt haben. Dann pflegt er sie hingebungsvoll. Er hat gelernt, mit ihnen zu kommunizieren. Er lässt sich von ihrer puren Lebensfreude anstecken, fühlt sich in seiner kleinen Welt angstfrei und – geerdet.

»Würdest du dich als gelassen bezeichnen?«, frage ich abends am Kamin. Lachend zitiert er Clausewitz, den preußischen Militärtheoretiker: »Nichts ist so schwierig wie der geordnete Rückzug aus einer unhaltbaren Lage.« Aber, fügt er hinzu, wer Clausewitz kennt, weiß, dass der geordnete Rückzug für ihn nur die Vorbereitung auf den nächsten Angriff war.

»Nichts ist so schwierig wie der geordnete Rückzug aus einer unhaltbaren Lage.«
Carl von Clausewitz

Mein Freund Hans ist ein Pilznarr. Groß geworden ist er im Speckgürtel von Zürich, ein Aktivist sein Leben lang: erst der Schrecken der Straße in seinem Heimatort, dann langhaariger Jungsozialist und in den frühen Sechzigerjahren gegen den Atomkrieg engagiert, vor etlichen Jahren für ein oder zwei Legislaturperioden auch mal roter Nationalrat. Jetzt ist er immer noch langhaarig, aber politisch eher grünrot. Als ich ihn im Winter in seinem Refugium, einem alten Bauern- und Leinweberhaus im Tössbergland, 800 Meter hoch gelegen, für ein verlängertes Wochenende besuche, ist eigentlich keine Pilzsaison. Trotzdem schlägt er beim Frühstück vor: »Ab in die Pilze.« Ausgerüstet mit Korb und Pilzmesser, stapfen wir los. Aufwärts im Nebel über einen Wiesenbuckel, schneefrei und sumpfig, dann hinab zu einer Holzbrücke und am jenseitigen Ufer dem tosenden Wildwasser aufwärts folgend. Dies ist sein Revier. Es besteht aus einem Netz von Pilzstandorten, von diversen Habitaten. Hier kennt er jeden Tritt, jeden steilen Anstieg, jede heikle Querung. Frei schweifend, am Waldrand, oft im Weglosen, den Wildwechseln folgend, geht er seine »Stellen« ab, kommt den Pilzen auf die Schliche, sucht und findet der Jahreszeit und dem Mikroklima entsprechend die üblichen Verdächtigen: Pfifferlinge, Morcheln, Parasole, Steinpilze. Und bei fast jedem Gang findet er auch Rares und Überraschendes: den Violetten Rötelritterling oder die Totentrompete, einen Partner alter Buchen.

Heute wird Hans gleich am zweiten oder dritten Baumstumpf, den er inspiziert, fündig. An der zum Steilufer des Baches hingewandten, vom Weg nicht einsehbaren Rückseite wuchert der Samtfußrübling, ein schmackhafter Winterpilz. Hans zeigt mir die Feinheiten des honiggelben Fruchtkörpers, wie man mit der kleinen Bürste am Pilzmesser die anhaftenden Reste Holz oder Erde behutsam entfernt, wo man am besten den Schnitt ansetzt. Pilze ernten erfordert Achtsamkeit. Man nimmt den Fruchtkörper, ohne das Myzel zu beschädigen. Nun sind es vor allem die Stapel von durchnässtem Fichtenholz am Wegrand, wo wir den Winterrübling finden. Der Weg durch den Tobel wird enger und schattig. Überfrorener, verharschter Schnee macht ihn zur Eisbahn. Wir biegen ab und steigen durch Nadelwald fast in direkter Linie hinauf auf 1 200 Meter zur Kuppe des Hüttchopf. Hier ist gerade keine Pilzsaison. Wir entdecken nur die Hülle eines herbstlichen Flaschenbovists und die dunkle Sohle eines Porlings. Oben ein 360-Grad-Panorama. Aus Richtung Bodensee quillt in riesigen Bänken Nebel herauf. Im Südosten begrenzt die Silhouette der Glarner Alpen mit ihren Dreitausendern den Horizont. Die Sonne geht unter. Über die Hügel klimmt ein fahler Januarvollmond. Unser Korb ist fast voll. Der Abstieg führt in der Dämmerung durch Wald und Wiese. Abends am holzgefeuerten Kachelofen gibt es ein Pilzgericht vom Feinsten. Ein gelungener Tag. Die Fülle des Lebens kann man mit einfachsten Mitteln erleben.

Ich bin zu Besuch bei Nikolaus Einhorn. Ich kenne ihn seit Langem. Seit den 1980er-Jahren betreibt er in Düsseldorf in seinem Institut für integrale Studien eine gestalttherapeutische Praxis. Seinen Lebensmittelpunkt hat er irgendwann in den Westerwald verlagert. Am Rand eines Dorfes hat er gemeinsam mit seiner Frau Rose-Marie, einer Atemtherapeutin, einen alten Bauernkotten zu einem – das Wort passt hier – Anwesen ausgebaut. Die Scheune mutierte zum Nest für die Kinder und, als die flügge waren, zu einem Seminarhaus. Hier finden gestresste Großstädter einen fast immer ausgebuchten »Retreat« vor. Einen Rückzugsort, um in kleinen Gruppen zu lernen: meditieren, still werden, sich erden, zur Ruhe kommen. Man könnte sagen, um Gelassenheit einzuüben.

Die Lektion des Atmens

Der Seminarraum ist etwa zwanzig Schritte lang und zehn Schritte breit. Die Wände sind kalkweiß, der Teppichboden mausgrau. Ein Kamin mit umlaufender Bank sorgt für Wärme. Die Fenster gehen in den Garten hinaus. Zu sehen sind nur ein paar Obstbäume, Schilf, ein Lattenzaun, dahinter die Konturen von hintereinandergestaffelten Wiesenhügeln, der Horizont aus Waldrand und Himmel. Auf dem Boden ist Platz für ein Dutzend Sitzplätze: Matte, Kissen, Rolle, niedrige Sitzbank. Nikolaus hat mich zu einem Meditationstag eingeladen. Zazen und Kinhin, sitzen und schreiten. Beide sind Übungen aus dem Zen-Buddhismus. Sie dienen dem »Runterkommen« aus dem Modus permanenter Betriebsamkeit und Atemlosigkeit. Wir lassen den Atem geschehen, sagt Nikolaus in einer seiner kurzen Ansprachen zwischen den langen Phasen des Sitzens und den kurzen des Schreitens. Atem geschieht. Von selbst. Du wirst geatmet. Alles ist daran beteiligt. Sonne, Wind, die Pflanzen, die Mikroben, die deinen Sauerstoff produzieren und dein Kohlendioxid absorbieren. Über die Luft, die du atmest, spürst du in jedem Moment deine Zugehörigkeit zum Naturgegebenen, zum Biosphärischen, zu allem Lebendigen. Einatmen ist Aufnehmen. Ausatmen ist Loslassen. Was für ein Wunder, dass auf das Ausatmen ein neues Einatmen geschieht und auf das Einatmen ein neues Ausatmen. Dieser Strom ist das, was dich am Leben erhält, dein Leben jeden Moment immer wieder erneuert. Mit dem Urschrei des Neugeborenen, bei dem sich die Lungenflügel entfalten, beginnt dein Leben. Es endet mit dem Moment, an dem du deinen letzten Atemzug aushauchst. Das ist das Grundgeschehen, eine Gewissheit, die dir letztlich Sicherheit gibt. Wie die Lektion des Atmens in den Alltag einbauen? Täglich sitzen, sagt Nikolaus, eine kleine Einheit, zwanzig Minuten, regelmäßig. Und aus dem Sitzen sich erheben und gehen. Und dann weiter in Fühlung mit dem Atem sein, bei den alltäglichen Tätigkeiten diesen Kontakt aufrechterhalten.

Abends beim Wein sprechen wir über Gelassenheit. Jedes Neugeborene ist ein offenes System, meint Nikolaus. Es ist der Welt und den Beziehungen in den Familien, in die es hineingeboren wird, ausgesetzt. Die Konditionierungen beginnen sehr früh. Du tust das – und ich reagiere so. Reflexhaft. Nach Verhaltensmustern, die uns in bestimmten Situationen so reagieren lassen, wie wir es tun. Das haben wir gelernt, als schöpferische Anpassung an widrige Umstände. Und irgendwann, wenn wir erwachsen werden, merken wir: Es passt nichts mehr. Es wird dysfunktional, selbstzerstörerisch. Ich arbeite täglich mit Paaren und erlebe den Hickhack, die Eskalation, das gemeinsame Sich-Verstricken in reflexhafter, reaktiver, automatisierter Weise. Bis wir von den Konditionierungen ablassen, gelassener werden und einen mentalen Zustand erreichen, wo man den anderen gelten lassen kann.

»Und wie«, frage ich Nikolaus, »unterscheidet sich Gelassenheit von Passivität, von dem bloßen Selbstschutz?« »Ich denke an den Frosch«, meint Nikolaus nach einer Weile, »der auf dem Seerosenblatt hockt und einfach wartet. Und dann setzt die Fliege sich auf den Rand des Blattes, und der Frosch handelt blitzschnell.« Das gelassene Nichthandeln ist eine Inkubationszeit. Die kann plötzlich zu Ende sein. Dann ist Gelassenheit auch: adäquat handeln, entschlossen und spontan Stellung beziehen, da, wo Stellung bezogen werden muss, wenn Handeln angesagt ist und dein Handeln Folgen hat, wahrscheinlich Verluste. Wenn wir also gezwungen sein könnten, etwas aufzugeben, eine Sicherheit, ein Haus, ein Vermögen aufs Spiel zu setzen. Das ist Teil, das ist eine Qualität von Gelassenheit: in der jeweils gegebenen Situation angemessen handeln. Manchmal muss einfach gehandelt werden, entschieden »Nein« oder »Ja« gesagt werden. Dann ist Gelassenheit eine Quelle von Transformationsenergie.

~

Die »Große Transformation« stellt sich momentan als eine Vielzahl von »Wenden« dar: Energiewende, Agrarwende, Ressourcenwende, Forschungswende etc. Jede einzelne Wende erscheint als ein Kraftakt, der den Akteuren fast Menschenunmögliches abverlangt. Doch ist Nachhaltigkeit tatsächlich primär eine Kultur des »Machens«, des Andersmachens und Neumachens? Oder nicht primär eine »Kultur des Lassens«? In allen Variationen: loslassen, zulassen, belassen, sich auf die Dinge, ihre Zyklen und Rhythmen einlassen. Müll vermeiden beispielsweise ist besser als ihn noch so effizient entsorgen. Energie einsparen ist allemal besser als alternativ erzeugen.

»Natur Natur sein lassen« ist seit einigen Jahren ein griffiges Motto im Naturschutz. Auf diesem Feld jedenfalls ist der Vorrang des »Lassens« über das »Machen« schon angekommen.

Natur Natur sein lassen

Pioniere wie Hans Bibelriether und Michael Succow haben diese Formel in den 1990er-Jahren popularisiert. Die Erhaltung von Naturdenkmalen und vertrauten Kulturlandschaften oder der Schutz einzelner Arten oder Biotope, das alte Leitbild, wurde abgelöst. Stattdessen geht es primär darum, die »ungestörte Eigendynamik der Natur« und die »freie Entfaltung der ihr innewohnenden Gesetzmäßigkeiten« zu ermöglichen. Damit reduzierten sich Umfang und Reichweite des menschlichen Eingriffs. Das umfassende »Management« der zu schützenden Flächen nach starren Kriterien und Zielvorstellungen wurde zur Schaffung von »Rahmenbedingungen« für den Ablauf natürlicher Prozesse.

»Akzeptieren« und »zulassen« waren Schlüsselwörter des

neuen Denkens. Die Statik des angestrengten »Aufrechterhaltens« bestehender Zustände wich einer vom »Zulassen« bestimmten Dynamik der natürlichen Prozesse. Darin hatten auch die Ausbreitung des Borkenkäfers, die Rückkehr des Wolfes, der spontan sich einstellende »Wildwuchs« im Garten oder in der städtischen Grünanlage ihren Platz. An solchen Reizthemen kollidierte das neue Denken heftig mit den Bildern von einer rigide domestizierten und regulierten Natur. Eine Debatte entbrannte über den Rang kultureller Werte wie Schönheit und Vielfalt. Aber auch auf diesem Prüfstand hat sich das Konzept »Prozessschutz« behauptet und ist zu einem wesentlichen Element des Naturschutzdenkens geworden.

Auf der Basis dieses Prinzips entstand in den letzten 30 Jahren in Europa ein – wenn auch fragiles – Netz von Naturkorridoren, das den Rückzug, die Entfaltung und die Wiederausbreitung der heimischen Flora und Fauna garantieren soll. Dieses Biotopverbundsystem in der EU, »Natura 2000« genannt, ist von weitreichender Bedeutung für die ökologische Integrität unserer europäischen Landschaften und damit für die Stabilisierung unserer Lebensgrundlagen. Kaum bekannt, an vielen Stellen von Straßenbau, Agrarindustrie und anderen Interessengruppen scharf bekämpft, könnte es sich für unsere Daseinsvorsorge als elementar erweisen. Wichtiger jedenfalls als die gehätschelten Großprojekte von Politik und Wirtschaft wie die Datenautobahn für das schnelle Internet.

~

Lässt sich das Prinzip »Prozessschutz« und damit eine Strategie des »Lassens« auf die ökonomische Nutzung von Natur, also auf die Urproduktion, übertragen? Wieder wandere ich im Sommerwald. Diesmal hoch im Norden, mit dem Forstmann Lutz Fähser, der bis vor einigen Jahren dieses Forstamt geleitet hat, bin ich im Stadtwald von Lübeck unterwegs. Die historische Altstadt mit dem Holstentor und der Marienkirche ist nicht weit, das Hafenbecken an der Trave auch nicht. Doch hier herrscht Waldesstille. An einem Waldstück machen wir halt. Auf den ersten Blick wirkt es arg zerzaust. Vereinzelt ragen alte dunkle Fichten auf, zum Teil gesplittert, Baumstümpfe, Wurzelteller und kreuz und quer liegendes Totholz am Boden. Doch in diesem absterbenden Wald erhebt sich ein dichter, schon an die zehn Meter hoher Vorhang aus hellgrün belaubten Birken. Die Blätter flimmern, die schlanken weißen Stämmchen leuchten im Sonnenschein.

In diesen Wald hat vor 30 Jahren der Orkan »Wiebke« hineingeschlagen und wie überall in Deutschland riesige Flächen, vor allem Nadelwald, niedergelegt. Was tun?, haben sich damals auch Lutz Fähser und sein Kollege Knut Sturm gefragt. Ihre Antwort: Nichts! Mal sehen, wie die Natur selbst agiert, wenn sie sich verjüngen kann, ohne dass wir eingreifen. Was ist passiert? Zuerst, erzählt der Förster, wuchsen Fichtenschösslinge aus dem Boden. Doch es dauerte nur drei, vier Jahre, dann kamen zwischen ihnen überall junge Birken zum Vorschein, wuchsen schneller, überragten bald die Fichten, nahmen ihnen im Sommer das Licht, sodass diese nicht mehr weiterwachsen konnten, und sind jetzt dabei, sie zu verdrängen. Pionierarbeit mithilfe einer faszinierenden Lichtregie der Natur. Inzwischen folgen bereits andere Baumarten, Esche, Ahorn. Langfristig wird sich die Buche durchsetzen. Dies ist seit über 1 000 Jahren von Natur aus ihr Terrain.

Was tun? – Nichts!

Was passiert also? Ein von Menschen vor 100 Jahren künstlich angelegter Nadelwald wandelt sich zu einem an diese spezifischen Standortbedingungen hochangepassten Buchenmischwald um. »Naturverjüngung« heißt der alte Fachausdruck für die nächste Waldgeneration in der Terminologie des Forstwesens. Ein schönes Wort, ursprünglich eine Übersetzung des lateinischen *regeneratio.* Seine Regenerationskraft stellt der Lübecker

Stadtwald seit 1 000 Jahren unter Beweis. Immerhin hat er schon das Holz für die Werften der Hanse geliefert, die mit ihren Koggen die Ostsee und Nordsee befuhr, als Meister Eckhart predigte.

Auf unserem Gang passieren wir nun Reviere, in denen die Buche immer dominiert hatte. Dort mischt sie sich mit knorrigen Eichen, mit Hainbuchen und Lärchen und kreiert wunderbare Waldbilder. Die Lichtflecken wandern am Boden über grüne Teppiche von Waldmeister oder Bärlauch und über kleine Tümpel, die wieder entstanden sind, seit die Entwässerungsgräben und Drainagerohre stillgelegt wurden. Die Krautschicht gehört wie die Gräser, Moose, Farne und Wasserpflanzen von Natur aus zu dieser natürlichen Waldgesellschaft. So wie die Tausende und Abertausende anderen Arten von Pflanzen, Tieren, Pilzen, Mikroben. Diese weitgehend mit bloßem Auge gar nicht sichtbare Vielfalt, präzise den lokalen Bedingungen angepasst, hält diesen Flecken Biosphäre vital. Auch im Stress von Luftverschmutzung, extremen Wetterereignissen und Klimawandel.

Natur Natur sein lassen. Die Lübecker Forstleute nannten ihr neues Konzept »instrumentellen Prozessschutz«. Lutz Fähser erläutert die dahinterstehende Philosophie: Der Wald ist ein hochkomplexes und hochproduktives lebendiges System, das von extrem vielfältigen natürlichen Prozessen gesteuert wird. Diese sind dem Menschen weitgehend unbekannt, unverfügbar und unvorhersehbar. Aber gerade diese Prozesse machen die natürliche Waldgesellschaft zu einem sich selbst regulierenden und regenerierenden System. Sie ermöglichen die kontinuierliche Anpassung an sich verändernde Bedingungen wie zum Beispiel den Klimawandel. Sie sind als die entscheidende Produktivkraft wertzuschätzen und folglich zu schützen, zu stärken und behutsam zu nutzen. Da jeder forstliche, also »unnatürliche« Eingriff eine Störung, einen Schock und Stressfaktor für das Ökosystem bedeutet, sind die menschlichen Interventionen auf das Minimum zu reduzieren.

Minimaler Input heißt: absoluter Vorrang für die Naturverjüngung, Reduktion der Durchforstungen, Schaffung von Referenzflächen ohne Eingriffe, selektiver Einschlag von Bäumen. Bei dem Prinzip des minimalen Inputs geht es jedoch nicht nur um die minimale Schädigung des Waldsystems, sondern gleichzeitig um die Minimierung des Aufwands an Technikeinsatz und Arbeit. Die damit verbundene Kostensenkung macht die Maximierung des Outputs im Sinne des Holzeinschlags und des daraus zu erzielenden monetären Ertrages überflüssig. Könnte das Prinzip »unterlassen, minimieren, anpassen« für unseren Umgang mit den Ressourcen insgesamt wirksam werden?

~

Dejar el petróleo bajo tierra! Dieses Motto, zuerst von Graswurzelinitiativen aus Ecuador formuliert, hatte für einen kurzen historischen Moment das Potenzial, die Welt zu verändern. *Keep the oil in the soil! Keep the coal in the hole!* Lasst das Erdöl unter der Erde und die Kohle auf der Sohle! Es ging um den Schutz eines Territoriums im Amazonasbecken vor dem Zugriff der Ölkonzerne. Der Yasuní-Nationalpark ist ein Hotspot der Biodiversität von globalem Rang, Heimat indigener Stämme und gleichzeitig Lagerstätte eines riesigen Ölvorkommens. Man vermutet, dort ließen sich über 800 Millionen Barrel Öl fördern. Das ist der aktuelle Weltbedarf von zehn Tagen. Deren Verbrennung würde circa 400 Millionen Tonnen CO_2 freisetzen.

Der globale Kampf um Strategien des Lassens

Die Regierung des Landes unter dem Präsidenten Rafael Correa unterstützte zunächst die Initiative. Sie fügte sich ein in deren Strategie der Rückkehr zu den eigenen kulturellen Wurzeln: *Pacha Mama* und *Sumak Kawsay,* Vokabeln aus dem Quechua, der Sprache des Inkareiches, hielten Einzug in die Verfassung Ecuadors. Die harmonische Koexistenz mit der Natur sollte ein gutes, ein erfülltes Leben für alle auf Dauer sichern. *Buen vivir.*

Aber für einen Verzicht auf die Ausbeutung der Lagerstätten im Nationalpark stellte die Regierung eine Bedingung: Innerhalb von zwölf Jahren sollte die internationale Gemeinschaft die Summe von 3,6 Milliarden Dollar, etwa zwei Drittel der zu erwartenden Gewinne bei einer Ausbeutung der Ölfelder, in einen Treuhandfonds der UN einzahlen. Der Fonds existiert seit 2010. Keine zehn Prozent der verlangten Summe kam zusammen. Die Rettungsschirme für die Banken waren den Ländern des Nordens wichtiger. Das Projekt stagnierte. Mitte August 2013 kündigte die ecuadorianische Regierung den Beginn der Erdölförderung auf diesem Territorium an. Anfang 2014 erklärte sie das Projekt endgültig für gescheitert. Die kapitalistische Logik des Machens, der Ausbeutung, der Verfügbarkeit: *drill, baby, drill,* das Motto der US-Ölkonzerne, erwies sich noch einmal als mächtiger. Ein Durchbruch zu einer Kultur des Lassens war vorerst gescheitert.

Und dennoch – bei allen Ambivalenzen, die mit dem Fokus auf die monetären Lösungen für ökologische und soziale Fragen verbunden waren, kam einen historischen Moment lang ein neues Denken von epochaler Bedeutung ins Blickfeld: auf Ausplünderung verzichten, Kontaminierung verhindern, die Integrität von Land und Leuten sichern, Klima schützen und – die Lasten gemeinsam tragen. Global denken, lokal handeln. Diese Front ist überall. »Lasst die Kohle auf der Sohle!« – »Lasst das Schiefergas im Schiefer!« In den Auseinandersetzungen um Fracking und Kohlekraftwerke, in der Zeit nach dem Klimaabkommen von Paris, geht der Kampf um Strategien des Lassens weiter.

~

In den Traumfabriken der Filmemacher und den Werkstätten der Geschichtenerzähler rund um den Globus entstehen überraschende neue Narrative, die von diesem Kampf handeln. Zur selben Zeit, als sich in Ecuador die Yasuní-Initiative zu Wort meldete, begannen die Dreharbeiten zu einem Hollywood-Fantasy-Film, der nach seiner Premiere 2010 zum bis dahin größten Blockbuster der Filmgeschichte avancierte. *Avatar – Aufbruch nach Pandora* spielt im Jahr 2154. Der Planet Erde ist geplündert. Die Erschließung neuer Ressourcen geht auf fernen Sternen mit denselben alten Methoden weiter. Auf dem Planeten Pandora plant das Bergbauunternehmen RDA, die Lagerstätte eines wertvollen Metalls namens »Unobtanium« (das Unverfügbare) in Besitz zu nehmen und auszubeuten. Die liegt allerdings in einem verwunschenen Regenwald unter dem »Seelenbaum«, dem Heiligtum der Na'vi, eines indigenen, naturnah lebenden Stammes. Und der lässt sich nicht kolonisieren, sondern verteidigt sein Habitat gegen die militärische Übermacht der Eindringlinge.

Die einen bewegen sich mit schwerem technischen Gerät fort. Mit Kampfhubschraubern, im futuristischen »Walküre-Shuttle« oder im Marschtritt auf fremdem Gelände. Das sind die Verlierer. Die anderen durchstreifen mit anmutigen, geschmeidigen, lustvollen Bewegungen zu Fuß oder auf geflügelten Fabelwesen reitend die organische Regenwaldlandschaft ihres Sternes. Und wo kommen sich die beiden Hauptfiguren des Films, Jake Sully, der abtrünnige Söldner des Kapitals, und Neytiri, die blauhäutige, grünäugige indigene Schönheit, näher? Auf einer gemeinsamen Nachtwanderung im schimmernden Licht fluoreszierender Pflanzen zu einem Wasserfall am *Mons Veritatis,* dem Berg der Wahrheit. Nur eine atemberaubend inszenierte Fantasy?

Die *Herausforderung: etwas nicht tun, obwohl man es könnte …*

Ob im Kampf um die Hotspots der Biodiversität vor der eigenen Haustür oder im Kampf gegen die Plünderung des Planeten oder in Narrativen wie *Avatar* – exemplarisch wird hier eine der größten Herausforderungen der Zukunft angenommen: etwas nicht tun, obwohl man es könnte. Kommt hier der eigentliche

Kampf der Kulturen zum Vorschein, der unsere Zukunft bestimmen wird? Die Kultur des obsessiven »Machens«, des Denkens in rein technischen Lösungen, des Manager- und Ingenieursblicks auf den Planeten, des »Geo-Engineering«, des »Weiter so« auf der einen Seite. Demgegenüber die Kultur von *buen vivir,* einer lebbaren, lebenswerten und ressourcenleichteren Zivilisation auf der Basis eines sorgfältigen Minimalismus und einer Kultur des Lassens und der Gelassenheit. Doch wie gelingt der Durchbruch? Der einzig gangbare Weg, der Masterplan, der Befreiungsschlag ist nicht in Sicht. Doch die vielen kleinen Pfade, die überall dort sichtbar werden, wo Menschen für sich und ihre kleinen Lebenskreise »Inseln der Gelassenheit« anlegen, könnten zu einem brauchbaren Wegenetz zusammenlaufen.

~

Von einer Gesellschaft, die loslässt, ist zumindest an der Oberfläche erst wenig zu spüren. Die Technik durchdringt und beherrscht das Leben mehr denn je. Der neue Technofuturismus handelt vom digitalen Wandel. Im kalifornischen Silicon Valley kursiert neuerdings das Schlagwort vom *moonshot thinking.* Die Kühnheit und Radikalität des Denkens und Handelns, das in den 1960er-Jahren die Mondlandung möglich machte, müsse auf die heutigen Probleme des Planeten übertragen werden. Das stimmt.

Doch welche Kopfgeburten erzeugt das dortige *moonshot thinking?* Bisher nicht viel mehr als die Google-Glasses, eine Brille, mit der man seinen Cholesterinspiegel messen und mit versteckter Kamera sein Gegenüber fotografieren kann, das *self-driving car,* das Fahrzeug mit Autopiloten, die Drohne für den Paketzustelldienst von Amazon. Im Hintergrund lauern die Techno-Utopien von der künstlichen Intelligenz, dem ewigen Leben und dem *Terraforming,* der Besiedlung eines anderen Planeten. Die Google-Brille wurde binnen kurzer Zeit zur

Lachnummer. Doch das Image des Silicon Valley ist nicht angekratzt. In Europa machen Wirtschaft und Politik Breitbandausbau, die Ausstattung der Haushalte mit Smartphone und Onlinebanking, die Einführung von virtueller Produktion zum A und O der Daseinsvorsorge. Derweil geht der Raubbau an den Ressourcen ungebremst weiter.

2016 fiel der Earth Overshoot Day auf den 8. August. Bei dem »Erdüberlastungstag« geht es um den ökologischen Fußabdruck. Es ist der Tag, an dem die Menschheit die Ressourcen verbraucht hat, die der Planet im gesamten Jahr erzeugen kann; an dem die Mengen an Müll und Abgasen in die Biosphäre gelangt sind, die der Planet im gesamten Jahr absorbieren kann. Wenn wir nicht mehr verbrauchen wollten als nachwächst, müssten wir an diesem Tag aufhören, Ressourcen zu verbrauchen. Wir müssten also – nur ein Gedankenexperiment – aufhören, Auto zu fahren, zu essen, zu trinken, zu atmen, und könnten erst wieder am folgenden 1. Januar damit anfangen. Das wäre natürlich ein Selbstmordprogramm. Die zusätzliche Dramatik: Der Earth Overshoot Day bewegt sich seit Beginn der Berechnungen jedes Jahr um ein paar Tage weiter nach vorn. Vor gut zehn Jahren, 2005, war der Welterschöpfungstag »erst« am 20. Oktober erreicht.

Doch nicht nur der Raubbau an den natürlichen Lebensgrundlagen geht weiter, sondern auch der Raubbau an den eigenen mentalen und psychischen Ressourcen. Die Folgen sind ablesbar: Zum einen ist es die Erschöpfung der Lagerstätten auf dem Planeten. Wir sprechen heute beispielsweise von *peak oil,* dem Fördermaximum beim Öl. Zum anderen sind es die individuellen und kollektiven Erschöpfungserscheinungen in der Gesellschaft – die unheimliche Zunahme von Stress- und Burnout-Erscheinungen. Beides hängt unmittelbar zusammen. Die Jagd nach und der Kampf um die knapper werdenden Ressourcen machen uns krank.

Die Ideologie dahinter heißt *laisser-faire.* Dieser Ausdruck bindet *tun* und *lassen* zusammen. Er stammt keineswegs aus der Ära von Reagan, Thatcher & Co., sondern aus dem Frankreich des Sonnenkönigs Ludwigs XIV. Dessen allmächtiger Minister Colbert, so geht die Geschichte, habe einige Vertreter der neu sich bildenden Klasse der Kapitalisten zusammengerufen. Auf seine Frage: Was tun, um die Wirtschaft anzukurbeln und die Steuereinnahmen zu steigern, antworteten sie ihm: *Laissez-nous faire.* Lassen Sie uns machen. Der freie Markt und dessen »unsichtbare Hand« (Adam Smith) würden alles richten. *Laisser-faire* bedeutet seitdem: dem obsessiven Machen und der Gier nach Besitz freien Lauf zu lassen – ziemlich das Gegenteil zu allen Spielarten von Gelassenheit in den Kulturen der Welt. Heute tobt die Dynamik des Kapitalismus so global und so entfesselt wie nie zuvor. Was aber wäre Prozessschutz im »nachhaltigen« Umgang mit unseren mentalen Ressourcen? Spätestens an diesem Punkt, so scheint mir, rückt Gelassenheit in den Horizont von Nachhaltigkeit.

~

Das Innehalten, die »Auszeit«, ist eine bewusste Unterbrechung des Alltags, ein zeitweiliger Rückzug und die Konzentration auf das, was einem wirklich wichtig ist. Eine Strategie, um das »Rattenrennen« anschließend effizienter und erfolgreicher wieder aufzunehmen? Oder: Eine Übung, um den Übergang zu einem gelassenen Lebensstil auf Dauer zu meistern? Daran scheiden sich die Geister. Wichtig, so scheint mir, ist die Aneignung von Zeitwohlstand. Das meint nicht das Quantum an Freizeit, das man hat. Auch nicht die viel zitierte schlichte »Entdeckung der Langsamkeit«. Im Alltag einfach nur schematisch vom Zeitraffer- zum Zeitlupentempo umzuschalten, ist nicht die Lösung.

Das Wort vom »Zeitwohlstand«, geprägt in der Debatte um Nachhaltigkeit, meint etwas anderes. Es geht, so der Ökonom und Zeitforscher Martin Held, eher um eine neue Souveränität im Umgang mit der Vielfalt der Zeiten: die Zeiten und Rhythmen der Natur wahrnehmen und sich möglichst oft in sie einklinken. Für sinnerfüllte Aktivitäten die angemessene Zeit haben. Seine Eigenzeiten ausleben und mit den Eigenzeiten seiner Mitmenschen synchronisieren. Etwas genießen, ohne das Gefühl zu haben, etwas anderes zu verpassen. »Souveräner Umgang mit den Zeiten heißt, eine Balance finden zwischen von außen kommenden Zeitvorgaben und den eigenen zeitlichen Gestaltungsspielräumen.«

Zeitwohlstand statt Güterwohlstand

Die Haltung der aktiven Gelassenheit, die die Zeitforscher empfehlen, ist aber keineswegs Verzicht auf entschlossenes Handeln, auf Phasen von Powerplay. Sie schafft im Gegenteil eine Voraussetzung dafür. Sie steigert nämlich die nötige Konzentrationsfähigkeit, Präsenz und Offenheit, um eine Gelegenheit beim Schopfe zu fassen, den »Kairos« zu erkennen. »Es ist wichtig«, schreibt Martin Held, »im rechten Moment Kräfte für hohe Geschwindigkeiten mobilisieren zu können und im Rhythmus der Zeiten die Zeiten nutzen zu können.«

Aus all diesen Fähigkeiten speist sich so etwas wie Zeitwohlstand. Er wird zu einem Bestandteil des guten Lebens, der in Zukunft wichtiger werden wird als der Güterwohlstand. Das gegenwärtige Rattenrennen der Beschleunigung gehört dagegen zur Endphase des fossilen Zeitalters, die wir momentan durchmachen. Nicht zuletzt ist Zeitwohlstand eine Voraussetzung für Gelassenheit. Diese fällt nicht vom Himmel, sondern will erarbeitet werden. Sie ist nicht käuflich, sondern bedarf ständiger Investitionen an Fantasie, Empathie und – ja! – Weisheit. Ihre Basis ist eine naturverbundene Lebensführung. Ihre Essenz ist der Einklang mit der Natur, ein Maßnehmen an den »Urphänomenen« (Goethe).

~

»Ein jegliches Ding hat seine Zeit, und alles Vorhaben unter dem Himmel hat seine Stunde.« Noch mal eine Stimme aus der Achsenzeit, vermutlich aus dem 3. Jahrhundert vor unserer Zeitrechnung. Der Prediger Salomo lehrte wortgewaltig: »Geboren werden hat seine Zeit, sterben hat seine Zeit, pflanzen hat seine Zeit, ausreißen, was gepflanzt ist, hat seine Zeit.« Der deutschamerikanische Theologe Reinhold Niebuhr hat in der Zeit des Zweiten Weltkriegs in seinem berühmten Gelassenheitsgebet *(serenity prayer)* die Zeitbetrachtungen des Prediger Salomo fortgeführt: »Gott gebe mir die Gelassenheit, Dinge hinzunehmen, die sich nicht ändern lassen, den Mut, Dinge zu ändern, die ich ändern kann, und die Weisheit, das eine vom anderen zu unterscheiden.« Das Paradox der aktiven Gelassenheit löst sich auf.

~

Ein Abend in Düsseldorf, einer eher hektischen Großstadt in einer der reichsten Metropolenregionen Europas. Wenn die Sonne sinkt, wird es noch einmal voll auf der Uferpromenade am Rhein. Junge Leute, Alte, Einheimische, Fremde, Punks und Banker, *beautiful people,* Gescheiterte. Man sitzt in der Bar, im Café oder im Gras, flaniert, schlendert oder joggt die Kaimauer entlang. Natürlich dient sie auch als Laufsteg. Man will sehen und gesehen werden. Aber hauptsächlich geht es um ein Naturschauspiel: Sonnenuntergänge betrachten ist in Düsseldorf »Kult«. Die letzten Strahlen der Sonne, dann die Abendröte beleuchten das ganze urbane Panorama aus zwei monumentalen Pylonbrücken, Schloten und Bürotürmen, das träge strömende Wasser, Uferbefestigungen, Wiesen, Deiche, die Gründerzeithäuserfront auf der gegenüberliegenden Rheinseite. Aber was jetzt zählt, ist das Ereignis der untergehenden Sonne. Es fesselt die Blicke. Man bleibt stehen. Man kommt zur Ruhe.

Überall auf der Welt, zeitversetzt, wandern in diesem Moment die Blicke zum Horizont und zum Himmel. »Miradouro«, so nennt man auf Portugiesisch die Aussichtspunkte in Stadt und Landschaft, die einen Blick ins Offene ermöglichen. Wörtlich heißt das: »Gold schauen«. Der Lissaboner Schriftsteller Gonçalo M. Tavares hat das zu seinem persönlichen Ritual gemacht.

Die »Kultur des gesenkten Blicks« verlassen

Er sucht regelmäßig einen solchen Punkt in seiner Nachbarschaft auf, um das Schauspiel des Sonnenuntergangs zu erleben. Einfach dasitzen, nach oben schauen, mit sich und der Welt ins Reine kommen. Schon nach einigen Wochen werde man ein anderer Mensch: geduldiger, toleranter und … gelassener. So als schwebe man ein paar Zentimeter über dem Boden. Und er verweist auf die russischen Konzeptkünstler Ilja und Emilia Kabakow. Die beiden trainieren mit einigen ihrer Installationen eine einfache Augenübung als mentales Training: regelmäßig den Blick heben. Dabei schwänden negative Gefühle. Es entstehe Raum für im Wortsinn erhebende Ideen und Eingebungen.

»Gold schauen«, die lebendig machende Kraft der Sonne – und die Energie des vollen Mondes – bewusst erleben, könnte eine heilsame Wirkung haben. Wir verlassen die »Kultur des gesenkten Blicks«, wir erleben die zyklische Zeit, die von Natur und Kosmos, von der Sonne und den Bahnen der Gestirne vorgegeben ist. Diese Erfahrung wieder in unseren Alltag zu integrieren scheint mir ein schönes Mittel zur Einübung von Gelassenheit. Es ist umsonst. Die Sonne schickt keine Rechnung. Sie schenkt, wie Nietzsche schrieb, »am Abend fortwährend aus ihrem unerschöpflichen Reichtum weg« und schüttet ihn ins Meer aus, »also dass auch der ärmste Fischer noch mit goldenem Ruder rudert«.

Zwischenruf

Leichtfüßig werden

~

Wanderlust is a strong desire to wander or travel and explore the world. (Wikipedia) – Sie muss wohl in unseren Genen schlummern. Selbst als wir dazu übergingen, die Welt überwiegend durch die Windschutzscheibe oder über Display und Bildschirm wahrzunehmen, war sie immer da. In der globalisierten Kultur des 21. Jahrhunderts keimt sie wieder kräftig auf. *Wanderlust* ist plötzlich sehr zeitgeistig. Das Wort gehört zu den vergleichsweise wenigen, welche die englische Sprache aus dem Deutschen entlehnt hat. Dabei ist die Fügung im Deutschen gar nicht mal so richtig alt. Geprägt hat sie wohl erst die Romantik. »O Wandern, Wandern, meine Lust«, dichtete der Handwerkersohn Wilhelm Müller aus Dessau. Franz Schubert hat die Verse in Wien vertont.

Freilich war *Wandern* damals noch kein Tourismus. Es diente nicht der Erholung, sondern der Bildung und beruflichen Qualifizierung. Das Wort bezeichnete die Praxis junger Handwerker und Studenten, zu Fuß und ungebunden mindestens drei Jahre lang durch die Lande zu ziehen, um sich in den Zentren ihres Handwerks oder ihrer Wissenschaft den jeweils neuesten Stand von Wissen und Können anzueignen. Die Wanderung der Handwerker war eine Abfolge von Praktika, eine Art von *work & travel*.

Die beiden Grundwörter sind freilich altes germanisches Spracherbe. »Wandern« und »Lust« sind schon mit den Angeln und Sachsen um das Jahr 500, also in der Epoche der Völkerwanderung, nach England eingewandert. *Wanderlust,* wie es seit etwa 1900 im angelsächsischen Sprachraum verwendet wird, meint vor allem: Lust am freien Schweifen, Freiheitsdrang. Von dieser Bedeutung zehrt die aktuelle Renaissance. Die neue Wanderlust antwortet auf das Nomadische in unserem Bewusstsein.

~

Im Frühling 2015 widmete das New Yorker Museum of Modern Art, das MoMa, der isländischen Popikone Björk eine groß angelegte Hommage. Ein Highlight der Ausstellung war ein kleines Gesamtkunstwerk aus Lyrics, Klanglandschaft und 3-D-Animation mit dem Titel: *Wanderlust.* Es entstand 2007. Björk selbst bezeichnete es als ein »Manifest«.

i am leaving this harbour
giving urban a farewell
its habitants seem too keen on god
i cannot stomach their rights and wrongs
i've lost my origin
and i don't want to find it again
rather sailing into nature's laws
and be held by ocean's paws

Den Hafen verlassen, den sicheren Ort, die Ordnung, die einengt, weil »richtig« und »falsch« immer schon vorgegeben sind. Seinen Ursprung, seine Identität hinter sich lassen und – wieder die doppelte Bewegung der Gelassenheit – aufbrechen. In die Wildnis, dorthin, wo die Gesetze und die Haushaltung der Natur noch herrschen, einen halten und tragen.

Das dazugehörige Video versetzt den Betrachter in eine eiszeitliche Anderwelt aus Tundra, Gletscherflüssen und gezackten Hochgebirgssilhouetten. Zu hören ist zunächst nur ein Schiffshorn, Möwenschreie, Wellenrauschen. Inmitten der Urlandschaft steht eine Herde yakähnlicher zotteliger Tiergestalten Rücken an Rücken. Aus ihrer Mitte tritt ein Fabelwesen hervor, die Björk-Figur. Die Hüterin der Herde? In ein rattenfängerbuntes Nomadengewand gekleidet, einen Fellrucksack auf dem Buckel, gräbt sie mit bloßen Händen in der Erde und legt eine Quelle frei. Durch Handauflegen verwandelt sie den blubbernden Quelltopf in einen reißenden Gebirgsfluss. Björk hebt den Kopf. *I am leaving this harbour.* Bläserfanfaren. *I've lost my origin.* Das Schlagwerk beginnt zu pulsieren. Und dann der Refrain. Man höre sich an, wie Björks Stimme in den höchsten Tönen vibriert und jubiliert, wenn sie, untermalt von Pauken und Trompeten, das Wort *wanderlust* in den Mund nimmt und zelebriert – wie eine altnordische Elfe.

wanderlust!
relentlessly craving wanderlust
peel off the layers
until you get to the core
did i imagine it would be like this
was it something like this that i wished for
or will i want more

Wanderlust – unstillbares Verlangen, unaufhaltsame Sehnsucht. Du musst Schicht um Schicht abstreifen von dem, was dich konditioniert, bis du an den Kern kommst, an deine Essenz, an das, was dich ausmacht, deine höchsten Werte, deine Seele. Auf dem Rücken des Leittiers reitend, treibt Björk die Herde in die Strömung. Eine wilde, verwegene Fahrt flussabwärts beginnt. Steilufer, Stromschnellen, Biegungen fliegen vorbei. Eine Fahrt ohne Wiederkehr. Unterwegs schlüpft eine Figur aus Björks Rucksack, eine Doppelgängerin. Ihr Schatten, ihr Albdruck? *Painbody* ist der neue englische Fachausdruck. Auf dem Rücken des schwimmenden Yaks, inmitten der reißenden Strömung, beginnt ein akrobatisches Ringen der beiden Figuren miteinander.

lust for comfort
suffocates the soul
this relentless restlessness
liberates me
i feel at home whenever
the unknown surrounds me
i receive its embrace
aboard my floating house
wanderlust …

Die Lust am Komfort, die Abhängigkeit davon, erstickt dir die Seele. Die Komfortzone verlassen, unentwegt in Bewegung bleiben, Rastlosigkeit – das ist der Weg, sich davon zu befreien. Wo immer das Unbekannte mich umgibt, da fühle ich mich zu Hause. Die Essenz von Wanderlust: das Unbekannte nicht als Bedrohung wahrnehmen, sondern als Faszinosum, ja sich davon umarmen lassen.

from island to island
wanderlust
united in movement
wonderful
i enjoy it with you
wanderlust!
can you spot a pattern?
relentlessly restless
restless relentlessly

Aus der Mitte des strömenden Wassers taucht das Gesicht eines Riesen auf. Es ist der Flussgott, der die Fahrt begleitet und beschützt und immer weiter ins Unbekannte lockt. In den magisch wilden Fluss zaubert er einen mächtigen Wasserfall. Die Herde treibt darauf zu, doch kurz vor der Fallkante hält die Strömung inne. Das Schlagzeug setzt aus. Nur noch Trompetensignale. Ganz allein stürzt sich die Björk-Figur kopfüber die Stufe hinab, lässt sich vom Strudel verschlingen. Die Musik endet. Morsezeichen ticken. Freier Fall auf die Prallzone des Wasserfalls zu. Doch kurz davor öffnet sich ein Paar großer Hände, fängt Björk auf, birgt sie. Kannst du ein Muster erkennen? Sich treiben lassen, sich fallen lassen, das wunderbare Gefühl, in Bewegung zu sein, mit anderen teilen und gemeinsam genießen. Unentwegt rastlos – Wanderlust.

~

Zwei winzig kleine, aber ziemlich geniale »Manifeste der Wanderlust« spiegelten und prägten in Deutschland den Zeitgeist der Nullerjahre. Das eine bestand aus drei, das andere aus fünf Wörtern. *Draußen zu Hause.* Und: *Ich bin dann mal weg.* Das erste – Werbeslogan eines Outdoorausrüsters – betonte den Wert nomadischer Naturverbundenheit und Unabhängigkeit. Das andere – Buchtitel eines Comedystars – akzentuierte die Sehnsucht nach Unerreichbarkeit und spiritueller Selbstsuche. Zu der Zeit hatte ich gerade ein Buch über die Kunst des Wanderns veröffentlicht. Im Frühjahr darauf, 2007, luden mich die Leute von Manufactum ein, für den »Sommerbrief« ihres Versandhandels die Botschaft des Buches zusammenzufassen. Daraufhin entwarf ich mein eigenes kleines Wandermanifest:

»Der CO_2-Ausstoß auf 100 Kilometer ist minimal, die Sauerstoffaufnahme intensiv. Zu Fuß gehen ist gewiss nicht die bequemste Art der Fortbewegung, aber in jeder Hinsicht wohltuend und ziemlich ›nachhaltig‹. Schließlich ist Muskelkraft eine erneuerbare Energie. Sie speist sich aus nachwachsenden Rohstoffen.

Wir sind Bewegungswesen. Das Wandern steckt uns in den Genen. 99 Prozent seiner Zeit auf dem Blauen Planeten war *Homo sapiens* nur zu Fuß unterwegs. Jagend und sammelnd, tragend und flüchtend. Der aufrechte Gang sicherte sein Überleben auch in einer feindlichen Umgebung. Der Fuß, der Schritt, der Radius von vier, fünf Kilometern pro Stunde bestimmten das menschliche Maß von Raum und Zeit. Aufrechter Gang und die Beweglichkeit des Kopfes öffneten uns die Spielräume. Wir überblicken den Raum und schauen voraus. Bis zum Horizont. Wir blicken nach oben. In den Himmel, zu den Sternen. Immer schon und in allen Kulturen der Welt gab es Formen des Wanderns, die nicht ökonomischen Zwecken dienten, sondern dem Seelenheil.

Der Mensch des 21. Jahrhunderts geht im Durchschnitt noch täglich 0,4 bis 0,8 Kilometer zu Fuß. An die 90 Prozent unserer Zeit verbringen wir in geschlossenen Räumen. Wir bewegen uns fort, während wir in Fahrzeugkabinen sitzen, und navigieren – ebenfalls sitzend – durch die virtuellen Räume des Internets. Gleichzeitig beschleunigt sich das Lebenstempo. Aktivitäten, Arbeitsvorgänge, Erlebnisse verlaufen schneller und flüchtiger. Die Kombination von rasender Beschleunigung und fataler Bewegungsarmut tut uns nicht gut. Das merken wir täglich.

Die alte Kunst des Wanderns ist heute Einspruch gegen das Diktat der Beschleunigung. Das Gehen in der Landschaft nimmt das Tempo aus dem Ablauf des Alltags. Die fließende Bewegung im Freien tritt an die Stelle des erstarrten Sitzens. Der langsame, stetige Strom der Eindrücke ersetzt die mediale Sturzflut der Bilder. Im Gelände navigierend, bilden und schulen wir unseren Orientierungssinn, die Fähigkeit, die eigene Position zu bestimmen, Ziele festzulegen, Übersicht zu bewahren und Kurs zu halten.

›Zu Fuß kann man besser schauen‹, sagte der Maler Paul Klee, der viel vom Schauen verstand. Freilich ist der Raum, in dem wir uns bewegen, nicht nur Blickfeld. Wir fühlen, riechen, hören ihn. Wir spüren ihn unter den Fußsohlen, mit Haut und Haaren. Wir nehmen seine Stimmung wahr, äußern unsere Stimmung in ihn hinein. Das können wir nicht durch die Windschutzscheibe.

Wer zu einer Wanderung aufbricht, tauscht den thermischen Komfort der Bürotürme, Einkaufszentren und Wohnungen mit der frischen Luft der Wälder, die feinstaubbelastete Luft der Ballungszentren mit dem Reizklima der Küsten und Berge oder dem Schonklima der Mittelgebirge. Festen, weichen, federnden Boden unter den Füßen spüren. Wieder lernen, die Blicke ruhig und frei schweifen zu lassen. Einen Bach plätschern hören, die blühende Landschaft riechen. Das alles kann man noch auf den Wegen durch das Land. Wer die Farbenpracht eines herbstlichen Laubwaldes bewusst erlebt hat, nutzt die Farbskalen seiner Designersoftware souveräner. Ohne die direkte Erfahrung der begehbaren Nahräume bleibt die Wahrnehmung der ›besehbaren‹ globalen Räume oberflächlich. Es geht nicht allein um den pfleglichen Umgang mit der Natur, sondern ebenso um die Ökologie der Sinne.

Ja, ich weiß, es gibt sie überall – die menschengemachten Hässlichkeiten, die Narben im Antlitz der Landschaften. Doch hat nicht jeder Ort auf dieser schönen Erde seine ganz spezifische Exotik? Noch ist es nicht zu spät, um den Zauber einer Landschaft, den es in der jeweiligen Ausprägung nur dort und nirgendwo anders gibt, zu entdecken. Das jeweils ganz besondere Licht, das Aroma der Jahreszeiten, Lebensweisen im Einklang mit der Natur. Egal, ob wir auf dem kleinteiligen, reich gegliederten, bunten Flickenteppich der mitteleuropäischen Kulturlandschaften unterwegs sind, oder die atemberaubende Schönheit des kanarischen Vulkanarchipels erkunden. Die Schätze der Natur wie die Kleinodien der Kultur fordern von uns eine langsame Annäherung. Man sollte sie tunlichst nicht vom nächsten Flughafen und Besucherparkplatz aus ansteuern, sondern aus der Tiefe des Raumes. Wanderparadiese findet man dort, wo sich exquisite Natur mit exquisiter Kultur verbunden hat.

Wanderglück ist nicht käuflich. Es hängt nicht von der Funktionskleidung aus den Retorten der Chemieindustrie ab. Auch nicht von dem zertifizierten und narrensicher markierten Premium-Weg. Wesentlicher ist und bleibt die Durchlässigkeit für die Eindrücke von außen und – nicht zuletzt – die Offenheit für den Klang der inneren Stimme.

Wandern ist vielerlei: Freizeitspaß, sanfter Natursport, Kulturtourismus, geselliges Beisammensein. Alles hat seine Berechtigung. Ich plädiere für ein leichtfüßiges, frei schweifendes, entdeckendes Wandern. Mich interessiert die nach oben offene Skala der Möglichkeiten. Die fließenden Übergänge, wo das Wandererlebnis in eine neue Erfahrung von Natur und Kultur – und von Spirituellem – mündet. Wo die Kunst des Wanderns übergeht in Lebenskunst und deren Kern, Selbsterfahrung und Selbstsorge. Wo beim Gehen das Tagträumen einsetzt – und die Sinnsuche. Eine gelungene Wanderung macht Lust auf ein Leben, das weit ausgreift.«

~

Über ein *Manifesto della Lentezza* (Manifest der Langsamkeit) diskutierte die italienische Wanderszene im Frühjahr 2014. Zu einer der Podiumsdiskussionen über den Text war ich eingeladen. Schauplatz war Bozen. Den Rahmen bildete ein dreitägiges *Festival del Camminare* (Wanderfestival). Eine bunte *moltitudine* bevölkerte die Gassen der Altstadt, die Wege in der Etschaue und die Pfade hinauf zu den Hausbergen der Alpenstadt: Entschleuniger, Trekkingfreaks, Flaneure, Slow-Food-Erprobte, Rollstuhlfahrer, Alpinisten – viele Kinder. Abends ein Programm mit mediterranen Vaganten- und Brigantenliedern und Lesungen mit Vertretern des globalisierungskritischen Autorenkollektivs Wu Ming aus Bologna. Am Sonntag dann im Rathaus die Podiumsdiskussion. Ein knappes Dutzend Köpfe beugte sich über den folgenden Entwurf:

– *Vogliamo salvaguardare i diritti di chi va piano ed è più vulneralbile: pedoni, ciclisti, disabili, bambini, donne in gravidanza, anziani.* Wir wollen uns für die Rechte jener einsetzen, die entschleunigt leben wollen, die langsam und daher ungeschützt sind: Fußgänger, Radfahrer, Menschen, die in ihrer Bewegung oder Sehkraft eingeschränkt sind, Kinder, Schwangere, Ältere.

- Wir schaffen sichere Wege, machen dabei keinen Unterschied zwischen Stadträumen, ländlichen Gebieten und Gebirge.
- Wir arbeiten mit daran, ein grünes Wegenetz zu knüpfen. Aufgelassene Strukturen wie alte Bahntrassen oder Uferpfade wollen wir der sanften Mobilität zugänglich machen.
- Wir wollen zum Gebrauch der eigenen Füße und des Fahrrads anregen, wollen die Entschleunigung und die Nutzung der öffentlichen Verkehrsmittel fördern, also alle Arten der Fortbewegung, die nicht oder nur wenig umweltbelastend und gesundheitsschädlich sind. Die täglichen Wege zwischen Wohnung und Schule oder Arbeitsplatz so zurückzulegen soll selbstverständlich werden. Daher fordern wir öffentliche Unterstützung und steuerliche Vorteile für alle, die diese Art der Fortbewegung wählen. Wir wünschen uns, dass junge Menschen dazu erzogen werden, nicht zuletzt dadurch, dass Verantwortliche für das Schulwesen und das Gesundheitswesen einen bewussten Umgang mit der Mobilität vorgeben.
- Wir wollen die Kultur der *anderen Geschwindigkeit* verbreiten und vorleben. Denn sie ist eine Chance für die nachhaltige Entwicklung der Nahräume.
- Wir wollen die Kultur des Gehens und der Langsamkeit leben. Denn sie ist eine Geste der Achtsamkeit und der Bereitschaft zum Frieden. Gehen ist ein Weg zum Wohlbefinden, zum inneren Wachstum und zu einer natürlichen Harmonie.
- Wir unterstützen die Bevorzugung öffentlicher Verkehrsmittel.
- Wir fordern eine Anpassung der Straßenverkehrsordnung an die Bedürfnisse von Fußgängern und Radfahrern.

- Wir sprechen uns gegen die fortschreitende Versiegelung und Verschandelung der Landschaft aus. Wir wollen stattdessen unser Erbe an Kultur, Umwelt und Landschaft aufwerten.
- Wir wollen uns für die freie Begehbarkeit der Räume einsetzen – nach dem Vorbild des Allmenderechts in den Ländern des Nordens.
- Wir respektieren die Rechte der Natur, denn es schließt auch unsere Zukunft mit ein, wenn wir die Erde in ihrer geologischen und biologischen Vielfalt erhalten.
- Wir sensibilisieren die öffentlichen Institutionen auf allen Ebenen, kooperieren mit vorbildlichen Verwaltungen, stimulieren jene, die noch wenig bewusst handeln.
- Wir wollen den Übergang von einer Kultur des Automobils zu einer *Cyclosofia* und zu einer *Pedisofia*, also andere durch unser Tun und unsere Aufklärungsarbeit für eine nachhaltige Philosophie der Mobilität begeistern. Bei alledem setzen wir auf Sanftmut und Freundlichkeit. *Vogliamo fare tutte queste cose insieme agli altri, con dolcezza e con gentilezza.*

Die Atmosphäre bei der Debatte über dieses Manifest war freundlich und kultiviert. Kein Zorn, keine »Die Revolution sind wir«-Aufbruchstimmung, eher ein Hauch von franziskanischer Sanftmut wehte im Saal. Doch das kleine Manifest hatte es in sich. Es holte die Wanderlust heim in die Nahräume und in die Sphäre des Alltags. Es atmete den Geist der mittelitalienischen Städte. So wie Slow Food, eine Bewegung, die im selben geistigen Ambiente entstand, eine Esskultur, so entwirft das Manifest eine Mobilität nach menschlichem Maß. Leider ist das Ganze im Sand verlaufen. Das Manifest blieb unvollendet. »Zu viele Köche verderben den Brei«, schrieb mir kürzlich Luca Gianotti, ein Vordenker des neuen Wanderns in Italien und einer der Initiatoren des Manifests.

Nach der Diskussion im Bozener Rathaus ging ich ein paar

Gassen in die Altstadt hinein, um einen alten Freund zu besuchen. Einen nomadischen Geist, einen aus der großen Bruderschaft der Wanderer, vielleicht den erfahrensten von allen. Seine Rucksackkraxe hängt an der Wand seines Raumes. Seine Funktionskleidung, seine Kochutensilien, Lederbeutel für Heilmittel, Kräuter und Drogen liegen daneben. Alles ist mit höchster Perfektion auf die Bedürfnisse des Extremwanderns und das Überleben im Hochgebirge hin gefertigt. Trotz alledem ist mein Freund beim Versuch, den Alpenhauptkamm zu überqueren, tödlich verunglückt. Schon vor über 5000 Jahren. Bis vor Kurzem lag er im Eis eingeschlossen am Similaun. Der *L'uomo venuto dal ghiaccio,* der namenlose Gletschermann, den wir »Ötzi« nennen, ist der älteste Europäer, den wir von Angesicht zu Angesicht kennen: Wanderer, Schamane und Bogenschütze, *Homo sapiens* und archetypischer *Homo sustinens,* eine Ikone der Nachhaltigkeit. Die Saumpfade, auf denen er wanderte, sind noch da. Und die Quellen, aus denen er trank. Und die Kräuter, mit denen er sich – und vielleicht auch andere – heilte.

Kapitel 4

Halden-Saga

Vom Wert der Kreisläufe

~

Das Ruhrgebiet ist eine faszinierend zerstörte Landschaft. Im Ruhrgebiet fließen die Flüsse bergauf. Hier zu leben eröffnet den Blick in die Zukunft. Wir haben Erfahrungen, die anderen noch bevorstehen. Wir haben die Kohle aus der Erde geholt und uns den Boden unter den Füßen weggezogen. Bei uns kann man modellhaft zeigen, was dem Planeten als Ganzem bevorsteht.

Modellhaft? Hmmmm … ich weiß nicht, ob ich dem Filmemacher Adolf Winkelmann an dieser Stelle ganz folgen kann. Lieber würde ich hier die Möglichkeitsform verwenden. Bei uns »könnte« man modellhaft zeigen …, wenn, ja wenn die Erfahrungen, die hier gemacht wurden, tatsächlich tiefschürfend und »nachhaltig« verarbeitet würden. Immerhin entwirft dieser Kenner der Region, ihrer Bilder, ihrer Menschen in einer Handvoll Sätzen die vielleicht kühnste Vision vom Ruhrgebiet, die wir momentan haben.

Kein Zweifel, sie ist recycelt. Die Anklänge an eine über 50 Jahre alte Vision sind nicht zu überhören: »Der Himmel über dem Ruhrgebiet muss wieder blau werden!« Willy Brandt hatte das gefordert, 1961, als überall auf der Welt die »große Beschleunigung« des industriellen Wachstums einsetzte und die

Folgen »vor Ort« absehbar wurden. Brandt ging es damals um »reine Luft, reines Wasser, weniger Lärm« und all die anderen »Gemeinschaftsaufgaben«. Nur wenige Jahre später, 1969, hat er seinen Horizont erweitert: »Ich habe das Bild unseres Globus vor Augen, wie es die Astronauten gesehen haben: wie einen leuchtenden Edelstein auf schwarzem Samt. Bei diesem Anblick schrumpfen Grenzen und Streitigkeiten. Wir beginnen Aufgaben zu erkennen, die Europa und der Menschheit gestellt sind.« Schon damals, drei Jahre vor dem Bericht an den Club of Rome über die *Grenzen des Wachstums,* plädierte Brandt für eine »moralisch fundierte Wohlstandsentwicklung«, also für den Vorrang von Lebensqualität über den rein materiellen Güterwohlstand. Und noch ein paar Jahre später, 1980, nahm er im Auftrag der UNO die »Zerrüttung der Biosphäre« in den Blick.

Die Chiffre vom »blauen Himmel über dem Ruhrgebiet« zitiert man heute mit dem Gestus des Stolzes auf etwas längst Erreichtes – oder mit einem herablassenden: abgehakt. Es stimmt, Rauch, Ruß und Smog sind weg. Doch Feinstaubbelastung, Lärmpegel und Stress sind noch da. Immer noch fließen Flüsse bergauf. Schlimmer noch ist der Verlust an Orientierung. Den Boden unter den Füßen hat man noch nicht wiedergewonnen. Unter diesem Aspekt ist Winkelmanns Gedankenspiel produktiv. Es rückt die Zerrüttung der Biosphäre und der gesellschaftlichen Sphäre in den Fokus. Gelänge hier eine wirkliche Transformation bis in die Mentalität hinein, hätte das eine historische Dimension und eine exemplarische Bedeutung: Wenn es hier geht, geht es überall. Doch wo werden die Vorzeichen für große seismische Veränderungen sichtbar?

~

Im Herzen des Ruhrgebiets erhebt sich ein Tafelberg. Gleich einem mächtigen Findling ruht er dem Untergrund auf. Kompakt und steil steigt er 100 Meter über das platte Land an. Die Abhänge sind bis auf halbe Höhe von jungem Wald und Buschwerk bewachsen. Weiter oben geht der Grüngürtel in eine graue Zone über. Dort erscheint der Schotter. Mit einem Anflug aus Flechten, Moosen und Gräsern, an manchen Stellen ganz nackt. In Serpentinen winden sich aus verschiedenen Richtungen mehrere Wege auf das Hochplateau. Von dort oben hat man das volle 360-Grad-Panorama. Der Blick schweift über ein urbanes Konglomerat: Häusermeer, Verkehrstrassen und Starkstromhochleitungen, Ackerland, Fabrikhallen, Gewerbegebiete und Wald. Gekrönt ist der Berg von einer riesenhaften geometrischen Installation. Sie besteht aus dem Obelisk einer Sonnenuhr und, etwas oberhalb, einer kreisförmigen steinernen Plattform, die zwei gigantische halbrunde Stahlbögen trägt. Sie lehnen aneinander, einer lotrecht, der andere geneigt. Das ist das Horizontobservatorium.

Von hier oben ist die Aussicht völlig frei. Der Blick reicht weit bis zu jedem Punkt des Horizonts – und hoch bis zu jedem Punkt des Himmelsgewölbes. Der erratische Block in der Landschaft ist kein Relikt aus der letzten Eiszeit, sondern eine Altlast des Industriezeitalters – eine Bergehalde. Hier türmen sich 150 Millionen Tonnen taubes Gestein, gefördert aus der Tiefe der umgebenden Grubenfelder – Abraum aus 130 Jahren Steinkohleförderung. Die Halde Hoheward, inmitten von einem immer noch dicht besiedelten Ballungsraum gelegen, ist eine neue und komplexe Landmarke: Erinnerungsort des fossilen Zeitalters, Dokument einer lang anhaltenden Ausbeutung von Mensch und Natur, Wahrzeichen härtester »Maloche« über Generationen. Ein neues Symbol für den Stolz dieser Region und für ihren Hunger nach R-E-S-P-E-K-T.

Die Abraumhalde als neuer »Resonanzkörper«

Dieser Kraftort erschließt – buchstäblich – eine neue, allen zugängliche Perspektive. Du bekommst ein Gefühl für deinen engeren Lebenskreis, deine Heimat. Und für das Unendliche –

den Planeten, das All. Dieser Tafelberg ist ein Resonanzkörper. Er löst feine Resonanzen aus: bei den alten Kumpeln, deren Kindern und Enkeln, bei der zweiten und dritten Generation der Einwandererfamilien, bei den jungen Gebildeten – und bei mir. Dem wollte ich nachspüren.

~

Der neue Berg ruft. Besonders an markanten Tagen des Himmelsjahres zieht mich die alte Halde unwiderstehlich an. Am Tag der Sommersonnenwende zeigt das Thermometer daheim im Garten 22 Grad Celsius. Es ist heiter bis wolkig, als die Sonne ihren Zenit, den höchsten Punkt ihrer Bahn in diesem Jahr, erreicht. Blauer Himmel über dem Ruhrgebiet. Ein leichter Wind weht aus Westen, von der holländischen Nordseeküste her. Ein perfekter Tag für eine Radtour. Von meiner Haustür aus liegt die Halde zwölf Kilometer Luftlinie in südöstlicher Richtung. Aufbruch mit etwas Proviant, Fernglas und Schlafsack im Gepäck. Nach 200 Metern biege ich von der holprigen Siedlungsstraße auf den Radweg einer vierspurigen innerstädtischen Tangente ein.

Hinter mir jetzt die Silhouette des »Chemieparks Marl«. Das Wort »Park« trügt. Es handelt sich um eine Zusammenballung von Kesselanlagen, Rohrleitungen, Schornsteinen, Bürotürmen, Kraftwerksblöcken und Kühlbecken. Segmentiert in mehrere Firmen, beherbergt das Gelände einen der größten Komplexe der Chemieindustrie in ganz Europa. An die 10 000 Menschen arbeiten hier. Eine der vielen Chemikalien, von denen hier Hunderttausende Tonnen weiterverarbeitet werden, ist eine farblose Flüssigkeit mit der Bezeichnung Acrolein. Aus diesem Formaldehydderivat entsteht Acrylsäure, die beispielsweise als Superabsorber in Babywindeln steckt. Was in der Stadt kaum jemand weiß oder wissen will: Acrolein ist hochtoxisch, leicht entzündlich, verdampft sofort. Eine »Verpuffung« kann »letal« enden –

also tödlich. Für die Arbeiter, die in der Nähe sind, für Anwohner, die zu viel von der Wolke einatmen. 22 der Produktionsbauten auf dem Werksgelände gelten als Störfallbetriebe.

»Störfall« – noch so ein harmlos klingendes Wort. Laut einer neuen Verordnung der Europäischen Union ist für jede neue Bebauung ein Sicherheitsabstand von bis zu 1,5 Kilometern zu solchen Anlagen einzuhalten. Das ist die sogenannte Seveso-III-Richtlinie, benannt nach dem Chemieunfall 1976 in Norditalien, bei dem Dioxinwolken die Umgebung kontaminierten. Ich wohne in einer Seveso-III-Zone. Das Zeitalter des Industrialismus mit allen Risiken und Nebenwirkungen ist im Ruhrgebiet keineswegs nur Vergangenheit. Dieser Moloch verteidigt seine Geschäftsfelder bis zum Letzten.

Der Industrialismus verteidigt seine Geschäftsfelder bis zum Letzten.

Meinen Weg nach Süden säumt jetzt eine Werkssiedlung aus der Nachkriegszeit. Im Volksmund heißt sie immer noch »Bereitschaftssiedlung«. Die Leute hatten jederzeit abrufbar zu sein, wenn es die Produktionsabläufe erforderten. Bald lockert die urbane Bebauung auf. In der Nachbarschaft eng verschachtelter Eigenheimsiedlungen neuester Bauart ducken sich die Fachwerkgiebel einiger Bauerngehöfte hinter Hecken aus Weißdorn oder Hainbuche. Kornfelder mit farbenprächtigen Einsprengseln von Mohn und Kornblumen wiegen sich in der mittsommerlichen Brise. Gerste und Hafer sind schon gelb, der Weizen noch grün. Ein Spargelfeld ist schon abgeerntet. Auf einem Reiterhof hat gerade der erste Tag eines ländliches Reit- und Fahrturniers begonnen. Der Nachwuchs ist schon auf dem Springparcours. Die Wiese füllt sich allmählich mit Geländewagen und Pferdeanhängern. Lautsprecherdurchsagen, Popmusik. Grill und Bierstand sind schon in Betrieb. Ich überquere eine Ausfallstraße. Schnurgerade aneinandergereiht: Autohaus, Baumarkt, McDonald's, ein mediterran gestyltes Café. Wenig später biege ich in eine Allee von blühenden Linden ein. Der Duft ist betörend.

»Pättken« nannte man früher im Münsterland die Feldwege, welche die Höfe mit dem nächsten Kirchspiel verbanden. Das anheimelnd klingende plattdeutsche Wort hat man für das neu entstandene Radwegenetz übernommen. Mein »Patt« taucht in einen Wald ein. Über steinige und durchwurzelte Wege geht es vorbei an alten Eichen und Buchen. Am jenseitigen Waldrand tummeln sich Pferde auf der Koppel. Dann kommt der rote Backstein eines typisch westfälischen Gehöfts in den Blick. Hof Wessels war ziemlich verfallen von einer Bürgerstiftung übernommen und restauriert worden. Neues Leben zog ein: ökologischer Gartenbau, Tiergehege, Streuobstwiese, Bäckerei, Gastronomie, Hofladen, Tagungsräume. Alles verknüpft mit beruflicher Qualifizierung für benachteiligte Jugendliche, Naturpädagogik für Kinder, Bildung für nachhaltige Entwicklung. Zeit für eine Rast im Hofcafé. Ein Trupp Radler entspannt sich bei Pils und Apfelschorle. Nebenan sind Kinder am Gärtnern. Beim Weiterfahren treffe ich auf die ersten Wahrzeichen des ehemaligen Bergbaus: das filigrane Gerüst eines Förderturms und die roten Ziegelhäuser einer alten Zechenkolonie, beides aus der Zeit um 1900, Zeche Schlägel & Eisen. Ich habe längst das Gebiet von Herten erreicht. In den Siebzigerjahren galt die Stadt noch als größter Bergbaustandort Europas. Vor ein paar Jahren hat man den letzten »Pütt« der Stadt stillgelegt. Wieder ein plattdeutsches Wort. Es heißt so viel wie Kuhle oder Mulde. Wie das nahe verwandte englische »pit« hat man es auf die Kohlengruben übertragen. 2018 wird der letzte Pütt im Ruhrgebiet stillgelegt.

Ich bin jetzt auf der »Allee des Wandels«. Das ist die offizielle Bezeichnung eines neuen Radwegs. Er verläuft auf der Trasse einer alten Zechenbahn. Hundert Jahre lang hat man auf diesem Weg die Kohle zu den Kraftwerken und Kanalhäfen und den Abraum zur Halde transportiert. Künftig soll die Route Orte der Transformation verbinden, Räume »besehbar«, begehbar und mit dem Rad befahrbar machen, in denen Neues im Entstehen ist oder entstehen könnte. Er soll offene Erzählungen anregen: wie alten Zechenkolonien neues Gartenstadtleben eingehaucht wird, Solaranlagen die Stelle von Kraftwerksblöcken einnehmen, Windräder Schornsteine ersetzen, die Bewohner sich zu Transformateuren weiterbilden.

Auf dem ehemaligen Weg der Kohle überquere ich mit dem Rad den Höhenrücken, der die Wasserscheide zwischen Lippe und Emscher bildet. Von hier aus fällt mein Blick zum ersten Mal auf die Stahlbögen des Himmelsobservatoriums. Anschwellender Verkehrslärm kündigt eine Autobahn an. Die A2 ist eine der großen europäischen Ost-West-Achsen. Sie verbindet den Nordseehafen Antwerpen mit den Metropolräumen Berlin und Warschau. Im Ruhrgebiet ist sie sechsspurig. Das Verkehrsaufkommen ist extrem hoch. Auf meinem Radweg bin ich allein. Gleich hinter der Autobahnunterführung nähere ich mich meinem Ziel. Die »Allee des Wandels« führt vorbei an den Kuben und Rundtürmen eines Wasserstoff-Kompetenzzentrums. Dort arbeitet man an praktischen Anwendungen auf der Basis der Wasserstoff- und Brennstoffzellentechnologie. Wenn ich von hier aus weiter geradeaus fahre, passiere ich nach wenigen Minuten das weiträumige Gelände eines »Rohstoffrückgewinnungs-Zentrums«. Jedenfalls wurde es bei der Gründung so genannt. Von Rückgewinnung ist seitdem nicht mehr viel die Rede. Die Haupttätigkeit wird jetzt mit »thermischer Behandlung« von Abfällen umschrieben – Müllverbrennung.

Wiederum nach ein paar hundert Metern erreicht man den Deich der Emscher. Das ist der besagte Fluss, der bergauf fließt, genauer gesagt: durch eine Kette von Pumpanlagen künstlich zu seiner Mündung in den Rhein gepresst wird. Vor Beginn der Industrialisierung war der Fluss für seinen Fischreichtum bekannt. Sogar Störe soll man dort gefangen haben. In den Auenwäldern grasten Herden von Wildpferden. Die Ära des Bergbaus hat im Bereich des Flussbettes massive Bodensenkungen verursacht und die Emscher in eine Kloake verwandelt, die durch eine offene Betonröhre abfließt. Mit der einzigen Aufgabe, die ganze Fracht der Abwässer dieser Region wegzuspülen. Nun wird der tote Fluss renaturiert. In wenigen Jahren soll das Schmutzwasser in einem gigantischen Rohr 30 Meter unter der Erdoberfläche abgeleitet werden und durch mehrstufige Kläranlagen gefiltert in den Rhein fließen. Während die Emscher, aus ihrer Quelle, den einmündenden Bächen und dem Regenwasser gespeist, durch eine grüne Parklandschaft mäandert. Es ist das größte und teuerste Bauvorhaben in der Region.

~

Die »Allee des Wandels« endet auf dem ehemaligen Zechengelände, dem heutigen »Zukunftsstandort« Ewald. Ich bin am Ziel. Die Sonne steht jetzt im Südwesten. Ihre Strahlen fallen schon merklich schräger ein, als ich zu Fuß den Anstieg zum Horizontobservatorium in Angriff nehme. Schacht 7, wo ich mein Fahrrad abstelle, war einmal der Förderschacht von Zeche Ewald. Das Doppelbockeisengerüst steht mit seinen vier Stelzen in voller, imposanter Größe über der früheren Schachtöffnung, die nach der Stilllegung im Jahr 2001 mit Stein und Beton verfüllt wurde. Bis dahin diente das wuchtige Bauwerk nur einem Zweck: Über die Seilscheiben hoch oben im Kopf des Turms lief das Drahtseil, an dem die Förderkörbe 1300 Meter tief in den Schacht rasselten, um Tonne für Tonne die Rohkohle nach über Tage zu holen.

Nach ein paar Schritten erreiche ich den Fuß der Halde. Von hier führt ein Serpentinenweg im Zickzack den westlichen Steilhang hinauf. Links und rechts vom Weg stockt Pionierwald – Birke, Kiefer, Eberesche, die anspruchslosen, flach wurzelnden und schnellwüchsigen Arten. Kein Baum ist älter als 30 Jahre. Die Böden wurden mit der Aufschüttung der Halde nach und nach eingebracht. Das lebendige Grün sollte das steinige Grau halten, also das Abrutschen des Bergematerials verhindern, zunächst auch die Staubfahnen binden, die bei jeder Lkw-Ladung, die neu aufgeschüttet wurde, in die Luft stiegen und mit dem Wind verwehten. Noch ist die Schicht keimfähiger Erde dünn. Doch die bodenbildenden Kleinlebewesen sind da, das Regenwasser auch. Die Prozesse der natürlichen Bodenbildung haben eingesetzt und tragen sich selbst.

Die Wege sind jetzt nach Feierabend ziemlich bevölkert. Ein buntes, multikulturelles Gewimmel – alt und jung, männlich, weiblich, Landschaftsflaneure, Hundebesitzer, Jogger, Radler, Mountainbiker. Es hat sich herumgesprochen, dass auf der Halde jeder seine Nische findet. Naturschützer unternehmen im Frühjahr vogelkundliche Wanderungen. Mountainbiker trainieren. Fotografen machen Bilder. Eine Kräuterfrau erntet im Rhythmus der Vegetationszeit Essbares und bietet Führungen an. Eine pensionierte Lehrerin, in einem Hospizverein engagiert, nutzt die Wege und die Aussichten für Gespräche mit Trauernden – Gehen unter freiem Himmel als Therapie. Das Tourismusbüro organisiert Pedelec-Touren und Vollmondwanderungen.

Auf der Halde findet jeder seine Nische.

Eine schmale Rinne am Wegrand, ausgespült vom Starkregen, hat das eigentliche Bergematerial freigelegt, aus dem sich die gesamte Halde aufbaut. Ich kratze ein wenig und stoße auf ein Gemisch aus Schiefer, Sandstein und Mergel. Die Stücke sind selten mal faustgroß, meist nur daumennagelklein, der Rest ist feines Granulat oder Steinstaub. Wie entstand die Halde?

Auf der Aussichtsplattform hier oben hatte mir vor einiger Zeit schon Norbert, ein 80-jähriger Knappschaftsrentner, die Geschichte erzählt: Von hier aus sieht man den Malakow-Turm von Schacht 1. Das ist das älteste Bauwerk der Zeche. Dort begann 1871 die Förderung und damit auch die Aufschüttung von Bergematerial. Doch auf alten Karten erkennt man, dass die

Ewald-Halde 100 Jahre lang nur sehr langsam größer wurde und erst in den letzten 15 Jahren vor der Stilllegung ins Riesenhafte wuchs. »Berge« sind das taube Gestein, das bei der Gewinnung der Steinkohle anfällt. Um an die Kohlenflöze heranzukommen, müssen Schächte abgeteuft und Strecken, also das System von Stollen, die Nervenbahnen der Schachtanlage, aufgefahren werden. Eine Menge Gestein wird dabei in dicken Brocken aus dem Berg gesprengt und in schweren Brechanlagen unter Tage zerkleinert. Beim Abbau des Kohlenflözes fiel ebenfalls Gestein an. Es brach vom »Hangenden«, dem Gestein oberhalb des Flözes, nach, wenn der Kohlenhobel entlangschrammte, oder wurde aus dem »Liegenden« mitgenommen. Einzelne Steinpacken waren im Kohleflöz selbst enthalten. All diese »Berge« wurden vom Hobel zusammen mit der Kohle mitgenommen und gingen in die Förderung. Pro Tonne Kohle, so rechneten die Bergleute, förderten sie eine Tonne Gestein mit hoch. Erst in der »Kohlenwäsche« über Tage wurde beides getrennt. Das Gestein wurde anschließend abermals zermahlen, wieder nach unter Tage gebracht und dort verfüllt. Die vielen Hohlräume, die der Kohlenabbau hinterlassen hatte, verfüllte man mit den Bergen, um das Grubengebäude zu stabilisieren und so die Erdoberfläche vor Bergschäden zu sichern. Dass man die Hohlräume in den ausgekohlten Streben in sich zusammenstürzen ließ, war lange Zeit verpönt. »Bruchbau« galt als Raubbau.

Die entscheidende Wende kam erst in den 1970er-Jahren, also in den letzten drei Jahrzehnten vor dem Ende des Bergbaus. Unter der Regie der Ruhrkohle AG wurden Grubenfelder mehrerer Zechen zusammengelegt, die Förderung auf wenige Schächte konzentriert, der Transport der Rohkohle unter Tage von Zügen auf Bandanlagen umgestellt. Statt die Loren auf die Förderkörbe zu stellen, kippte man die Rohkohle an den Schächten vom Band direkt in riesige Skip-Gefäße. So kam sie über Tage

»Bruchbau« galt als Raubbau.

an. Eine Rückbringung der Berge nach unter Tage war mit dieser Methode kaum noch möglich. Die Aufschüttung der Halde Hoheward zu ihrer heutigen Größe begann erst mit dieser Umstellung. Das war um 1985. Norbert war von Anfang an dabei. Warum dieser Wechsel im System? »Es ging nur ums Geld«, sagte er leise, fast verschwörerisch. »Es war alles nur eine Sache des Geldes.«

Ein Flashback in meine eigene Vergangenheit: In den 1970er-Jahren, die Zeche war noch in vollem Betrieb, habe ich hier mal ein paar Monate malocht. Unter Tage, 1 000 Meter tief unter der heutigen Halde. Vor Ort, oder »im Ort«, wie wir sagten. Im Streckenvortrieb, dort, wo die »Berge« anfallen. Aber was heißt »anfallen«? Meter für Meter sprengen wir das Gestein aus dem Fels. »Schießen«, sagt man unter Tage. Wir stehen zu dritt oder viert vor dem Querschnitt der Ortsbrust. Jeder hält einen heftig vibrierenden Bohrhammer, der auf einer schweren Säule ruht, und treibt die Bohrstange jeweils drei Meter tief in das Gestein. Hinter uns wartet schon der Schießmeister ungeduldig darauf, dass genügend Bohrkränze im Stein sind. Dann besetzt er die Bohrlöcher mit Dynamitstangen und verdrahtet diese mit dem Zündmechanismus. Kurz vor dem »Abschlag«, der Sprengung, ertönt sein Ruf »Es brennt«. Wir kauern 200 Meter entfernt am Stoß, halten uns die Ohren zu, pressen Mund und Nase in den Stoff der Jacke. Eine Druckwelle aus Luftzug, Krach und Staub bricht über uns herein. Sobald sich der Staub gelegt hat, geht die Arbeit weiter. Ein Senklader wird vorgefahren und beginnt mit dem Abtransport der Felsbrocken aus dem Ort. Was die Maschine liegen lässt, »pannen« wir mit der »Schüppe« weg. Um das »hangende« Gestein abzustützen, bauen wir das neue Stück Stollen mit schweren eisernen Stempeln und Kappen aus. In die Zwischenräume ziehen wir »Matten«, etwa einen Quadratmeter große Eisengitter, ein, die mit Bergen »versetzt«, also hinterfüttert werden. Sie sollen Steinschlag verhindern. Zuletzt werden die »Lutten« vorgehängt, die Schläuche für die »Bewetterung«, die Belüftung der Strecke. Dann beginnen dieselben Arbeitsgänge von vorne. Die nächsten drei Meter Tunnel werden in den Fels getrieben. Schicht für Schicht, Woche für Woche.

»Maloche« – kein Ausdruck trifft so wortgewaltig den Kern der Sache wie dieser. Um 1900 ist er ins Ruhrgebiet eingewandert, vielleicht mit Gruppen Jiddisch sprechender Bergarbeitern aus Oberschlesien. Wurzelwort ist das jiddische *melocho,* das wiederum vom hebräischen *mĕlâkā* (schwere Arbeit) abstammt. Unter Tage ist alles schwer. Dein Werkzeug, das du schleppen und halten, ansetzen und gegen das Gestein pressen musst, manchmal hoch über deinem Kopf. Der Abbauhammer, der Bohrhammer wiegen schwer in der Hand. Sie werden mit Pressluft betrieben und vibrieren mit hoher Schlagzahl, rütteln dich durch, zerrütten dir Gelenke, Muskeln und Adern. Die Stempel und Kappen für den Streckenausbau wiegen mörderisch schwer. Die Steinbrocken, die du weg-»pannen«, schaufeln, musst, ebenfalls. Es ist laut. Es ist heiß. In manchen »Örtern« 29 Grad oder mehr. Statt einer Trinkflasche hatte ich manchmal einen Fünf-Liter-Kanister mit Zitronentee bei mir. Unter Tage lernst du erst, was Durst ist. Dabei hat die Schicht an den heißen Betriebspunkten nur sieben Stunden. Nur? Sie erschienen mir jedes Mal schier endlos. Es ist dunkel. Es ist staubig. Es ist lebensgefährlich. In meiner Zeit auf Zeche Ewald verunglückten fünf Kumpel tödlich. Maloche ist Knochenarbeit. Du hältst die Knochen hin, die Haut – und die Lungen.

»Unter Tage« ist alles schwer.

Warum malochst du – »bisse umfälls«? Es ging natürlich auch ums Geld, den monatlichen Lohn. Ebenso wichtig war die Aussicht auf eine solide, ja vergleichsweise üppige Absicherung fürs Alter. Dafür nahm man den täglichen Druck in Kauf. »Maloche« braucht Druck. Im Ruhrbergbau betete man bis zum Schluss den Fetisch »Leistung« an. Gemessen wurde sie in Tonnen pro Mann und Schicht. Aus Sicht der Betriebsführung lag hier das Maß aller Dinge. Das Prinzip Wettbewerbsfähigkeit war auch in dieser hoch subventionierten Industrie unantastbar. Doch dann kommt noch etwas Gruppendynamisches ins Spiel: »Maloche« ist – auch – Energiefluss. In besonderen Momenten kommt diese Energie in Schwingung. Es entsteht ein »Fließen«, das kollektive Gefühl, alles selbst in der Hand zu haben, gemeinsam stark und unbesiegbar zu sein. Inmitten härtester Maloche verspürst du unversehens eine Art von Triumphgefühl.

Ein Jahr unter Tage – das war's für mich. Alles verdammt lang her. Nur zwei, drei Wahrzeichen sind geblieben: Im Wäscheschrank ganz hinten liegt nach all den Jahren immer noch mein letztes Pütthemd. Baumwolle, blau mit dünnen weißen Streifen, schweißaufsaugend, kragenlos. Manchmal ziehe ich es zu Gartenarbeiten an. Oder zum Wandern. Mein Versicherungsverlauf enthält die zwei dürren Zeilen: »Knappschaftliche Rentenversicherung 29. 07. 76–15. 08. 77«. Und, ach ja, die Kuppe meines rechten Zeigefingers ist kaum sichtbar kürzer als die des linken. Die fehlenden zwei Millimeter hat mir ein Stempel zerquetscht, den wir zu dritt oder viert ins Ort trugen. Beim Ablegen ist es passiert. Das Gefühl, im Handschuh ist etwas zu Brei gegangen, jagte mir einen Schrecken ein. »Jetzt hast du erst mal vier Wochen Ruhe«, sagte der Kumpel, der mich zum Förderkorb begleitete. Am Zechentor wartete schon der Krankenwagen. Das weiß ich noch, als ob es gestern gewesen wäre. Von heute aus gesehen war das Glied kein großer Verlust: die Maus bedienen und auf die Tastatur hacken, Teig kneten, in Saiten greifen, jemanden streicheln – das Fingerspitzengefühl hat nicht gelitten.

Die Spuren der »unterirdischen Wälder«

Als ich in an diesem Mittsommerabend die Halde weiter bergan steige, ertönt aus den Sanddornbüschen am Weg das Lied einer Amsel, dann zwitschert ein Zaunkönig. Ich überquere die Baumgrenze. Oberhalb wachsen nur noch Gras, Moose und

Flechten. Das Bergematerial liegt hier stellenweise offen an der Oberfläche. Ich grabe ein paar Zentimeter tief und stoße sofort auf ein, zwei schwarze Teilchen. Da ist sie – die Kohle, um die es hier 130 Jahre lang ging, die letzte Spur der »unterirdischen Wälder«. Auf diesem Terrain hat die Natur – oder Gaia – über Jahrmillionen unzählige Waldgenerationen aus Schachtelhalm und Sumpfzypresse wachsen und absterben lassen und sie unter ein immer mächtigeres Deckgebirge zusammengepresst. Manchmal findet man noch Wahrzeichen: fossile Abdrücke von Farnen oder Schachtelhalmen.

Im Plan der Evolution – wenn man so sagen darf – war wohl eines nicht vorgesehen: dass diese Abscheidungen aus der Biosphäre eines Tages brachial aufgeschlossen und die aus den Lagerstätten zutage geförderte Kohle, das hochgepumpte Erdöl und Erdgas, verbrannt und in Form von CO_2 in der Atmosphäre zwischengelagert würden. Das fossile Zeitalter begann vor 250 Jahren. Erst in den letzten fünfzig oder sechzig Jahren, in unserer Generation und der unserer Eltern, hat sich seine Dynamik beschleunigt, entfesselt und global ausgebreitet. Nun spüren wir die Folgen der großen Beschleunigung. Wir stehen am »Kipppunkt«. Die Gefahr ist extrem hoch, dass unter unseren Augen der lebensfreundliche Blaue Planet zu einem aufgeheizten, in weiten Gebieten unbewohnbaren »roten Planeten« mutiert. Wenn wir »weiter so« machen. Diese Redewendung erschien vor 45 Jahren auf der Bildfläche, als vom Club of Rome die *Grenzen des Wachstums* entdeckt wurden. Wenn wir also so weitermachen mit der Verbrennung der fossilen Bodenschätze, begehen wir, so der Klimaforscher Hans Joachim Schellnhuber, »Selbstverbrennung«. Das ist eine besonders qualvolle Art von Selbstmord.

Bei den gegenwärtigen Machern und Planern im Ruhrgebiet spielen die »Alleen des Wandels« nur eine untergeordnete Rolle. Allemal wichtiger sind ihnen die neuen Logistikzentren und Shoppingcenter, die Arenen der Eventkultur, der Schutz für die

Komplexe der Stahl-, Aluminium- und Chemieindustrie. Für die von ihnen so genannte »Metropole Ruhr« liefert heute eine andere visuelle Metapher den sinnstiftenden Konsens: ein – stark am Computer bearbeitetes – Satellitenfoto des nächtlichen Europa. Der orbitale Blick erfasst nur die Konturen der samtblau kolorierten Landmassen und die Verteilung der Lichtermeere in der Dunkelheit. Drei Ballungsgebiete flimmern hervor: der Großraum London, das Pariser Becken und das Ruhrgebiet. Die Botschaft dieses Bildes wird gleich mitgeliefert: das Ruhrgebiet als *global city,* als homogener Metropolenraum im knallharten Wettbewerb mit den anderen Zentren der globalisierten Hypermoderne. Das nächtliche Lichtermeer, also der Grad an Lichtverschmutzung, die Verschwendung von Energie, erscheint hier als Maßstab für den Erfolg einer Region.

Energieverschwendung als Maßstab für den Erfolg

~

Das Hochplateau von Halde Hoheward erzählt eine andere Geschichte. Sie handelt wiederum von Kreisläufen, aber auf einer höheren Ebene. Jetzt geht es um die planetarischen Umlaufbahnen und Zyklen, in die wir alle – mitsamt unserer Ökonomie – eingebettet sind, um die Ökologie der Zeit. Als ich das Plateau erreiche, bin ich, wie jedes Mal neu, fasziniert von einem Raumerlebnis, nämlich von der grandiosen Aussicht. Diese Landmarke erhebt sich 150 Meter über Normalnull. Damit ist sie die höchste Erhebung in dem ziemlich platten Land, ein herausgehobener Punkt. Er gibt die Möglichkeit, rundum auf den ganzen Horizont zu schauen. Überall sonst in der Umgebung ist der Horizont verstellt. Du siehst die Sonne hinter Dächern, Trassen oder Baumwipfeln auf- und untergehen. Erst die Halde ermöglicht der Region eine neue Perspektive. Sie befreit den Blick, macht den Betrachter weitblickend und umsichtig. Die Sicht reicht bei guten Wetterbedingungen etwa 30 Kilometer in alle

Richtungen. Die Horizontlinie fällt ziemlich genau zusammen mit den Grenzen dieser Region, des Ruhrgebietes. Man blickt über einen Ballungsraum, »Metropolenraum«, sagt man neuerdings: Fünf Millionen Einwohner mit einer Bevölkerungsdichte von 1140 Menschen pro Quadratkilometer. So ein Raum liegt dir zu Füßen. Du hast ihn sozusagen unter dir: von dem Höhenzug des Ruhrtals im Süden, wo um 1800 die planmäßige Erschließung der Steinkohlevorkommen in der Region begann, bis zu den bewaldeten Anhöhen der Hohen Mark im Norden jenseits der Lippe, wo 2018 endgültig Schicht im Schacht sein wird. Von den Kraftwerksblöcken am Niederrhein tief im Westen bis hinter den Dortmunder Fernsehturm im Osten. Dieser ganze Raum wird erst von hier oben aus sichtbar. Du kannst Orte, die in deinem Alltag Bedeutung haben, suchen, sie vernetzen und ihren Anblick genießen. Du kannst deine mentale Landkarte mit der Realität des Raumes abgleichen. Du kannst sie immer weiter vervollständigen und jedes Mal neu ausrichten.

Das räumliche Denken, das hier oben in Gang kommt, stärkt die Orientierung. Es wächst ein Gefühl von Geborgenheit. Dies Land ist dein Land, dies Land ist mein Land. Der Raum ist nicht nur »besehbar«, sondern auch begehbar. Zumindest mit dem Fahrrad, also aus eigener Körperkraft, ist jeder Punkt auf einer Tagestour erreichbar. In diesem Radius weißt du ziemlich sicher: Du verstehst die Leute, sie verstehen dich. Du brauchst dich nicht groß zu erklären. Der Raum ist Erlebnisraum und Aktionsfeld. In der Sprache des Ökologen Jacob von Uexküll: »Merkwelt«, in der du die vielfältigen Phänomene gründlich wahrnehmen und verstehen kannst, und »Wirkwelt«, wo du kompetent agieren kannst. Der Raum ist dein »Funktionskreis« – Habitat, Heimat. Hier bist du zu Hause.

Ein Gefühl von Geborgenheit

Im globalen Diskurs der Nachhaltigkeit spricht man neuerdings von *localization.* Das ist die Wiederkehr der Nahräume und der kleinen Lebenskreise. Die »Lokalisation« umfasst die neuen lokalen und regionalen Wirtschaftskreisläufe. Sie umfasst die Familien, die Nachbarschaften, die Netzwerke von Freunden, Bekannten, Arbeitskollegen, die lokalen Gemeinwesen und die Kräfte, die sie zusammenhalten. Sich neu darauf einlassen, sich darin einklinken – ist das nicht ein wesentlicher Aspekt von nachhaltiger Entwicklung? Global denken, lokal handeln, hieß das Motto der Pioniere dieser Idee. Dein Nahraum grenzt an die Nahräume anderer. Und so weiter. Immer weiter, weltumspannend.

Only one earth – nur eine Erde. *Our common future* – unsere gemeinsame Zukunft. Der Horizont, der dich hier oben umgibt, ist die Linie, an der die Landmasse aufgrund der Erdkrümmung aus dem Blickfeld verschwindet. Der Himmel berührt die Erde. Hinter dem Horizont geht es weiter. Unten, auf der Erdoberfläche, und oben. Dein Blick, der eben noch auf den Wahrzeichen deines Alltags ruhte, wandert in den Himmel, in den Kosmos. Er wird sozusagen planetarisch. Sinnlich erfahrbar wird der Zusammenhang von nächster Nähe und weitester Ferne. Der Raum, der reale Raum, wird erlebbar. Das ist das eine. Das andere ist die Zeit – die reale Zeit, die wahre Zeit. Man könnte – mit einem Ausdruck aus der Computersprache – auch sagen: die Echtzeit. Hier oben gerätst du in den Bann der Zeit, so wie die Natur sie vorgibt.

Auf einer ebenen Fläche unterhalb des Hochplateaus ragt ein schlanker, vierkantiger, knapp neun Meter hoher Obelisk aus Edelstahl auf: Mit der Bahn der Sonne wandert der Schatten im Laufe eines Tages über das steinerne Halbrund. Durch ein Netz von Linien werden dort die Tageszeiten ablesbar. Was am Himmelsgewölbe abläuft, wird auf die ebene Fläche projiziert. Darauf siehst du, wie die Sonne von ihrem Aufgang bis zu ihrem Untergang über den Himmel läuft, und da diese Bewegung letztlich nur die Bewegung der Erde abbildet, kommst du in Kontakt mit der Erddrehung. »Wer der Meinung ist, am Himmel ist nix los, der sollte sich mal nachts drei, vier Stunden einsam auf eine Wiese legen und den Sternenhimmel angucken.« Diesen Rat hatte mir Burkhard Steinrücken gegeben, Leiter der Volkssternwarte Recklinghausen und Initiator des Horizontobservatoriums. »Die erste Stunde ist eine Quälerei, weil man da denkt, o Gott, ist das langweilig. Da passiert nix. In der zweiten Stunde merken Sie, ah, das verändert sich ja, und in der dritten Stunde rast es.«

Die Sonnenuhr ist nur das Vorspiel. Das eigentliche Horizontobservatorium nimmt einen großen Teil des Hochplateaus ein. Es schafft eine gewaltige Plattform für die Beobachtung der Bahnen von Sonne, Mond und Sternen. Zwei Bögen aus Stahlrohren erheben sich über einer kreisrunden, ebenen Fläche von gut 80 Metern Durchmesser. Der Meridianbogen steht senkrecht und ist von Nord nach Süd ausgerichtet. Er teilt den Himmel in eine Vormittags- und eine Nachmittagshälfte. Der schräg gelagerte Äquatorbogen quert den Meridian, verläuft von Ost nach West und unterteilt den Himmel in die nördliche und die südliche Hemisphäre. In die Plattform ist ein ebenfalls rundes Forum versenkt eingelassen. Dessen Mittelpunkt ist der zentrale Punkt für das Beobachterauge. Hier stehend, kann man über Markierungen an den Bögen und Öffnungen am Rand der Plattform die großen astronomischen Ereignisse beobachten, verorten, anpeilen: die Sonnenaufgänge und Untergänge, die Mondphasen, die Sonnenwenden, die Tag-und-Nacht-Gleichen, die Sternpositionen. Du erlebst die Reise unserer schönen Erde durch das Sonnensystem. Du kommst in Kontakt mit den wiederkehrenden Bewegungen. Du kommst in Kontakt mit der Schwerkraft, nimmst Fühlung auf mit der unerschöpflichen Kraft der solaren Energien.

Die Echtzeit verläuft zyklisch. Nichts bleibt, wie es ist. Jeden Tag geht die Sonne um einen Bruchteil eines Grades versetzt an einer anderen Stelle auf und unter. Doch alles kehrt wieder. Regelmäßig. Doch nicht dann, wenn du es willst. Sondern dann, wenn es so weit ist. Die Rhythmen von hell und dunkel, der Wechsel der Jahreszeiten sind beständig, die Übergänge fließend. Hier lässt sich nichts beschleunigen, nichts manipulieren, nichts managen. Du betrittst das Reich des Unverfügbaren. Das Entscheidende ist: daran Maß nehmen. Das bedeutet für die eigene Lebensführung: die kosmischen Rhythmen und Zyklen von Sonne, Mond und Sternen wieder bewusst wahrnehmen. Die Natur mit ihren sich abwechselnden Phasen von Blüte, Wachstum, Reife und Ruhe bewusst erleben. Sich regelmäßig die Zeit dafür nehmen, es sich zur Gewohnheit machen, daran teilzunehmen und sich daran auszurichten. Das Erleben der zyklischen Zeit ist die Erfahrung von Entschleunigung. Solche Inseln in unserem Alltag der Beschleunigung anzulegen wird in Zukunft eine immer wichtigere Quelle von Energie und Glückserfahrung sein. Nur mit diesen Differenz- und Kontrasterfahrungen können wir uns gestärkt, neu, anders – souveräner – in den von der linearen Zeit der Radiowecker, Ampelphasen, Stechuhren und digitalen Signalen beherrschten Alltag einklinken – und dann für sich und im eigenen Umfeld diesen Alltag »nachhaltig« verändern.

Zyklische Zeit und die Erfahrung von Entschleunigung

Auch der längste Tag des Jahres geht zur Neige. Die Stunde des Sonnenuntergangs ist herangerückt. Der Himmel hat sich bedeckt. Ein steifer Nordwestwind weht jetzt über das Plateau der Halde, heult durch die Röhren der Bögen, treibt die Wolkenfelder nach Osten. Im Westen reißt die Decke in einem länglichen Oval auf und lässt die Himmelsbläue durch. Der Sonnenball ist nicht sichtbar, doch er sendet auf breiter Front schräge, helle Lichtbahnen zur Erde. Die Öffnung im Wolkenmeer wird zu einem länglichen blauen See mit Landzungen und weißen Inseln. Darin tritt der Sonnenball noch einmal hervor. Blendend, noch einmal wärmend, nur noch eine Handbreit über dem Horizont. Langsam sinkt er und verschwindet hinter anrückenden schwarzen Wolkenbergen.

Ich stehe in der Beobachtungsmitte der Horizontebene. Durch die Peilmarke für den Sonnenuntergang am Tag der Sonnenwende fällt nur das Purpur der Abendröte. Ein Anflug von Rosa zeigt sich in den aufgelockerten Wolkenpartien über meinem Kopf. Die Sonne ist untergegangen, der Wind ebbt ab, das Gelb des blühenden Johanniskrauts leuchtet nur noch matt in der Dämmerung. Eine einsame Amsel singt ihr Abendlied. Die Haldenflaneure haben das Plateau verlassen. Im letzten Tageslicht rolle ich meinen Schlafsack aus, bette mich am östlichen Rand der Horizontebene auf den harten, schottrigen Boden der Halde. Tiefschlaf stellt sich nicht ein, die wachen Phasen überwiegen.

Die Gedanken wandern in den Untergrund. »Alter Mann« – so nennt man in der bergmännischen Sprache die nach der Ausbeutung der Bodenschätze unter Tage zurückgebliebenen Hohlräume: noch offene Strecken und Ladestellen, in denen die Stempel stehen blieben, nur teilweise eingestürzte Grubenbaue, Klüfte und Risse im Deckgebirge. Tausend Meter unter mir dämmert der Alte Mann vor sich hin. Es ist dort unerträglich heiß. Es ist stockdunkel. Es ist eng. Unablässig tröpfelt, rieselt, rinnt Grubenwasser. Es steht in den Schächten. Auf seinem Weg durch die porösen Schichten des Deckgebirges hat es eine Salzfracht aufgenommen. Es ist ölig von den Hydraulikölresten, kontaminiert von Filterstaub und anderen Stoffen, die man unten entsorgt hat. Rund um die Uhr laufen unter Tage noch Pumpwerke, die das Grubenwasser hochpumpen. Ohne sie würde der Alte Mann volllaufen, »absaufen«, und das Ruhrgebiet auf lange Sicht in eine Seenlandschaft verwandeln. Das sind die Altlasten, die »Ewigkeitskosten« des Bergbaus. Ein Gedankenblitz: Gibt es in der DNA der Region ein Gegengewicht?

Ein mentales Kapital, eine Art heilsamen *genius loci,* ein geistiges Erbe, das weiterzugeben und produktiv zu machen wäre für die große Transformation in eine nachhaltige Zukunft?

Aus dem Schacht der Erinnerung tauchen Gestalten auf. Schwarze Gesichter, im Lichtschein der Kopflampen blitzende Augen. Stimmen, laut polternd oder matt, spöttisch oder ruhig und beruhigend. Ja, natürlich, es gab wie in den Italowestern jener Jahre *the good, the bad and the ugly.* In meiner kurzen Zeit unter Tage stand ich mit den unterschiedlichsten Typen Schulter an Schulter »im Ort«. Da war einer, der sich als der »letzte Westfale im Kohlberg« fühlte. Und einer, der »beim Buttern« für Oberst al-Gaddafi schwärmte, weil der angeblich wie ein einfacher Nomade im Zelt hauste. Berührungsängste waren uns fremd. Auf ihre Weise waren die Bergarbeiter immer etwas Besonderes. Sie waren stolz. Jedenfalls unter Tage. Da war ihr Selbstwertgefühl »unkaputtbar«. Sie waren angstfrei. Sie waren geistesgegenwärtig und – ja! – geistreich. In ihrem kollektiven Bewusstsein hatten sie eine eiserne Ration an proletarischen Weisheiten: »In der Ruhe liegt die Kraft.« Eine Warnung vor Hektik und Beschleunigung, auch ein ironisches und selbstironisches Lob der Faulheit und eine – wunderbare – Formel für Gelassenheit. »Geht nicht gibt's nicht«, das Denken in Lösungen, das starke Bewusstsein, Teil der Lösung zu sein. »Bangemachen gilt nicht«, der trotzig-spielerische, unaufgeregte Einspruch gegen alles, was Ängste schüren sollte.

Solche Sprüche habe ich damals unter Tage aufgeschnappt. Mittlerweile sind sie in die Kreativabteilungen der Werbebranche gewandert. Diese Sprüche sind komplementär. Ruhe, Umsicht und Dynamik ergänzen sich zu einer Grundhaltung der gelassenen Zuversicht. Wäre das nicht eine Basistugend für die Zukunft? Geschöpft aus der Arbeiterkultur des fossilen Zeitalters, anschlussfähig an die Herausforderungen der solaren Zu-

Grundhaltung gelassener Zuversicht

kunft? Kann man damit »Berge versetzen«? Noch so eine Redewendung. Sie beschreibt die menschliche Fähigkeit, scheinbar übermenschliche Herausforderungen zu bewältigen, mithilfe eines starken Glaubens an die eigene Kraft, durch einen gemeinsamen Willen, eine kollektive Intelligenz – Schwarmintelligenz.

Lassen sich die enormen mentalen Energien und die Kompetenzen dieser Akteure des fossilen Zeitalters recyceln? Lässt sich dieses Erbe an Unerschrockenheit auf die Herausforderungen der großen Transformation umlenken? »Bei uns kann man modellhaft zeigen, was dem Planeten als Ganzem bevorsteht«, sagt Winkelmann, der Filmemacher. Eine bewusste Inklusion der angeblich »sozial Schwachen«, die in der Realität meist ausgesprochen lebenstüchtig sind, wäre tatsächlich modellhaft. Sie haben ein Recht auf Teilhabe. Sie haben ein Recht darauf, ihre Individualität und ihre jeweiligen Talente zur Geltung zu bringen, ihre Potenziale in die Waagschale zu werfen. Ihre kollektive Intelligenz kann den anstehenden Prozessen eine andere Dynamik geben. Wesentlich stärker jedenfalls als die viel beschworene und mit irren Geldsummen geförderte Künstliche Intelligenz. Die sogenannten Unterschichten abzuhängen und in die Billigläden ihrer Wohnquartiere, in die kommerzialisierten Sportarenen und die Realityshows der Werbesender – oder in den Dunstkreis von Fundamentalisten aller Couleur – abzudrängen könnte sich dagegen als fatal erweisen.

»Lebe wild und gefährlich«, hatte Nietzsche in seiner »Fröhlichen Wissenschaft« von 1882 geraten. Das war die Zeit, als man die Schachtanlage Ewald abteufte. Gefährlich – oder in einer anderen Lesart »gefährdet« leben und dabei unerschrocken bleiben? 60 Jahre später, 1940, versuchte Walter Benjamin verzweifelt, an die »feinen und spirituellen Dinge« zu erinnern, die im Klassenkampf der Arbeiter »zugegen« seien. »Sie sind als Zuversicht, als Mut, als Humor, als List, als Unentwegtheit in diesem Kampf lebendig und sie wirken in die Ferne der Zeit zurück.

Sie werden immer von neuem jeden Sieg, der den Herrschenden jemals zugefallen ist, in Frage stellen.« Da sind sie aufgelistet – die proletarischen Tugenden, die sich Benjamin, sein Freund Bertolt Brecht und andere herbeisehnten.

Wenige Monate, nachdem er seinen grandiosen Essay »Über den Begriff der Geschichte« verfasst hatte, starb Walter Benjamin auf der Flucht über die Pyrenäen in einem katalanischen Dorf hinter der französischen Grenze, von den Faschisten in den Tod getrieben. Das geschah in der Nacht zum 27. September 1940. Da lief die Förderung auf Zeche Ewald auf Hochtouren. Und Schalke 04 war deutscher Meister. Wenig später, 1943, erreichte die Steinkohlenförderung im gesamten Ruhrbergbau ihren historischen Höchststand. Die Maloche leisteten zu dem Zeitpunkt überwiegend Zwangsarbeiter und Kriegsgefangene. Sie war zur Sklavenarbeit geworden.

Mitten in dieser kürzesten Nacht des Jahres ist die Mondsichel über dem südöstlichen Horizont aufgestiegen. Noch sechs Nächte bis Neumond. Von der Ostseite der Halde ertönt ein zartes »unk, unk, unk«. Der Laut durchdringt die nächtliche Stille, die Abgeschiedenheit und Dunkelheit minutenlang. »Unk, unk, unk.« Dann wieder Stille. Eine Gelbbauchunke, erzählt mir später Volker, der auf der Halde Führungen macht. Das sei eine extrem seltene Art. Ein kleines Geschöpf mit herzförmigen Pupillen in den Augen. Auf den freien Flächen hier oben, in den Pfützen, wo sich das Regenwasser sammelt und nicht ins Berginnere versacken kann, findet es ideale Plätze, um Eier abzulegen.

4 Uhr 10, Sonnenaufgang. Über den östlichen Horizont zieht sich eine Wolkenbank. Darüber wird ein breiter Streifen Morgenröte sichtbar und breitet sich über den blaugrauen Himmel aus. Das Rot wird feuriger, rotgold. Durch einen Schlitz zwischen den Wolkenbänken formiert sich der Sonnenball aus purem Gold. Und steigt über den Horizont, erhebt sich über die Wolken und ist groß und rund einfach da.

Ein Ohrwurm tritt auf und setzt sich fest. Das Lied habe ich als Kind ein paarmal gesungen. Meist am Lagerfeuer. »Jeden Morgen geht die Sonne auf / In der Wälder wundersamer Runde. / Und die schöne, scheue Schöpferstunde / Jeden Morgen nimmt sie ihren Lauf …« Eine Ode an die Schöpfung und, könnte man heute ergänzen, an das solare Zeitalter. »Eine andere Welt ist möglich«? Eine andere Welt ist da. Ob wir sie wahrnehmen und wahrhaben oder nicht. Sie ist immer da und wirkt. Global, planetarisch, mit Macht. Hinter den menschengemachten, technisch erzeugten Phänomenen wirken die »Urphänomene« (Goethe). »Jeden Morgen geht die Sonne auf / In der Wälder – sogar der Bergehalden – wundersamer Runde.« Das Lied beschreibt – oder besser: besingt – eine andere Ordnung von Raum und Zeit. Eine, die nicht von der linearen Zeit der Uhren und vom Takt der Ampelanlagen und Fließbänder beherrscht ist. Es beschreibt die zyklische Zeit von Natur und Kosmos, die von der Sonne und den Bahnen der Gestirne vorgegeben ist. Es besingt einen Raum, der sich, von der Sonne beleuchtet, immer wieder neu und immer wieder anders all unseren Sinnen öffnet. Das ist die naturgegebene Raum-Zeit-Ordnung, von der alles Leben auf diesem Blauen Planeten abhängt. Eine Nacht unter freiem Himmel bestärkt dich in einer einzigen, großen, letzten Gewissheit: Die Erde dreht sich weiter. Auch ohne dich.

Eine andere Welt – sie ist immer da und wirkt.

~

Aus der Betrachtung des Himmels hat Einstein eine Kosmologie für unsere Epoche entworfen. Ihre Basis ist das Staunen. Zunächst hatte Albert Einstein ja das Wesen der Schwerkraft und die Natur des Sonnenlichts wissenschaftlich erforscht. Seine revolutionäre, 1905 aufgestellte Theorie: Licht ist ein Fluss winzig kleiner Energiepäckchen. Es besteht »aus einer endlichen Zahl von in Raumpunkten lokalisierten Energiequanten, welche sich bewegen, ohne sich zu teilen, und nur als Ganzes absorbiert und erzeugt werden können«. Wenn nun solch ein Lichtquant bzw. Photon auf einen Festkörper trifft, so wird er von einem Elektron absorbiert und gibt diesem die Energie, um sich vom Atom abzulösen. Unter bestimmten Bedingungen fließt dann Strom.

Einsteins Theorie wurde später grundlegend für die direkte Umwandlung von Sonnenlicht in elektrischen Strom, die Photovoltaik. Doch Einstein formulierte in den ersten Jahrzehnten des 20. Jahrhunderts nicht nur seine berühmten naturwissenschaftlichen Theorien. Aus seiner tiefen Anschauung von Natur und Kosmos formte er ein Weltbild, ja ein – wie er es selbst nennt – »Glaubensbekenntnis«: »Das Schönste, was ein Mensch erleben kann, ist das Gefühl des Geheimnisvollen. Es liegt der Religion sowie allem tieferen Streben in Kunst und Wissenschaft zugrunde. Wer dies nicht erlebt hat, erscheint mir wenn nicht wie ein Toter, so doch wie ein Blinder. Zu empfinden, dass hinter dem Erlebbaren ein für unseren Geist Unerreichbares verborgen sei, dessen Schönheit und Erhabenheit uns nur mittelbar und in schwachem Widerschein erreicht, das ist Religiosität. In diesem Sinne bin ich religiös. Es ist mir genug, diese Geheimnisse staunend zu ahnen und zu versuchen, von der erhabenen Struktur des Seienden in Demut ein mattes Abbild geistig zu erfassen.« Es ist das Staunen über die, wie Einstein 1932 formulierte, »Manifestationen tiefster Vernunft und leuchtendster Schönheit«.

»Das Schönste, was ein Mensch erleben kann, ist das Gefühl des Geheimnisvollen.«
ALBERT EINSTEIN

Damit knüpft er nahtlos bei Immanuel Kant an. Der Philosoph hatte 1788 seine *Kritik der praktischen Vernunft* mit den Sätzen enden lassen: »Zwei Dinge erfüllen das Gemüt mit immer neuer Bewunderung und Ehrfurcht, je öfter und anhaltender sich das Nachdenken damit beschäftigt. Der bestirnte Himmel über mir und das moralische Gesetz in mir. Ich sehe sie vor mir und verknüpfe sie unmittelbar mit dem Bewusstsein meiner Existenz.« Der Anblick des Sternenhimmels, sagt Kant weiter, »erweitert die Verknüpfung, darin ich stehe, ins Unabsehlich-Große mit Welten über Welten und Systemen von Systemen, überdem noch in grenzenlose Zeiten ihrer periodischen Bewegung, deren Anfang und Fortdauer«.

In einer Nacht auf der Halde leuchten solche philosophischen Gedanken unmittelbar ein. Von der rationalen und ästhetischen Ebene geht Einstein – wie Kant vor ihm – eine Stufe weiter: »Jeden Tag denke ich unzählige Male daran, dass mein äußeres und inneres Leben auf der Arbeit der jetzigen und der schon verstorbenen Menschen beruht, dass ich mich anstrengen muss, um zu geben im gleichen Ausmaß, wie ich empfangen habe und noch empfange.« Und fährt fort: »Ich habe das Bedürfnis nach Genügsamkeit. Die sozialen Klassenunterschiede empfinde ich als nicht gerechtfertigt und letzten Endes auf Gewalt beruhend. Auch glaube ich, dass ein schlichtes äußeres Leben für jeden gut ist, für Körper und Geist.« Seine Schlussfolgerung: »Der wahre Wert eines Menschen ist in erster Linie dadurch bestimmt, in welchem Grad und in welchem Sinn er zur Befreiung vom Ich gelangt ist.« In ein paar Sätzen formuliert Einstein hier eine Ethik der Nachhaltigkeit.

Seit Einstein ist unser astrophysikalisches Wissen explosionsartig wie noch nie zuvor in der Geschichte der Menschheit angewachsen. Wir wissen heute um ein Vielfaches mehr als in jeder anderen Epoche der Vergangenheit. Die aktuelle Erzählung sagt uns, dass aus dem Feuer des Urknalls vor vielleicht 14 Milliarden Jahren vielleicht 200 Milliarden Galaxien geboren wurden. Und jede von ihnen enthält vielleicht 200 Milliarden Sterne. So viele wie die Milchstraße, die wir an unserem Nachthimmel als milchig-hellen Streifen wahrnehmen können.

Wir sind Teil davon. Wir haben das unglaubliche Privileg, auf einem Planeten zu leben, dessen Komplexität sehr, sehr ungewöhnlich ist. Wir sind Sternenstaub. Wir haben ihn in unserer DNA. Sich selbst im kosmologischen Zusammenhang wahrzunehmen, daraus ein Zusammengehörigkeitsgefühl mit allem, was ist, zu entwickeln war noch nie so naheliegend. Und noch nie hatten so viele Menschen auf unserem »Heimatplaneten« die Chance, an solchen Erkenntnissen teilzuhaben. Es geht nicht darum, sich möglichst viel astronomisches Spezialwissen anzueignen. Viel wichtiger scheint mir, ein paar Fixpunkte eines planetarischen Weltbilds als Konstante in den eigenen Gedanken- und Gefühlshaushalt zu integrieren. In Zeiten globaler Unsicherheit, neuer materieller und spiritueller Verelendung und neu entstehender Fundamentalismen könnte es sich als tragfähig erweisen.

Wir sind Sternenstaub.

Der denkbar einfachste Ausgangspunkt wäre das Staunen: Ja, der Sonnenuntergang ist etwas Schönes, etwas Großes, etwas Erhabenes. Diese Empfindung teilen Menschen überall auf dem Blauen Planeten, in allen Kulturen der Welt. Das ist etwas, was sie eint. Der amerikanische Philosoph Ronald Dworkin machte dieses Erleben Ende 2011 zum Ausgangspunkt seiner *Einstein Lectures* an der Universität Bern, Einsteins erster Wirkungsstätte. Im Netz sind sie abrufbar. Im Druck erschienen sie 2014, kurz nachdem der Autor gestorben war, unter dem Titel *Religion ohne Gott.*

Dworkins Gedankengang im Anschluss an Einstein: Wer anerkennt, dass der Kosmos eine Ordnung hat und das menschliche Leben einen Sinn, akzeptiert, dass es Werte gibt, die alles durchdringen, und dass eine Kraft, eine Macht existiert, die größer ist als wir selbst. Diese – in Einsteins Worten – »Manifestationen tiefster Vernunft und leuchtendster Schönheit« haben eine objektive Realität. Sie sind eine überwältigende Wirklichkeit. Der Anblick dieser Wirklichkeit und das Nachdenken darüber ruft im menschlichen Geist Ehrfurcht hervor und fordert gleichzeitig Ehrfurcht, tiefe Hingabe und Verantwortung. Dem Erhabenen wohnt ein Zauber inne. Es bringt einen Zauber in dein Leben. Es macht dich demütig. Es fordert dich auf, aus deinem Leben etwas zu machen. Wer am Wunder und an der Schönheit von Natur und Kosmos Maß nimmt, ist auf dem Weg zu einem guten, einem richtigen, einem gelingenden Leben. Unabhängig davon, an welchen Gott man glaubt, ob man an einen Gott glaubt oder nicht. Für diese Grundhaltung »hijackt« Dworkin – wie Einstein vor ihm – das Wort »religiös«. Er meint damit eine Ebene der Kommunikation über grundlegende Fragen des Seins und Menschseins, auf der die Frage, ob ein Gott existiert oder nicht, keine Rolle spielt. Seine Aufforderung im Hörsaal in Bern: »Test your convictions and what you then believe, you better believe.« Seine eigenen Überzeugungen auf den Prüfstand stellen, und was dann davon bleibt, davon sollte man sich in seinem Leben leiten lassen.

Halde Hoheward, scheint mir – wie jedes andere Himmelsobservatorium auch – als Lernort wunderbar geeignet: einen Tag und/oder eine lange Nacht frei schweifen, rasten, schauen, lesen und über Einsteins und Dworkins Glaubensbekenntnis meditieren, ob mit dem Laptop auf dem Schoß oder mit ihren Texten in der Hand, allein oder in Gemeinschaft, wäre allemal eine höchst sinnvolle Investition an Zeit. Und dann? Weitergehen …

~

Die alte Chiffre vom »blauen Himmel« ist plötzlich zurück. In China hat man 2013 eine groß angelegte Kampagne zur Suche nach einem »chinesischen Traum« gestartet. Große Resonanz in den sozialen Medien erregte die Stimme einer alten Frau aus Peking. Ihr Traum sei es, noch einmal den blauen Himmel ihrer Kindheit über ihrer Stadt zu sehen. Der Volkskongress im Frühjahr 2016 machte aus der Nostalgie einer Bürgerin einen programmatischen Leitsatz. Wir wollen ein »schönes China«, wo der Himmel blau, die Erde grün und das Wasser klar ist. Nur blumige Propaganda? Oder doch – auch – ein starker Anstoß für das Ruhrgebiet?

Die Altlasten von 100 Jahren Industrialismus zerrütten die Biosphäre in vielen Regionen der Welt. Noch wachsen sie vielerorts ungebremst weiter an. Kloaken wieder zu Flüssen machen, Dunstglocken vertreiben und Abraumhalden in grüne Erde verwandeln sind überall Schlüsselaufgaben der großen Transformation. Es geht dabei nicht um irgendwelche »Innovationen«, sondern um die Regeneration von Räumen und ihre dauerhafte Regenerationsfähigkeit. Am Horizont erscheinen das solare Zeitalter und die *circular economy,* die Schließung der Stoffkreisläufe. Rohstoffe schonend gewinnen – »minimalinvasiv«, könnte man in Anlehnung an neue chirurgische Verfahren sagen. Sie gebrauchen, ohne sie zu verbrauchen. Das ist die Zukunft. Mit einer kleinen Formel beschreiben die weltweiten Suchbewegungen, die daran arbeiten, die neuen Wertschöpfungsketten: *reduce – reuse – recycle.* Das heißt: weniger produzieren, das Wenige langlebig machen, immer wieder verändern und neu nutzen, wenn es abgenutzt ist, wieder in den Stoffkreislauf einbringen, *upcyceln,* womöglich etwas noch Wertvolleres daraus machen. Damit öffnet sich der Blick auf eine ressourcenleichtere, lebbare Zukunft.

Gebrauchen, nicht verbrauchen: Das ist die Zukunft.

Für den Bergbau wäre es die Wende vom heutigen *extractivismo,* dem Raubbau, zu einem »sanften Bergbau«, von einer Tonnenideologie der Vergangenheit hin zu einer – ich sage mal – »Feinunzenphilosophie« der Zukunft. Verbunden mit einer Wende zum *urban mining,* einer tief schürfenden Rohstoffrückgewinnung. Das ist keine Abwertung des Bergbaus, sondern eine Aufwertung. Vorausgesetzt, man ergänzt noch ein viertes »R«: *refuse!* Einem Kodex folgen und sich allen Formen des Raubbaus verweigern. Wäre eine solche Kreislaufökonomie nicht die dem Ruhrgebiet angemessene Vision? Mit einem solchen Projekt könnte die Region möglicherweise wirklich *modellhaft zeigen, was dem Planeten als Ganzem bevorsteht.* Wenn es hier geht, geht es überall.

Die Echtzeit zurück ins Leben holen

In der Nacht des Julivollmondes bin ich zurück auf der Halde. Die Hundstage haben begonnen. Die Halde hat viel von der Hitze des Tages gespeichert. Mondaufgang: 20:47 Uhr. Sonnenuntergang: 21:05 Uhr. Im Besucherzentrum habe ich eine Führung gebucht. Mit Leuchtstäben ausgerüstet, gehen circa 40 Leute los. Wir erreichen das Haldenplateau mit dem Horizontobservatorium. Der Zugang zum Forum, der in der Mittsommernacht geöffnet gewesen war, ist wieder abgesperrt. Risse in den Schweißnähten der Bögen gefährden die Haltbarkeit der Konstruktion. Die Sanierung zieht sich schon endlos hin. Wir bleiben am Zaun und beobachten den Himmel. Der Mond geht über dem Kraftwerksblock von E.ON auf, und fast gleichzeitig versinkt die Sonne hinter den Schornsteinen von Scholven Chemie. Die Sicht ist ungewöhnlich klar. Der Mond wirkt besonders groß und energiegeladen. Wieder ein Erlebnis, das sich einprägen wird. Doch auf ein Erweckungserlebnis, auf die sofortige große Erleuchtung, sollte man lieber nicht warten. Stattdessen: in seiner alltäglichen Umgebung eine Landmarke suchen, bei Bedarf und wann immer möglich Sonnenuntergang und Sonnenaufgang, Vollmond und Neumond, Winter- und Sommersonnenwende beobachten und auf sich wirken lassen. So kommt die Echtzeit zurück, wirkt im Alltag als Kontrasterfahrung, wird zum Einspruch gegen das Diktat der Beschleunigung. Die zyklische Zeit neu in die eigene Existenz zu integrieren ist ein Weg, um zur Ruhe zu kommen – und daraus neue Kraft zu schöpfen.

Zwischenruf

Ein europäisches Wir schaffen

~

Przestrzenie dla piękna – Räume für Schönheit. Und: *Cultura para convivir* – Kultur zum Zusammenleben. So haben die beiden europäischen Kulturhauptstädte 2016, Breslau und San Sebastián, ihr jeweiliges Leitmotiv formuliert. In der Wortwahl kommt wie immer bei solchen Anlässen etwas Träumerisches zum Ausdruck. Ein Hauch von gelassener Eleganz verbindet sich mit spiritueller Tiefe.

»Europa ist ohne das ›Nichts‹ des Mythos unmöglich«, schrieb der bulgarische Schriftsteller Georgi Gospodinov, »ohne zumindest ein bisschen von der Leidenschaft des weißen Stiers.« Der weiße Stier, das ist der Göttervater Zeus. Gospodinov bezog sich auf eine Urszene der griechischen Mythologie: In Gestalt eines Stiers entführt Zeus eine schöne junge Frau namens Europa aus Kleinasien, der heutigen Türkei, an die Gestade der griechischen Insel Kreta. »Die Krise« so fährt Gospodinov in seinem Essay aus dem Jahr 2012 fort, »ist eine Krise der Art und Weise, wie wir Europa erdichten, eine Krise der Erzählung von Europa.« Doch wo sind die Geschichten, aus denen sich ein neues, verjüngtes, zukunftsfähiges Narrativ für Europa herauskristallisieren könnte?

Die globalen Medien verbreiten seit einiger Zeit ein zutiefst beunruhigendes Narrativ. Es handelt von den *emerging markets*, den aufstrebenden Märkten, und den *declining regions*, den Weltregionen im Niedergang. In dieser Erzählung erscheint das »alte Europa« als ein erschöpfter Kontinent. Als Spielball neuer Mächte. Als Kontinent ohne Zukunft, der verängstigt und, mit sich selbst beschäftigt, sich in seine »provinzielle Neurose zurückzieht«. So der indische Historiker Pankraj Mishra. Während andere Regionen des Globus als vibrierende, dynamische Hotspots von Wachstum und Fortschritt glänzen: weltoffen, selbstbewusst, optimistisch. Was ist so verstörend an diesem Narrativ? Es reduziert die Kulturen der Welt – alle – auf ihr Potenzial, das Niveau von Massenproduktion und Massenkonsum zu heben, militärische Stärke auszubauen und eine hohe Geburtenrate aufrechtzuerhalten. Es bindet eine Vision von Zukunft an ein Paradigma, das obsolet ist – an ein Auslaufmodell. Dieses Narrativ ist nach meiner Auffassung beleidigend. Und zwar für alle. Für die Menschen in den *declining* als auch für die in den *emerging* Regionen.

Doch was ist die Antwort Europas? Soweit ich sehen kann, klafft an dieser Stelle ein fatales Vakuum. Niemand bietet diesem Narrativ die Stirn. Hilflos beteuert Brüssel, dass Europa doch seine »Hausaufgaben« mache, Wachstum, Produktivität und Wettbewerbsfähigkeit ankurbele, um bald wieder im großen Spiel der *global player* mitmischen zu können. In diesem Geist trat die Troika der Euro Group 2015 in Aktion und machte die Verschuldung Griechenlands zu einem Desaster für die Armen, die Mittelschichten und die Jugend des Landes. Im Namen des zerstörerischen und selbstzerstörerischen Narrativs von *growth, competitiveness, productivity,* also im Namen der Freiheit von Kapital- und Warenströmen, zettelte der britische Premierminister David Cameron im selben Jahr das Pokerspiel um den »Brexit« an.

Schon so lange haben die Machteliten der EU »der globalen Herrschaft des ökonomischen Paradigmas« (Giorgio Agamben) nichts mehr entgegenzusetzen. Sie zeigen sich unfähig, »ein Europa zu denken, das nicht allein auf Euro und Wirtschaft beruht«. Die Herrschaft des Geldes, von Anfang an im Konzept der europäischen »Montanunion« angelegt, hat sich im globalen Turbokapitalismus in Europa ausgedehnt und verselbstständigt. Dessen Imperativ hatte der ehemalige deutsche Arbeitgeberpräsident Hanns Martin Schleyer bereits auf den Punkt gebracht: »Das Kapital muss bedient werden.« Die Allmacht des Geldes kommerzialisiert sämtliche Lebenswelten, degradiert Menschen zu Humankapital und Bürger zu Kunden, planiert die Nahräume, ebnet noch die feinsten Unterschiede ein, entfremdet so Einheimischen ihre Heimat.

Unter diesem Druck entsteht und wächst das ideelle und spirituelle Vakuum, die Erosion der Werte – diese grassierende Erschöpfung und Leere, in die alte und neue fundamentalistische Strömungen verschiedener Spielart ungehindert eindringen und Fuß fassen können. Europa verliere gerade seine Integrität – seine »Seele«. So formulierte es Anfang 2016 ein Manifest für die Demokratisierung Europas, entworfen unter der Federführung des früheren griechischen Finanzministers Janis Varoufakis. Am endlosen Streit um nackte Zahlen – Geldmengen, Wirtschaftsdaten, Flüchtlingsstatistiken – drohe die Europäische Union zu zerbrechen.

Es gibt keine Alternative? Wirklich nicht? Lässt man sich einen Moment lang auf die Wahlsprüche aus den Kulturhauptstädten ein, nimmt ein anderes Europa Gestalt an: ein Kontinent von 500 Millionen Menschen, der beim Durchbruch zu einer »anderen Welt« zum Protagonisten werden könnte.

~

Przestrzenie dla piękna – Räume für Schönheit! Jeder hat bei diesen Worten andere Assoziationen. Ich für meinen Teil erinnere mich an die Domschatzkammer in Aachen während der Ausstellung zum Karlsjahr 2014. Ein unscheinbares Ausstellungsobjekt schlug mich in seinen Bann. Nur eine alte, arg ramponierte Tür. Aus vier Bohlen gezimmert, 1,92 Meter hoch, 1,06 Meter breit, stockfleckig, wurmstichig, im Bodenbereich sind Ecken und Kanten weggefault. So lehnte sie an der Wand. Zu Beginn des Jahres hatte man sie zum ersten Mal ans Licht der Öffentlichkeit geholt und ausgestellt. Nur wenige Schritte entfernt funkelten silbern und golden die Kleinodien der Sammlung, das Armreliquiar mit Elle und Speiche aus Karls rechtem Arm, die spätgotische Karlsbüste mit der Schädelkalotte. In diesem Ambiente wirkte die Tür wie ein Stück *arte povere.* Doch die Tür hat es in sich. Eine kürzlich an der Universität Köln vorgenommene dendrochronologische Untersuchung des Holzes ergab, dass die Eiche, die dem fränkischen Schreiner das Holz lieferte, um das Jahr 800, frühestens anno 766 gefällt wurde. Der Zeitkorridor deckt sich mit der Bauzeit der *capella.* Der monumentale achteckige Kuppelbau, das spirituelle Zentrum der Aachener Pfalzanlage und damit des Karolingischen Reiches, könnte bereits 796 geweiht worden sein. Nach einer extrem kurzen und arbeitsintensiven Bauzeit.

Helmut Maintz, der heutige Dombaumeister, nimmt mich mit auf eine Zeitreise. Er greift nach seinem Schlüsselbund. Durch einen Nebeneingang führt er mich über die Hintertreppe in den nördlichen Treppenturm des Domes. Er schließt eine weitere Tür auf. Ein enger Raum, meterdickes karolingisches Mauerwerk, teils Grauwackeplatten, teils Travertin, mit Mörtel versetzt. Dann stehen wir vor einem steinernen Türstock. Auf der linken Seite sieht man noch die Vertiefungen für die Angeln. An diesen Stellen war die hölzerne Tür in die Travertinsteine eingehängt. Über 1000 Jahre lang war sie in Betrieb. Bis sie 1902, als man begann, den Innenraum des Domes mit Marmor zu verkleiden, ausgehängt und in einen Abstellraum verbannt wurde.

Wir wenden uns nach rechts. Ein paar Schritte, dann schließt Helmut Maintz eine weitere Tür auf. Ein Gänsehauterlebnis: Nur wenige Meter entfernt steht Karls Thron im Dämmerlicht. Wir befinden uns in der sogenannten Kaiserloge auf der Empore des Oktogons. Noch nie fühlte ich mich der Vorstellung von »Abendland« so nahe wie in diesem Moment. Nirgendwo schien mir die Angst vor seinem Untergang, seiner Überfremdung so absurd. Vor 1200 Jahren führte der zügigste Weg von hier zur *Aula Regia,* der Königshalle der Pfalzanlage (an der Stelle gelegen, wo heute das Aachener Rathaus steht), durch die hölzerne Tür. Und umgekehrt: Wann immer der Kaiser die Direttissima von seinem »Büro«, wie Helmut Maintz salopp sagt, in das Innere seiner Kirche nahm, musste er diese Tür öffnen (lassen). Bücken musste er sich in jedem Fall. Denn dass Karl tatsächlich fast zwei Meter groß war, ist ziemlich glaubwürdig belegt.

Zurück in der Domschatzkammer. Jetzt nehmen wir die Feinheiten an der vergammelten Tür in Augenschein. Das Eichenholz wurde mit der Axt kunstvoll behauen. Die Bohlen verjüngen sich kaum wahrnehmbar nach oben und unten. Die Oberfläche ist mit großer Sorgfalt geglättet. Zunächst gehobelt und dann durch Schleifen nachbehandelt. Mit einer ausgefeilten Verbindungstechnik sind die vier senkrechten Bretter zusammengefügt. Man erkennt so etwas wie Nut und Feder. An der Rückseite sind zur Verstärkung zwei Querbalken angebracht. Das halbmondförmige Eisen an der Vorderfront, eines von ursprünglich vieren, diente zur Verankerung der Tür in der Mauer. Die beiden horizontalen Eisenbänder sind dagegen bloßer Zierrat. Darunter hängen Fetzen von vergilbtem Leder. Im Originalzustand waren die Bretter ganz mit – möglicherweise – rotbraun glänzendem Leder bezogen. Die schlichte Tür war einmal etwas Exquisites. So wie alles in der *capella* Karls des Großen.

»Für den Bau hat man nur das Beste vom Besten genommen«, sagt der Dombaumeister. Die tonnenschweren Bronzeportale sind vor Ort gegossen. Vermutlich von Handwerkern aus dem Mittelmeerraum, die sich noch mit den antiken Techniken auskannten. Für das Mauerwerk hat man exakt dieselbe Art von Mörtel verwendet wie beim Bau der Hagia Sophia in Konstantinopel, dem 250 Jahre zuvor fertiggestellten Vorbild des Aachener Oktogons. Die besten Spezialisten aus ganz Europa – möglicherweise sogar aus Armenien und aus Bagdad – habe man nach Aachen geholt. »Aber nicht«, betont Helmut Maintz, »um eine Pfalz für Karl den Großen und seine Nachfolgegenerationen zu schaffen, sondern um für die Ewigkeit zu bauen – und natürlich für die Gottesmutter Maria.« Auch der Historiker Johannes Fried beschreibt die Aachener Pfalzkapelle in seiner Karl-Biografie als »steingewordenes Gebet«.

Das Faszinierende an der Tür: Zum Greifen nahe hat der Besucher ein Artefakt aus einem nachwachsenden Rohstoff vor sich, das 1200 Jahre oder, anders ausgedrückt: 40 Generationen überdauert hat. Karls Tür besteht aus dem Kernholz einer Eiche, vermutlich einer Traubeneiche. Als man sie – sicherlich in der unmittelbaren Umgebung – fällte, wird sie mindestens 300 Jahrringe gebildet haben. Ihre Biografie reicht also viel weiter in die Tiefe der Zeit. Bis in die geheimnisumwitterte Epoche, in der die Angeln und Sachsen aus der Norddeutschen Tiefebene zu ihrer Landnahme in Britannien aufbrachen, wo der sagenhafte Zauberer Merlin durch die Wälder schweifte und König Artus seinen ebenso legendären »runden Tisch« einberief. Es ist die Zeit, als an dem sauerländischen Flüsschen Diemel – 200 Kilometer Luftlinie von hier entfernt – die noch heidnischen Sachsen ihr hölzernes Heiligtum, die *Irminsul,* errichteten – zerstört von Karl dem Großen anno 772.

Eines steht fest: Mangel an Holz war zu jener Zeit in der – heutigen – *Euregio* zwischen Aachen, Lüttich und Maastrich noch kein Problem. Die Ausläufer von Eifel und Ardennen waren auf weiten Strecken von Urwald bedeckt. In seinen Bannforsten ging der Kaiser mit seinem Gefolge auf die »hohe Jagd« nach Hirschen und Schwarzwild. Das Jagdfieber war sein Lebenselixier. So wie die Lust an dem warmen Wasser der noch heute sprudelnden Quellen seiner Lieblingspfalz. Die undurchdringlichen Wälder galten um 800 eher als ein Hindernis auf dem Weg zur Besiedlung und Entwicklung des Frankenreiches. In den *Capitulare de villis,* dem karolingischen Hofgütererlass, spiegelt sich die ambivalente Beziehung zum Wald wider: Zur »guten Obhut« *(custodia)* über die Waldungen gehöre es, Rodungen und kultiviertes Land vor der Rückeroberung durch den Wald zu schützen. Zum anderen aber dürfe man »nicht zulassen«, dass die Wälder »da, wo sie sein sollen, kahl geschlagen und zugrunde gerichtet« werden. In diesem Dokument karolingischer Regierungskunst erscheint rudimentär eine Strategie der Nachhaltigkeit. Ihr Schlüsselbegriff: *praevidere* – vorausschauen und vorsorgen.

Ein Gedankenexperiment: Ist es denkbar, dass aus dem Holz eines Baumes, der 2014 gefällt oder – was eher wahrscheinlich ist – von einem Harvesterkoloss abgeknipst wird, ein Produkt entsteht, das im Jahr 3214 noch da ist? Und zwingend die nächste Frage: Finden die Menschen 40 Generationen nach uns noch Wälder vor, die sie mit Holz, frischer Luft und sauberem Wasser versorgen? Die Botschaft von Karls Tür ist die Vision von Schönheit, Dauerhaftigkeit und Nachhaltigkeit. Diese Idee ist ein Weltkulturerbe. Doch sie hat spezifisch europäische Ausprägungen.

~

Ein Element davon ist *la convivencia.* Der Terminus bezeichnet die Phase des relativ friedlichen Zusammenlebens dreier Kulturen auf der Iberischen Halbinsel, eine Blütezeit des respektvollen Umgangs und kreativen Austausches zwischen muslimischen Mauren, andalusischen Katholiken und sephardischen Juden.

Eine Epoche, die einsetzte, als man in Aachen Karls Tür schreinerte, und die noch anhielt, als die ersten Pilgerscharen sich auf *el camino,* den Jakobsweg, machten. Vielleicht nur ein naiver Traum von modernen Historikern? Vielleicht doch zeitweilige geschichtliche Realität? So oder so, die Idee der *convivencia* gehört zu Europa. *Convivir* – die spanische Vokabel, bruchlos aus dem lateinischen *convivere* hervorgegangen, öffnet ebenfalls eine Pforte zu einer langen und reichen europäischen Tradition, die über unser Hier und Jetzt hinaus weit in die Zukunft reicht.

Convivium – so bezeichnen sich seit ihrer Gründung in der norditalienischen Region Piemont im Jahr 1986 die lokalen Gruppen der Slow-Food-Bewegung. Ihr Logo zeigt die Weinbergschnecke, das – essbare – Totemtier der Entschleunigung. Das *Convivium* nennt sich nach dem Gastmahl, das seine Mitglieder bei ihren Zusammenkünften zelebrieren und das im Zentrum ihrer Aktivitäten steht. Gemeinsam feiern sie das gute Leben, die Lebenskunst. Zum Lebenselixier wird das genussvolle und gemeinsame Essen und Trinken, zubereitet aus überwiegend heimischen, überwiegend ökologischen Produkten. »*Buono, pulito e giusto*«, so der Gründer der Bewegung, der Italiener Carlo Petrini – gut, naturbelassen, fair gehandelt. Wertgeschätzt werden die gesunden Böden, auf denen gesunde Lebens-Mittel nur wachsen können. Wertgeschätzt wird das traditionelle bäuerliche Wissen, mit der Lebens-Mittel – Mittel zum Leben – erzeugt werden. Wertgeschätzt werden das handwerkliche Können, mit dem sie verarbeitet werden, und die Kochkunst, mit der sie zubereitet werden.

Zum Kulinarischen tritt das kommunikative Element. Essen ist mehr als Sattwerden. Das gemeinsame Kochen, das Teilen des gleichen Essens, die Tafelrunde, der runde Tisch, das freundliche Gesicht, das heitere, angeregte Tischgespräch – all das gehört mit zu den Ingredienzien. Slow Food ist nicht nur eine Absage an Fast Food, den Kult des Billigen, die Wegwerfgesellschaft. Es ist auch ein radikaler Bruch mit dem lumpenproletarischen Motto: »Erst kommt das Fressen, dann die Moral« aus Brechts *Dreigroschenoper.* Beim *Convivium* gilt vielmehr das – man könnte sagen – urchristliche oder urkommunistische Prinzip: jeder nach seinen Fähigkeiten, jedem nach seinen Bedürfnissen.

Konvivial ist das Schlüsselwort im Denken von Ivan Illich. Der radikale lateinamerikanische Philosoph und eigensinnige katholische Theologe hat *convivencialidad* aus der Perspektive der Dörfer und Favelas des globalen Südens neu konzipiert. Illich hatte tiefe Wurzeln im, wie er sagte, »abendländischen Europa«. Geboren 1926 in Wien, gestorben 2002 in Bremen. Die Mutter kam aus einer Familie konvertierter deutscher Juden. Der Vater war katholisch, besaß Weinberge und Olivenhaine an der kroatischen Adriaküste. Studium in Florenz, Salzburg und an der päpstlichen Universität Gregoriana, profunder Kenner der mittelalterlichen Scholastik, Seelsorger in den Slums von New York, Puerto Rico und Mexiko, Vordenker von Subsistenzökonomie und Wachstumskritik.

Bereits Anfang der 1970er-Jahre – zeitgleich mit dem Club of Rome – stellte Illich das westliche Mantra von Wachstum, Produktivität und Wettbewerbsfähigkeit auf den Prüfstand. Sein Befund: »Eine Gesellschaft, die unter der maximalen Befriedigung der größten Zahl von Menschen den maximalen Konsum industrieller Erzeugnisse versteht, beschneidet die Autonomie des Einzelnen auf unerträgliche Weise.« Und: »Das weitere Wachstum muss notgedrungen in einer multiplen Krise enden.« Seine Folgerung: »dass man Menschen nicht auf ein Leben im Dienste von Maschinen abrichten kann«. Die »Tiefenstruktur unserer Werkzeuge« müsse überdacht und wieder verändert werden.

Um das Gegenteil der industriellen Produktivität zu bezeichnen, wählt Illich den Begriff »Konvivialität«. »Werkzeuge sind dann *konvivial,* wenn sie jedem, der sie benutzt, die bestmögliche Gelegenheit bietet, die Umwelt mit den Ergebnissen seiner

Visionen zu bereichern.« Für Illich ist Konvivialität »individuelle Freiheit, die sich in persönlicher Interdependenz verwirklicht«, und damit ein »immanenter ethischer Wert«. Eine Rückkehr zu Gartenschere, Sense, Töpferscheibe und Backofen? Ja, das auch. Doch gemeint ist wohl vor allem ein Zurückgehen bis zu der Weggabelung, an der die Menschheit den Irrweg in eine »sklavische Abhängigkeit« vom Industrialismus eingeschlagen hat. Ein Zurückgehen, um von dieser Gabelung aus gangbare Wege in eine andere Zukunft, eine »andere Welt«, zu wählen.

Das *Convivium* ist für Illich »nicht von dieser Welt«. In einem Gespräch hat er 1996 umrissen, was das für ihn bedeutet: an einem gastfreundlichen Tisch »die gleiche Speise teilen«. Der feierliche »Kuss des Friedens« gehört dazu, Brot, Wein und Suppe, die Kerze als »beständige Mahnung, dass die Gemeinschaft niemals geschlossen ist«. Denn es gehe darum, »ein neues ›wir‹ zu schaffen, einen neuen Plural von ›ich‹«.

»... diesen Kuss der ganzen Welt«, dichtete Friedrich Schiller 1785 in seiner Ode *An die Freude.* Mit Beethovens Melodie ist sie seit 1985 offizielle Hymne der EU. Schillers Text war ursprünglich als Trinklied gedacht, als eine Ode an die Konvivialität oder, wie man damals auf Deutsch sagte, an die »Geselligkeit«. Dies aber in einem umfassenden Sinn. Der 25-jährige Schiller feierte die »Freude« und als Quelle der Freude die wechselseitige zwischenmenschliche Anziehungskraft in all ihren Spielarten: Freundschaft, Sympathie, eheliche Liebe, Wollust, kollektiv erlebte trunken-ekstatische Bewusstseinszustände und übergreifend die Brüderlichkeit (»Geschwisterlichkeit«, würde man heute sagen), die das »Erdenrund« umspannende Solidarität und Empathie. Ja, das Gedicht geht noch einen Schritt weiter und erklärt die Natur – als fruchtbare, Leben spendende *mater natura* angesprochen – zur Quelle der Freude, und zwar »für alle Wesen«. Wo, wenn nicht hier, wird etwas von der zeitlosen »Seele Europas« erlebbar?

Auf die Frage, warum das Projekt Europa nicht scheitern darf, antwortete 2013 der kolumbianische Schriftsteller Héctor Abad. Er hatte auf der Flucht vor dem Terror der Militärdiktatur zeitweilig in Italien Asyl und Heimat gefunden. »Offenbar habt ihr«, schreibt er, »die Freude an der Dolce Vita, die Begeisterung an der spanischen Movida vergessen. Wenn Europa nicht die jugendliche Freude und Leidenschaft zurückgewinnt, wie ich sie noch in den alten, heute wiedergeborenen Vierteln Ostberlins pulsieren sehe – dann wird es leichter dazu kommen, dass ein paar Verrückte oder Fanatiker oder auch Populisten Europa in jene nationalistischen, vor 1945 grassierenden Albträume zurückstoßen.«

~

»Wer an Europa zweifelt, der soll Soldatenfriedhöfe besuchen. Dann zweifelt er nicht mehr.« Mit diesem Satz führte Jean-Claude Juncker, der luxemburgische Präsident der Europäischen Kommission, 2014 seinen Wahlkampf. Das war in einer Zeit, als Europa sich an den Ausbruch des Ersten Weltkriegs 100 Jahre zuvor erinnerte. In einer Situation geopolitischer Zuspitzung, in der europäische Politiker sich genötigt sahen, vor einem »Flächenbrand« zu warnen, der die europäische Friedensordnung bedrohe. Angesichts einer Welle von Europaskepsis und Europafeindlichkeit machte Junckers Hinweis durchaus Sinn. Doch was ist die Botschaft der Soldatenfriedhöfe?

Prägnant formuliert ist sie auf einem Plakat, das die deutsche Künstlerin Käthe Kollwitz 90 Jahre vorher für den »Mitteldeutschen Jugendtag« der Sozialistischen Arbeiterjugend im August 1924 in Leipzig entworfen hatte. Zehn Jahre nach dem Tod ihres 18-jährigen Sohnes in einem Schützengraben in Flandern, nach zehnjähriger, ich vermute, tagtäglicher Trauerarbeit zeichnete Käthe Kollwitz einen Jüngling mit wehendem Haar. Die Augen weit aufgerissen, die rechte Hand mit der Geste des Schwurs emporgereckt, die andere aufs Herz gelegt. In Handschrift, jedes einzelne unterstrichen, prangen dort die drei Worte »Nie wieder Krieg«: eines der berührendsten künstlerischen Werke des europäischen Pazifismus. Die Deutsche Post nahm das Kollwitz-Plakat als Vorlage für eine Sonderbriefmarke zum Jahrestag des August 1914.

Jenseits von allem plakativen Pathos ist diese Botschaft heute ganz nüchtern und pragmatisch zu begründen. Nämlich schlicht und einfach mit den fünf Worten, mit denen Demonstranten in den westlichen Metropolen in den Nullerjahren dem *war on terror* entgegengetreten sind: *War is not the solution.* Krieg ist nicht die Lösung. Eine europäische »Kultur der militärischen Zurückhaltung« für das 21. Jahrhundert zu entwickeln – nachhaltige Entwicklung, Prävention, Deeskalation überall fördern –, das wäre die Lehre der Soldatenfriedhöfe des 20. Jahrhunderts. Räume der Schönheit und Konvivialität zu schaffen wäre dann Teil der Lösung.

~

Was sich als ebenso dringlich erweist: die Idee Europa, den europäischen Traum größer und stärker einer lebenswerten Zukunft zugewandt zu entwerfen. Wenn du junge Menschen für Europa begeistern willst, so könnte man Juncker variieren und ergänzen, dann nimm sie mit zu den solaren Kraftwerken der spanischen Extremadura oder zu den Offshorewindparks in der Nordsee. Mach mit ihnen eine Tour auf den Radwegen von Kopenhagen oder Münster. Lade sie ein auf die Bauernmärkte und zu den *Convivien* von Slow Food in den Städten Mittelitaliens. Zu den kommunalen Wohnprojekten in Wien oder zu den Selbsthilfeinitiativen in den Stadtteilen von Athen. Zeig ihnen die Labors und Hörsäle der ehrwürdigen sächsischen Bergakademie Freiberg, wo über sanfte Methoden der Gewinnung und des Recyclings von Ressourcen und die Schließung der Stoffkreisläufe geforscht wird. Mit einem Wort: Nimm sie mit zu den *hotspots of the greening of Europe.* Das alles ist Europa. Und das alles ist *emerging future:* schon begonnene Zukunft.

Es existiert eine organische Verbindung zwischen der Idee der Nachhaltigkeit und der Idee von Europa. Eine gemeinsam geteilte Vision von Nachhaltigkeit ist das manchmal offene, manchmal eher geheime Leitmotiv in unserem kulturellen Erbe. Dieses Leitmotiv war immer da und war immer unterscheidbar vom monströsen Traum einer schrankenlosen Expansion und rücksichtslosen Plünderung des Planeten. Unterscheidbar vom dunklen europäischen Erbe des Kolonialismus, das wir nun endlich als Bürde und als Albtraum für die Welt und für uns selbst wahrnehmen. Die neuen geopolitischen Machtspiele werden allesamt scheitern. Die Zeit für dieses tödliche Narrativ ist um. Das 21. Jahrhundert ist und bleibt eine Epoche der »Erdpolitik« (Ernst Ulrich von Weizsäcker). Sie wäre der Horizont.

Ein Zeichen der Hoffnung: Bei den Verhandlungen zum Klimaabkommen von Paris zeigte die europäische Politik, was *leadership* bedeutet. Der französische Außenminister Laurent Fabius und die »Klimabotschafterin« Frankreichs Laurence Tubiana, unterstützt vom deutschen Staatssekretär Joachim Flasbarth und vielen anderen europäischen Experten, waren maßgeblich am Durchbruch zum Abkommen beteiligt.

»In Vielfalt geeint« ist das Motto der EU. Schon in der Gründerzeit träumte man von einem »Netzwerk freier Regionen«. Das Manifest für die Demokratisierung entwarf 2015 einen Kontinent mit den Attributen: demokratisiert, transparent, dezentralisiert, egalitär, friedlich und nachhaltig. Papst Franziskus ermutigte in einer Rede vor dem Europäischen Parlament in Straßburg 2014 Europa dazu, »sein eigenes Gesicht wiederzuentdecken« und »die europäische Identität zu bewahren und wachsen zu lassen«. Seine Vision: ein Europa, »das sich nicht um die Wirtschaft dreht, sondern um die Heiligkeit der menschlichen Person, der unveräußerlichen Werte […] Das Europa, das den Himmel betrachtet und Ideale verfolgt; das Europa, das auf den Menschen schaut, ihn verteidigt und schützt; das Europa, das auf sicherem, festem Boden voranschreitet, ein kostbarer Bezugspunkt für die gesamte Menschheit«. Das wär's doch, oder?

Kapitel 5

Passwort: teilen

Vom Wert der Gemeingüter

~

»Wettbewerbsfähigkeit über alles ... *The winner takes it all.*« Mit diesem Dogma ist eine ganze Generation aufgewachsen. Es hat sie geprägt, zu Höchstleistungen angetrieben, oft genug krank gemacht und bis in ihre Albträume hinein verfolgt. Seine Ära könnte jetzt zur Neige gehen. Der Gedanke des Teilens ist mit Macht zurück auf der Bühne. Auf den Townhall-Meetings der jungen Progressiven im US-Wahlkampf des Jahres 2016 kommt ein alter Folksong zu neuem Ruhm. *This land is your land, this land is my land.* Der US-Folkbarde Woodie Guthrie hat ihn in den 1930er-Jahren, in der von einer tiefen ökologischen, ökonomischen und sozialen Krise geschüttelten Ära des *new deal,* auf die Melodie eines baptistischen Gospels geschrieben. *This land was made for you and me* – genial verknüpft der Song den amerikanischen Traum von individueller Freiheit mit der Vision vom kollektiven Besitz an den natürlichen Reichtümern des Landes.

In dieselbe Kerbe schlägt im Sommer 2015 die päpstliche Enzyklika *Laudato si.* Sie spricht von der »gemeinsamen Bestimmung der Güter«. Das entsprechende Kapitel beginnt mit den Worten: »Heute sind wir uns unter Gläubigen und Nichtgläubigen darüber einig, dass die Erde im Wesentlichen ein gemeinsames Erbe ist, dessen Früchte allen zugutekommen müssen.« Sind solche Botschaften Vorboten kommender Erschütterungen? Doch wie steht es um ein neues Bewusstsein vom Wert der Gemeingüter? Hat die viel beschworene »Wiederaneignung der Allmende« eine Chance? Zum Medium meiner verschlungenen Spurensuche wurde eine unscheinbare, schwarze Knolle.

~

Die Knolle liegt leicht auf dem Handteller – schwarz, runzlig, groß wie eine Kartoffel und geformt wie ein Trüffel. Allerdings brauchte dieses Gebilde etwa eine Million Jahre, um einen Zentimeter zu wachsen. Sie keimte auch nicht im Erdreich, sondern auf dem Meeresboden. Im Pazifischen Ozean, in circa 6 000 Meter Tiefe, einer Region, die uns unbekannter ist als der Mond.

Ich halte eine Manganknolle in der Hand. Um so ein Wunderwerk der Natur entstehen zu lassen, brauchte es einen Keim, den winzigen Splitter einer Muschelschale beispielsweise, um den herum sich Mangan-Sauerstoff-Verbindungen aus dem Meerwasser anlagern konnten. Es brauchte eine über Hunderttausende von Jahren andauernde Strömung sauerstoffreichen, arktischen Tiefenwassers im tropischen Meer. Es brauchte ein durchlässiges Sediment als Untergrund. Es brauchte vor allem geologische Zeiträume. Nur so konnte dieser kleine, aber reichhaltige Speicher von Metallen wie Mangan, Kupfer, Titan, Kobalt, Vanadium entstehen.

Seit ein paar Jahren überlegt man in den Planungsabteilungen global agierender Bergbauunternehmen, wie man an das Zeug herankommt. Nach ersten Berechnungen könnte es den Hunger nach bestimmten strategischen Rohstoffen bis ins nächste Jahrhundert hinein stillen – für wenige Jahrzehnte also! Risiken und Nebenwirkungen des Abbaus – noch weitgehend unbekannt.

Den zehn Millionen Jahre alte Klumpen, den ich in der Hand halte, haben Roboter aus den Tiefenregionen des Pazifischen Ozeans heraufgeholt. Ein Meeresgeologe aus Kiel hat ihn aus dem Fundus seines Forschungsinstituts entliehen und mitgebracht. Wir hocken zusammen auf dem Podium in Berlin-Mitte, nicht weit vom Brandenburger Tor. Der große Saal in der schleswig-holsteinischen Landesvertretung ist voll. Die Veranstaltung, die zu moderieren ich die Ehre habe, feiert Elisabeth Mann Borgese, Seerechtsexpertin, Aktivistin und führendes Mitglied des Club of Rome. Aus Anlass ihres 10. Todestages würdigt das Lübecker Buddenbrookhaus ihr Leben und Werk unter dem Titel *Das Drama der Meere.* Die Manganknolle geht an diesem Abend von Hand zu Hand. Sie dient uns als Medium, um in das Lebensthema von Thomas Manns Tochter einzutauchen: Wem gehören die Schätze der Meere? Erste, einfache Antwort: Allen und keinem! Die Formel klingt schlicht und doch kühn. Sie scheint brauchbar als Codewort für eine wachsende weltweite Suchbewegung. Auf deren Agenda steht die Wiederaneignung der Gemeingüter. Nicht mehr und nicht weniger wird hier verhandelt als der Neustart eines uralten Prinzips, der Idee der Allmende oder – wie man im globalen Vokabular sagt – der *commons.* Meine Spurensuche setze ich freilich nicht auf hoher See fort, sondern im Wald – im deutschen Wald.

Gemeingüter gehören allen und keinem.

~

Über Nacht hat es geschneit. Das hügelige Land zwischen Leine und Weser, einen Katzensprung westlich von Göttingen, liegt unter einer dünnen weißen Decke. Ein eiskalter Wind fegt durch die Baumwipfel. Nur die frische Spur eines Fuchses verrät, dass wir nicht allein im Wald sind, als wir den Anstieg zur Kuppe des Ossenberges unter die Füße nehmen. Es ist ein lichter Wald, kein dunkler Tann. Stämmige Eichen mit breiten Kronen prägen das Bild. Aus dem Nebel tauchen die Konturen von Hainbuchen, Rotbuchen, Sträuchern auf. Das gesplitterte Totholz einer Wildkirsche ragt schulterhoch empor. »Wir sind hier im Genossenschaftswald Barterode«, sagt Helmuth Freist, mit dem ich an diesem Januarmorgen durch den Schnee stapfe. Dieses Waldstück – und ein paar andere in der Gemarkung – gehört einer Genossenschaft aus dem nahen Dorf. Früher bildeten sie die »gemeine Mark« des Dorfes. Diese war im Besitz der Allgemeinheit. Oder wie man im Niederdeutschen, also auf Plattdeutsch, sagte: der »ghemene«.

Im alemannischen Sprachraum, im südwestlichen Deutschland und in der Schweiz, sprach man von der »Allmende«. Im Altenglischen nannte man diese Rechtsform »gemæne«. Es ist kein Zufall, dass die niederdeutsche und die angelsächsische Fassung übereinstimmen. Die Landnahme der Angeln und Sachsen im keltisch besiedelten Britannien um das Jahr 500 hatte in den Räumen zwischen Weser und Elbe, Nord- und Ostsee ihre Ausgangspunkte. Die sächsischen Stämme nahmen nicht nur ihr Wort, sondern auch ihr Recht mit in die besetzten Gebiete, in ihre neue Heimat zwischen Themse und Ärmelkanal, Wessex und Essex. Erst nach der normannischen Invasion von 1066 setzte sich das anglonormannische Wort *common* durch, abgeleitet vom lateinischen *communis* – gemeinsam.

Die Wälder und Weiden der »ghemene« gehörten wie die besagten Manganknollen allen und keinem. Doch der Zugang zu ihrer Nutzung stand keineswegs jedem nach Bedarf offen.

Allmende – kein Niemandsland

Die Allmende war kein Niemandsland. Sie war im Gegenteil streng geregelt. Helmuth Freist kann wie kaum ein anderer diesen Wald und dessen Geschichte lesen. Drei Jahrzehnte, bis zu seiner Pensionierung, hat er das niedersächsische Forstamt Bramwald geleitet, das hier zuständig ist. Die Waldgenossenschaft Barterode und viele andere in der Region hat er lange Jahre forstlich beraten. Auch als diese einen Teil ihres Besitzes unter Vertragsnaturschutz stellen ließ, also gegen Entschädigung den Holzeinschlag einstellte. Wie lange ist dieser Wald schon Allmende? Seit Gründung des Dorfes, meint Freist, also seit der frühmittelalterlichen Rodungsperiode, von der der Ortsname erzählt, mindestens seit 1 000 Jahren.

An den Zweigen der kahlen Bäume sitzen zahlreich und prall die Knospen. Ihre Botschaft ist schlicht: Der nächste Frühling kommt bestimmt. Dann wird der Waldboden von blühenden Märzbechern, Lerchensporn und Anemonen bedeckt sein. Der Rotmilan wird aus den Feldfluren hier herauffliegen, zwischen den Stämmen streichend nach Beute jagen und seinen Horst bauen. Der ganze Berg wird vom Gezwitscher der Singvögel widerhallen. Und vom Trommeln der Spechte: Alle fünf heimischen Spechtarten brüten hier. Dieser Wald strotzt vor Vitalität – vielleicht mehr denn je. Die lange Kontinuität der Nutzung hat ihm offenbar in keiner Weise geschadet. Seine »Nachhaltigkeit« ist auf Schritt und Tritt greifbar.

Dabei war die Allmende bei den Historikern lange Zeit verrufen. Sie galt als Ort des regellosen Raubbaus, also als das Gegenteil von nachhaltig. Jeder holt sich, so viel er kann. Keiner will zu kurz kommen. Keiner fühlt sich verantwortlich. Alle gemeinsam richten sie den Besitz zugrunde. Der amerikanische Ökologe Garrett Hardin führte diese Denktradition fort. Anhand eines gemeinsam genutzten und alsbald übernutzten Weidelandes setzte er Ende der 1960er-Jahre das Schlagwort von der *tragedy of the commons* in die Welt. Ein großer Irrtum, meint Freist. »Undenkbar, dass da einfach einer seine Axt schulterte, in den Wald ging und sich irgendwelches Holz holte. Oder dass er etwa seine Schweine alleine zur Mast in den Wald trieb. Dann hätten die Nachbarn schon entsprechend gemeutert. Das musste abgestimmt sein. Das war alles genau festgelegt. Da gab es strenge juristische Regeln, und jeder Verstoß wurde bestraft.«

Wie hat das System funktioniert? Die mittelalterliche Allmende gewährte allen Berechtigten einen gleichen, aber streng geregelten Zugang zu den Ressourcen. Der Wald wuchs in zwei Schichten. Forstleute sprechen vom »Mittelwald«. In Barterode bestand die lichte Oberschicht hauptsächlich aus Eichen. Deren Holz diente zum Bau der Häuser und Arbeitsgeräte. Das Unterholz wurde parzellenweise in jährlicher Rotation »gehauen«. Es bestand aus Sträuchern und überwiegend Hainbuche, die rasch wieder aus dem Stock, dem Baumstumpf, ausschlug und nachwuchs. Das war das Brennholz. Der Wald war auch Weide. Das Laub diente als Streu für das Vieh. Mit den Eicheln mästete man die Schweine. Die Schinken, sagte man damals, wachsen auf den Bäumen.

Auf jährlichen gemeinsamen Waldbegehungen hat man die Menge an hiebbarem Holz ermittelt, auf Versammlungen eingeteilt und zugeteilt. Das Maß der Nutzung war das »Nachwachsen«, also die Regenerationsfähigkeit der Ressource. Das Holz diente einzig und allein der »notdurft«, dem Eigenbedarf. Strikt untersagt war der Verkauf. Kein Gemeingut kam auf den Markt. Es durfte nicht »umme gires willen«, aus Gier, so heißt es in einer Quelle von 1456 aus Goslar, verwendet werden. Die Dokumente jener Zeit bezeichnen die Mitglieder der Allmendegenossenschaft häufig als »Erben«. Sie sahen sich als »Treuhänder« in einer langen Kette von Generationen – die zurück in die Vergangenheit und vor allem weit in die Zukunft reichte. Die alte Allmende war ein soziales Netz, das nur bei schonendem Umgang mit den Ökosystemen vor der Haustür tragfähig blieb. Die Selbstsorge war verbunden mit der Vorsorge. Dieses Prinzip nennt man heute *sustainable development.* Eine »nachhaltige« Entwicklung soll die Grundbedürfnisse der jetzigen Bewohner des Planeten decken, aber die Optionen offenhalten, damit alle zukünftigen Generationen ihre Grundbedürfnisse auf ihre Weise befriedigen können.

Vorsorge und Selbstsorge

»An sich«, sagt Helmuth Freist, der alte Forstmann, auf dem Weg zurück ins Dorf, »ist diese Form des Eigentums ideal.« Warum? »Weil eine Vielzahl an Bürgern als Anteilseigner unmittelbares Interesse haben kann. Und zwar auch, was ja nie schaden kann, ein finanzielles Interesse. Sie haben die Chance, aus ihrem Wald Holz zu beziehen. Sie bekommen Einblicke in den Wald. Sie haben das Gefühl: Das ist unser Wald. Auch ökonomisch ist das Eigentum ›zur gesamten Hand‹ vernünftig. Eine Zersplitterung des Waldes in private Einzelparzellen hätte chaotische Folgen.«

Das Feuer prasselt im Kamin auf der Diele, als wir wenig später in Barterode bei Hartmut Jeep anklopfen. Der gut 70-Jährige ist Landwirt und Vorsitzender der örtlichen Waldgenossenschaft. Wie tickt so etwas heute? Auf den ersten Blick nicht viel anders als die übrigen Vereine im Dorf. Man ist eine Körperschaft des öffentlichen Rechts. Mit Satzung, Vorstand, Rechnungsführer und alljährlicher Mitgliederversammlung. Die Genossenschaft hat 75 Mitglieder, denen insgesamt 102 Anteile gehören. »Wir sind Eigentümer«, sagt Jeep, von 400 Hektar Wald in verschiedenen Lagen. Genosse wird man, indem man einen Anteil erbt oder erwirbt. Voraussetzung ist laut Satzung, dass man ortsansässig ist. »Wir sind der Meinung, es macht keinen Sinn, dass einer aus Hamburg hier einen Anteil in Barterode hat.«

Die forstliche Planung, die Pflegemaßnahmen, den Holzeinschlag und den Verkauf hat die Genossenschaft freilich weitgehend an das Forstamt delegiert. Was bleibt an Aktivität der Genossen? Sie nehmen sich »Lesescheine« und holen sich ihr Brennholz aus ihrem Wald. Die Jagd wird nur an eigene Leute verpachtet. Die alljährliche Waldbegehung hat Volksfestcharakter. Die Lehrerin, selbst Genossin, ist mit ihren Schulklassen viel im Wald, zu Pflanzaktionen oder waldpädagogischen Projekten, und selbstverständlich holen sie sich zu Weihnachten ihren Tannenbaum aus dem Wald. Und die Gewinne aus dem Holzverkauf und dem Vertragsnaturschutz? Die werden zum Teil reinvestiert oder als Sicherheitspolster zurückgehalten. Was übrig bleibt, wird an die Mitglieder ausgeschüttet.

»Glauben Sie, dass die Nachhaltigkeit bei einer Genossenschaft gut aufgehoben ist?«, frage ich Hartmut Jeep. »Das denke ich schon«, meint er. »Wir haben ein forstliches Betriebswerk, das sagt, wir können pro Hektar 7,5 Festmeter einschlagen. Wenn die Preise gut sind, schlagen wir mal ein wenig über dem Soll. Wenn die Preise schlecht sind, schlagen wir dann bedeutend weniger. Aber im Zehn-Jahres-Schnitt kommen wir eigentlich nie darüber.« Aus Überzeugung? »Ganz klar, aus Überzeugung. Wir wollen das für unsere Nachkommen erhalten – und weitergeben.« Unser Maßstab ist nicht der IKEA-Katalog, sind nicht die Holzsortimente, die gerade schick sind. »Darauf«, sagt Jeep, »können wir sowieso nicht reagieren, wenn wir heute pflanzen. Was in 120 oder 140 Jahren nachgefragt wird, wissen wir nicht.« Wie mit dieser Unsicherheit umgehen? »Man muss in einem Wald von allem etwas haben. Bei uns wachsen 47 Baumarten.« Von allem etwas! Hier ist sie, die alte Erfahrung: Monokulturen sind nie nachhaltig. Der Schlüssel ist die Vielfalt. Nur sie hält die Optionen offen. Die Vorgaben kommen letztlich aus der Natur. »Auf welchem Standort wächst welcher Baum? Daran sind wir gebunden.«

Von allem etwas

Eine historische Tiefenbohrung: *omnia sunt communia.* Alles gehört allen. Aus dem Abstand von 500 Jahren weht eine Stimme in unsere Gegenwart herüber. Es ist die wortgewaltige, zornige, heisere, schmerzverzerrte Stimme von Thomas Müntzer. Dieser »Rebell in Christo« (Ernst Bloch) hatte einen Katzensprung östlich von Barterode, im thüringischen Eichsfeld, an der Unstrut und in den Tälern des Harzes seine Anhängerschaft. Der spirituelle Rädelsführer der Bauernkriege – und Todfeind Luthers – formulierte sein Vermächtnis angesichts der Folter auf der Wasserburg Heldrungen im Frühling 1525. Nur wenige Tage später hat man ihn enthauptet. Auf offenem Feld, am Rand der Stadt Mühlhausen. Den Leichnam hat man auf einen Pfahl gespießt und ausgestellt. Warum damals dieser fundamentalistische Hass?

»Omnia sunt communia, und sollten eynem jeden nach seyner notduft ausgeteylt werden.« Inspiriert war Müntzer von den Prinzipien des urchristlichen Kommunismus. Aber vor Augen hatte er die geschundenen Bauern und Bergknappen seiner Heimat und die Allmende-Wälder und -Weiden von Harzvorland und Hainich. Der Bauernkrieg, die große »Aufruhr«, wie man damals sagte, hatte sich nicht zuletzt an der »Einhegung«, der Beschränkung und Bekämpfung der Allmenden durch die Landesherren, entzündet. Müntzer hält dagegen. Für ihn ist die Idee der »notdurft«, die allen zustehe, zentral.

In modernem Gewand taucht das Konzept in heutigen Nachhaltigkeitsstrategien wieder auf – als *basic needs,* Grundbedürfnisse. Darum ging es – viel radikaler – schon bei Müntzer: »Es ist der allergrößte Greuel auf Erden, dass niemand der dürftigen Not sich will annehmen. Die Großen machen's wie sie wollen [...] Sie nehmen alle Kreatur zum Eigentum, die Fische im Wasser, die Vögel in der Luft, das Gewächs auf Erden, alles muss ihrer sein [...] Die Herren machen das selber, dass ihnen der arme Mann feind wird. Die Ursache des Aufruhrs wollen sie nicht wegtun, wie kann es auf die Länge gut werden?«

Müntzers letzter Aufenthaltsort, die Wasserburg Heldrungen, ist heute eine Jugendherberge. Auf einer Wanderung von den Abhängen des Kyffhäusers über Bad Frankenhausen, wo heute das grandiose Bauernkriegspanorama des Malers Werner Tübke an den Aufstand der Bauern für ihre Allmenden erinnert, nach Heldrungen an der Unstrut kommt man dem Genius Loci sehr nahe. Mit in den Rucksack packen: den 800-Seiten-Roman des italienischen Autorenkollektivs Wu Ming von 1999 mit dem mysteriösen Titel »Q«. Eine fulminante Zeitreise zu den Ketzern und Rebellen der Reformationszeit, die mit Müntzers Tod nach der blutigen Schlacht bei Frankenhausen einsetzt. Geschrieben im Geiste eines alten Liedes über den Bauernkrieg. »Wir sind des Geyers schwarze Haufen« endet mit einem messianischen Hoffnungsschimmer: »Geschlagen ziehen wir nach Haus / die Enkel fechten's besser aus.«

~

Im Hochsommer kehre ich noch einmal zurück ins Weserbergland. Ich will die »Ururenkel« in Aktion erleben, spiele Mäuschen bei der – so heißt es offiziell – Waldbegehung der Realgemeinde und Forstgenossenschaft Wiershausen. Das Fachwerkdorf, nach Hannoversch Münden eingemeindet, liegt in den Ausläufern von Kaufunger Wald und Bramwald, ein paar Kilometer nördlich der Autobahn Kassel–Göttingen. Die Waldungen der Genossenschaft ziehen sich in einem breiten Gürtel bis zum Steilhang des Wesertales hinüber. Sonntagmorgen, 28 Grad Celsius, geschlossene Wolkendecke. Ich bin zusammen mit der zuständigen Försterin gekommen, die von ihrem Forstamt aus ein paar Dutzend Waldgenossenschaften berät und betreut. »Wiershausen«, sagt sie, »ist eine ganz muntere Genossenschaft. Die hat 60 bis 70 Anteiler, macht sehr viel in Eigenarbeit.«

Die Glocken der Dorfkirche läuten zum Gottesdienst, als sich auf dem Gelände einer Sportanlage am Ortsrand nach und nach an die hundert Leute einfinden: Mitglieder und Anteiler der Waldgenossenschaft, Angehörige, Gäste. Freundliche Gesichter, entspannte Stimmung. Der Älteste geht am Stock, der Jüngste sitzt in der Kraxe. Ein Deutscher Kurzhaar hechelt an der Leine eines Jägers. Der Dorfbürgermeister ist dabei, der Dorfsonderling auch. Man ist unter sich. Jeder kennt jeden. Nach kurzer Begrüßung durch den Vorsitzenden setzt sich die Gruppe allmählich in Bewegung.

Durch einen Hohlweg geht es bergan zu einem Waldrand

aus hohen Eichen und Buchen. Schon zur Zeit der Bauernkriege war hier Allmende. Das Schild am Eingang des Waldes, das die Entsorgung von Gartenabfällen verbietet, ist neu. So wie die Tafel, die über die Zertifizierung des Waldes informiert. Zertifizierung sei, erzählt der Vorsitzende, wie der Gurt im Auto: Sicherung gegen Raubbau. Der Weg führt an einem Forellenteich entlang. Wenig oberhalb ist die Quelle des Baches in Beton eingefasst. Auf der nächsten Anhöhe macht die Gruppe halt. Die erste Ansprache des Vorsitzenden dreht sich um die letzte Forstinventur. Sie bilanziert den Istzustand des Waldes und plant für die nächsten zehn Jahre Zukunft: Was habe ich? Wie viel wächst zu? Was kann ich ernten? Wie geht es weiter? Das sind die Leitfragen im Forst schon seit 300 Jahren. »Damit wir nicht aus der Nachhaltigkeit herauskommen«, sagt die Försterin.

Zertifizierung schützt vor Raubbau.

In den Genossenschaften ihres Bezirkes trifft sie sowohl auf »Strategen«, die Anzeigen in die Zeitung setzen: Brennholz zu verkaufen, und »derbe zu viel hacken«. Die müsse sie bremsen. Manche, wie die hier in Wiershausen, bremsen sich selbst. Aus Sorge, irgendwann mal kein Holz mehr zu haben. Da müsse sie ab und zu warnen, dass die Buchen »in den Gammel reinwachsen« und dann nur noch die Hälfte wert sind. So sei das eben, wenn ein Gut »ideell geteilt« ist, also gemeinschaftlich einem Kollektiv gehöre, das jedes Jahr neu die Ausschüttung an Geld und an Deputatholz beschließt und dann dem einzelnen Berechtigten seinen Anteil zuweist. Manchmal wird ausgelost, wer sich welches Holz aus dem Wald holen kann. Welche Erlöse sind momentan zu erzielen? Die Försterin überlegt kurz. Im Schnitt zwischen 200 bis 500 Euro Bargeld plus zwei bis drei Raummeter Holz für jeden Anteiler. Natürlich ist das nur ein Zubrot, trotzdem ein fester Posten im Budget der Dörfler. Und, immerhin, bei den momentanen Zinsen auf Festgeldkonten ist Wald ein gutes Investment.

Die Kinder, vielleicht ein Dutzend insgesamt, tummeln sich derweil auf der Lichtung. Zwei Jungen suchen einen Stock, um einen Spieß zu schnitzen. Ein Mädchen sammelt Borkenstücke. Sie will in ihrem Kaninchenstall einen Unterschlupf bauen. Ein anderes Mädchen legt ein Blatt Spitzwegerich auf einen Mückenstich am Arm. Jemand sucht Steinchen für seine Zwille. Der Vorsitzende berichtet von einer erfolgreichen Waldspielaktion für die Mitglieder der Kinderfeuerwehr. Auch Baumpflanzaktionen mit Kindern habe es gegeben. Man strebe an, dass jedes Kind einen Baum hat, den es gepflanzt hat und im Anschluss pflegt.

Der Zug setzt sich wieder in Bewegung. Ein Grenzstein steht am Wegrand, von blühendem Fingerhut und Glockenblumen umwuchert. Die Jahreszahl 1752 ist stark verwittert. Auf der nächsten Anhöhe stehen Kiefern. Vielleicht 60 bis 70 Jahre alt. »Die hat mein Onkel mit gepflanzt«, erzählt mir ein älterer Genosse. Noch 20 Jahre, dann sind sie hiebreif. Wenn nichts dazwischenkommt. Die Sorge vor extremen Wetterereignissen schwingt immer mit. »Kyrill«, der Orkan vom Januar 2007, hat in den südniedersächsischen Forsten mächtig eingeschlagen. »Mein Eigentum!«, ruft ein Junge im Grundschulalter aus dem Unterholz. Ob er den Wald meint? Oder den Stock, den er gerade entrindet? Der feste Weg wird zu einem grasbewachsenen Pfad. Eine lange Menschenschlange windet sich den Hang entlang ins Tal.

Unten ein kiesbedeckter Lkw-Wendeplatz, offenbar neu gebaut. Die Försterin ergreift das Wort. Der Wegebau habe im vergangenen Jahr Priorität haben müssen, trotz der hohen Kosten. Sie erläutert das System der »Rettungspunkte«, mit dem die deutschen Wälder gerade überzogen würden. Rettungsfahrzeuge müssten überall hineinfahren können. Notarztwagen beispielsweise. Denn Holzfällen bleibe gefährlich, auch wenn moderne Schutzkleidung, Helm, Sicherheitsschuhe inzwischen obligatorisch seien. Auch Wanderer legten immer mehr Wert auf

Sicherheit. Und natürlich müssten Feuerwehreinsatzfahrzeuge links und rechts aneinander vorbeifahren können. Und dann kommt sie auf den springenden Punkt: Die Asphaltpisten im Wald seien auch nötig, weil immer größere Lkws beim Holztransport zum Einsatz kämen. Und, so vermute ich, immer öfter auch die Harvesterkolosse Anfahrtswege brauchen. Die Ansprache der Försterin wird beifällig aufgenommen. Nach den ökologischen Kosten des maschinengerechten Waldumbaus fragt niemand.

Ich komme mit einem Genossen ins Gespräch, der zum harten Kern der »Kulturarbeiter« gehört. Ein Rentner, früher Metzger, der jetzt die Zeit und immer noch die Kraft für die Waldarbeit hat. Eine Handvoll Mitglieder treffen sich, je nachdem, was gerade anliegt: Neuanpflanzungen, Kirschbäume und Douglasien ästen, Kulturen durchforsten, Zäune reparieren, Gräben freischaufeln – so die einfachen Kulturarbeiten. *Sylvicultura* ist das alte, in ganz Europa gebräuchliche Wort für »Waldbau«. Zu den harten Sachen, Baumfällen und so, holt man in der Regel Unternehmer. Das Wichtigste für sie: Arbeiten ohne Druck. Neulich sei er mal mit seinem Enkelkind an einer Schonung stehen geblieben und habe gesagt: »Die Bäumchen habe ich gepflanzt. Und wenn du später mal hier vorbeikommst, denk mal an deinen Opa.« »Wie meinst du das?«, habe der gefragt. Na ja, lacht er, irgendwie muss man ja die Kinder begeistern: »Das ist euer Wald. Der gehört euch.« Man muss dieses Gen weitergeben.

Totholz – das Gold des Waldes

Eine letzte Ansprache des Vorsitzenden auf einer Lichtung. Es geht um die Ökosystemleistungen. Anhand einer umgebrochenen Eiche, Windwurf, die man in Eigenarbeit vom Weg auf die Lichtung gezogen habe und bewusst liegen lasse, erläutert er das Konzept. Totholz gehöre zu unserem Wald genauso wie die wertvolle hiebreife Buche. Die intuitive Abneigung der bäuerlichen Waldbesitzer gegen den »Gammel« ist hier offenbar überwunden. Man schätzt das Totholz als das Gold des Waldes, den Hotspot der Biodiversität. Das Zusammenspiel der Arten vom Specht bis zu den Mikroorganismen erst hält den Waldboden fruchtbar. Auf dem Eichenstamm balancieren derweil die Kinder. Der Junge mit der Zwille schnitzt an seinem Stock. Ein Mädchen lässt einen Schmetterling abwechselnd auf dem Handteller und einer Fingerspitze Platz nehmen. Die Sonne steht schon hoch. Zum Abschluss – wieder an der Sportanlage – gibt es Leckeres vom Grill und kühle Getränke. Im Dezember ist Jahreshauptversammlung.

Auf der Rückfahrt zu ihrem direkt an der Weser gelegenen Forstamt erzählt mir die Försterin von den Fronten, die sich in den Dörfern der Region gerade herausbilden. Mancherorts vertiefen sich die Gräben zwischen Waldgenossenschaften und Naturschutzgruppen. »Der Rotmilan ist gut und schön, und wir versuchen ja, seine Horstbäume zu schützen. Aber, Leute, dieser Wald *gehört* jemandem, nämlich uns. Und nicht euch.« Oder die alteingesessenen Bauern – und Anteiler – wollen in Windkraftanlagen investieren, doch die Zugezogenen lehnen sie ab. Da tobt ein Krieg, sagt die Försterin. Sie versuche zu vermitteln: »Leute, ihr müsst miteinander reden!«

Von der Fähre, die mich über die Weser setzt, schweift der Blick noch einmal über die grünen Hügel auf beiden Seiten des Stroms. War das alles? Ziemlich bieder, oder? Auf den ersten Blick, ja. Doch schlummert in den Waldgenossenschaften nicht ein zukunftsfähiges Potenzial? Was ist, wenn *peak oil* durchschlägt und uns das Öl ausgeht? Und wenn dann die globalisierten Logistikketten reißen? Der US-Soziologe Jeremy Rifkin spricht vom *peak globalization,* dem Scheitelpunkt der Globalisierung. Was dann? Danach könnten – müssen! – die lokalen und regionalen ökonomischen Kreisläufe übernehmen. Dann bekommen die Elemente der Subsistenzwirtschaft, Eigenarbeit und Selbstversorgung jenseits von Markt und Staat plötzlich wieder Bedeutung. Dann bekommt auch der Zusammenhalt eines lokalen Gemeinwesens – die Nachbarschaft – einen neuen Sinn.

Ja, die Anteiler haben recht, ihre Allmende ist kein Niemandsland. Sie ist im gemeinsamen »Besitz« von Leuten, die ihre Anteile »geerbt« haben. Aber sie ist kein »Eigentum«, mit dem ein Besitzer, auch nicht kollektiv, schalten und walten kann, wie er will. Sind Transformationen denkbar, wie sie sich in urbanen Räumen abzeichnen, wo gerade ein ziemlich vergreistes Schrebergartenmilieu zu einer quicklebendigen, bunten, multikulturellen *urban-gardening*-Szene mutiert? Steckt in der Tradition der Allmende eine Plattform der gemeinsamen Reflexion über eine solidarische solare Zukunft? Vielleicht ist das wertkonservative Konzept der Treuhänderschaft neu zu beleben? Und damit das Motto »Eigentum verpflichtet«. Auch gegenüber Rotmilan, Schmetterling und Zunderschwamm! Das wäre dann ganz nahe an der in der Hippiezeit viel zitierten indianischen Weisheit: »Wir haben die Erde von unseren Kindern nur geliehen.«

Nicht Eigentum – Erbe!

~

Eine Rückblende zu der Veranstaltung in Berlin. Bei der Hommage an Elisabeth Mann Borgese saß die neuseeländische Umweltjuristin Prue Taylor mit auf dem Podium. Sie ist Spross schottischer Einwanderer und in fünfter Generation »Kiwi«. Die Idee der *commons,* erzählt sie, als wir am nächsten Tag mit dem Dampfer auf der Havel von Wannsee nach Potsdam unterwegs sind, sei bei den indigenen Völkern von Aorearoa tief verwurzelt: Die Maori haben ein gut entwickeltes System kollektiven Eigentums. Aber unter »Eigentum« versteht man bei ihnen etwas anderes als in den westlichen Rechtssystemen. Maori haben ein ganzheitliches und integratives Weltbild. In ihrem Verständnis besitzen sie das Land – und das Land besitzt sie. Das drückt eine spirituelle und physische Beziehung der Zugehörigkeit aus. Sie erstreckt sich über Generationen. Land ist eine Gabe der spirituellen Geister und Götter. Diese haben es den Vorfahren überlassen. Und jetzt ist es den gegenwärtigen Generationen anvertraut, um es zu nutzen und zu pflegen – im Dienste der zukünftigen Generationen. Wenn man die Vorstellung der Maori von Besitz verstehen will, sagt Prue Taylor, müsse man diese Beziehungen verstehen. Sie erzeugen Verpflichtungen wie Fürsorge, Respekt, aktive Behütung und Bewahrung der Güter. Natürlich gibt es das Recht, das Land zu nutzen. Aber eingebettet ist dieses Recht in ein System von Verantwortlichkeiten und Verpflichtungen. Im Kern beinhaltet es, dass die natürlichen Lebensgrundlagen zum Wohle aller zu erhalten sind. Das Konzept ist vielen Kulturen, Religionen und spirituellen Traditionen der Menschheit gemeinsam.

Was also haben die Manganknollen aus der Südsee mit den südniedersächsischen Wäldern zu tun? Sie als »Gemeingüter« auffassen und entsprechend achtsam damit umgehen könnte sich als ein gangbarer Weg erweisen, sie so zu bewahren, dass auch künftige Generationen noch etwas davon haben. An diesem Punkt kommt Elisabeth Mann Borgese ins Spiel.

Ich erinnerte mich an einen Gang auf ihren Spuren. An einem frostigen, strahlend sonnigen Wintertag, kurz nach meiner ersten Exkursion im Weserbergland, flanierte ich am Hochufer der Isar im noblen Münchner Stadtteil Bogenhausen. Ringsherum ein buntes Treiben von Spaziergängern mit und ohne Hunden, von Joggern und Radlern. Linker Hand des Fußweges fließt prall und reißend an Kiesbänken, Uferbefestigungen und Auenwaldresten entlang der Fluss nach Norden. Jenseits kommen die Anlagen des Englischen Gartens ins Blickfeld. Rechts vom Weg reiht sich Villa an Villa, eine opulenter als die andere. Die Preise für Grund und Boden sowie Wohneigentum explodieren gerade mal wieder. Der Herzogpark zählt zu den exklusiven Lagen der bayerischen Landeshauptstadt. Wo die Poschingerstraße einmündet, steht eine dreistöckige Villa. Schneeweißer Putz, ein halbrunder Vorbau, Atelierräume unter dem Dach, Schwimmbecken im terrassierten Garten. Das muss es sein, wenn auch mehrfach aus Ruinen wiederaufgebaut: Thomas Manns geliebtes »Stadtpalais«. Heute ist es nach außen hermetisch abgeschirmt. Kein Name an der Tür, Videoüberwachung. Kein noch so kleiner Hinweis auf den prominenten Vorbesitzer, den Literaturnobelpreisträger von 1929.

Zu der Zeit war seine jüngste Tochter, Elisabeth, gerade mal zehn Jahre alt und entdeckte die Welt. Direkt vor der Haustür der herrschaftlichen Villa lag damals wie heute ein großzügig dimensionierter öffentlicher Raum, ein breiter Gürtel städtischen Grüns links und rechts der Isar – geliebte Flaniermeile des Schriftstellers, Abenteuerspielplatz der Mann-Kinder. Elisabeths Sehnsucht aber war von Kindesbeinen an – das Meer. Die Sommerfrische der Familie lag stets am Strand. Auf Sylt, an der ligurischen Küste, auf der Kurischen Nehrung. »Ich war einfach benommen«, schreibt Elisabeth rückblickend, »vom Anblick des Meeres.« Die Farbe, das Plätschern der Wellen, der Salzgeruch faszinierten sie, vor allem aber der Horizont. »Die Endlichkeit wird zur Unendlichkeit.« Dieses »ozeanische« Lebensgefühl begleitete sie ihren ganzen Lebensweg hindurch, der sie in die Emigration an die Westküste der USA, später nach Italien und Kanada führte.

Ozeanisches Lebensgefühl: »Die Endlichkeit wird zur Unendlichkeit«.
ELISABETH MANN BORGESE

In den 1960er-Jahren entdeckte die Menschenrechtsaktivistin, Feministin und Literatin die Ozeane als Thema. Und zwar auf der ziemlich abstrakten Ebene des Seerechts. Elisabeth Mann Borgese engagierte sich für den Schutz und die gerechte Nutzung der Meere. Dem Club of Rome, der 1972 zum ersten Mal vor den *Grenzen des Wachstums* warnte, war sie 1970 beigetreten und gehörte bald zu seinen aktivsten Mitgliedern. Für die Brundtland-Kommission der UN war sie als Beraterin tätig. Zusammen mit ihrem Weggefahrten und Mentor Arvid Pardo kämpfte sie dafür, die Ozeane des Blauen Planeten zum *common heritage of mankind,* also zum »gemeinsamen Erbe der Menschheit«, zum globalen Gemeingut, zu erklären.

Das Konzept hatte Arvid Pardo, damals UN-Botschafter der Mittelmeerinsel Malta in New York, 1967 auf die Weltbühne gebracht. Es war eine kühne Aktualisierung der Idee der *commons:* So wie Wald und Weide zum Gemeingut einer Dorfgemeinschaft sollten die Weltmeere zum Gemeingut der Weltgemeinschaft erklärt werden. Der Grundgedanke: Die Ozeane sind lebenswichtige Ökosysteme. Hochsee und Meeresboden und deren Ressourcen können und dürfen nicht zum privaten oder staatlichen Eigentum gemacht werden. Sie sind von Natur aus »Nichteigentum«. Natürlichen oder juristischen Personen wird nur ein Nutzungsrecht übertragen. Es beinhaltet die Pflicht zur schonenden, sozial gerechten und friedlichen Nutzung. Der Schutz und das Management des Gemeinerbes solle einem von der UN zu schaffenden »Treuhandrat« übertragen werden. Der in vielen Kulturen der Welt verankerte Gedanke der »Treuhänderschaft« im Interesse der nachfolgenden Generationen kehrt zurück.

Ein revolutionärer Vorstoß: Hier wird der Eigentumsbegriff des klassischen römischen Rechts infrage gestellt. Der hatte dem Eigentümer nämlich das *ius utendi et abutendi* zugeschrieben. Also das Recht, mit seinem Eigentum zu machen, was er will. Einschließlich des Rechts, sein Eigentum zu »missbrauchen« *(ius abutendi),* also sein Stück der Biosphäre zu übernutzen, zu kontaminieren, zu zerstören – es zu Geld zu machen. Genau diese Logik des schrankenlosen kapitalistischen Privateigentums, so die Verfechter der Gemeingutidee, sei verantwortlich für die unter unseren Augen vor sich gehende Plünderung des Planeten und müsse überwunden werden. Elisabeth Mann Borgese starb im Winter 2002 in St. Moritz. Ihre letzte Ruhestätte ist das Familiengrab der Manns auf dem Friedhof in Kilchberg hoch über dem Zürichsee.

Prue Taylor hat sich intensiv mit dem juristischen Denken von Pardo und Mann Borgese befasst. Die Idee des Gemeinerbes der Menschheit, sagt sie, ist ein Stück »globaler Weisheit«. Im 21. Jahrhundert komme sie neu auf die Agenda. *Tragedy of the commons?* Von wegen! An der eskalierenden ökologischen Zerstörung immer größerer Regionen des Planeten zeigt sich heute die kumulative Wirkung des Privateigentums. Dagegen steht das Gemeinerbe als ein radikales ethisches Prinzip. Sein Kern ist die Nachhaltigkeit der Ökosysteme und der menschlichen Gemeinwesen. Es handelt von der Sorge, der Vorsorge und der Verantwortung für den anderen, also die Mitmenschen und die Nachwelt, aber auch für das andere, also die Natur und die natürlichen Grundlagen des Lebens auf der Erde.

Der Mensch kann nicht die Natur managen. Das zu glauben sei Hybris. Was er nur managen kann: sein Verhalten, Prue Taylor spricht vom *conduct* gegenüber der Natur, seinen Eingriff in das ökologische System. Die Idee des Gemeinerbes impliziert einen Verhaltenskodex. Dieser fordert die Nichtschädigung. Also die *ecological integrity,* in der Sprache der päpstlichen Enzyklika: die »Unversehrtheit der Erde« und die Weitergabe intakter Natur an die nachfolgenden Generationen.

Gemeinerbe als ein radikales ethisches Prinzip

Das hat weitreichende Konsequenzen in Bezug auf die Formen des Eigentums. Keineswegs wird privater oder öffentlicher Besitz generell infrage gestellt. Doch er wird begrenzt. Die Idee des Gemeinerbes impliziert das Prinzip der Nichtaneignung für ökologisch besonders sensible Orte und Räume des Planeten: Hochsee, Meeresboden, Antarktis – auch der Mond – dürfen in kein privates oder staatliches Eigentum übergehen. Lebenswichtige Ökosysteme wie die Atmosphäre und die für das Klimasystem wichtigen Räume müssen vor dem Zugriff privater Interessen geschützt werden. Sie dürfen nicht weiter durch Fragmentierung, Privatisierung und *landgrabbing* geschädigt werden. Ihre behutsame Nutzung muss durch organisierte Formen und Institutionen der Treuhänderschaft gewährleistet werden. Nach dem Motto: Eine Welt – für alle Menschen, für alle Lebensformen.

Klingt utopisch? Ja, vielleicht. Aber immerhin beeinflusste das Konzept die UN-Seerechtskonvention von 1982. Seitdem ist der Meeresboden als gemeinsames Erbe der Menschheit völkerrechtlich bindend abgesichert. Eine spezielle UN-Behörde mit Sitz in Jamaika vergibt Schürflizenzen und definiert Schutzzonen. Der UN-Gipfel 2012 Rio plus 20 hat die Geltung des Prinzips bekräftigt. Papst Franziskus hat es in seiner Enzyklika von 2015 zu einem Eckpfeiler seiner Strategie zur Bewahrung der Schöpfung gemacht. »Die Umwelt«, stellt er unmissverständlich fest, »ist ein kollektives Gut, ein Erbe der gesamten Menschheit und eine Verantwortung für alle.«

~

Die Manganknollen und die Meeresböden zu globalen Gemeingütern zu erklären war nur ein Anfang. Im 21. Jahrhundert weitet sich die Vision aus und besetzt ganz neue Räume. Die Idee der *commons* ist wie geschaffen für die digitalen Räume des Cyberspace – für das Internet. Die Schlüsselfrage: Wie lässt sich das exponentiell wachsende Wissen der Menschheit zum Wohle aller nutzen? Cyberspace und *Wissensallmende* sind zusammen entstanden und expandiert. Ein riesiger globaler Fluss von Wissensgütern hat sich von den kommerziellen Medien und Wissensmonopolen abgekoppelt und ist frei verfügbar. Die Werkzeuge für deren Nutzung – Betriebssysteme und Computerprogramme – werden kollektiv entwickelt und zur *open source,* offenen Quelle, erklärt. Überraschend entsteht eine neue Kultur des Schenkens und Teilens. Die starre Abgrenzung zwischen Produzenten und Nutzern von Wissen verflüssigt sich. Die Lust an kollektiver Kreativität, das Streben nach Anerkennung in einer *community* und die Überzeugung, dass Wissen Gemeingut sein sollte, erweisen sich als stärkere Motivationen als die Aussicht auf persönlichen Gewinn.

Auch hier passiert intuitiv eine Rückkehr zu den Wurzeln. Traditionelle Gesellschaften, auch die indigenen Kulturen von heute, kennen kein geistiges Privateigentum, kein Patent, kein Copyright. Wissen bedeutet für sie ein kollektives Erbe, letztlich göttlichen Ursprungs, das sich über die Generationen hinweg aufgebaut hat. Es ist dazu da, so weit wie möglich verbreitet, klug genutzt, weiterentwickelt und an die nächste Generation weitergegeben zu werden. Auch die neue globale Wissensallmende entzieht sich der Logik von Copyright, Geld und Markt. Sie scheint unkorrumpierbar und unumkehrbar. Doch was treibt die Akteure an?

Wissensallmende – eine neue Kultur des Schenkens und Teilens

»Es ist diese Dynamik«, sagt »Sauerteig«, ein Wikipedia-Autor, der wie viele unter Pseudonym agiert, »ich kenne nichts Vergleichbares, was so dynamisch ist.« Wir sprechen über Wikipedia, die große Wissensallmende, eine der meistbesuchten Webseiten im Internet. »Sauerteig« hat bereits ein paar Dutzend Einträge initiiert, Hunderte weiterentwickelt und ist immer noch fasziniert: »Man muss sich vorstellen: Das ist ein Projekt, was von Tausenden Autoren vorangetrieben wird und immer weiter wächst.«

Wie entsteht ein Wikipedia-Artikel? »Sauerteig« erläutert mir das Prozedere: »Du stellst fest, da fehlt was. In der Regel bist du jemand, der schon einen Überblick über diesen Bereich hat. Wenn ein Artikel reinkommt, kann man in der Regel davon ausgehen, dass er von jemandem ist, der sich damit auskennt.

Du schreibst den Artikel, bist relativ frei in der Gestaltung. Der Aufwand ist nicht so groß. Du schreibst in der Regel unter Pseudonym, bist also ganz gut vor Angriffen auf deine Person geschützt. Du stellst deinen Text unmittelbar ein. Er kommt sofort auf den Prüfstand. Dafür ist die Diskussionsseite da. Sofort melden sich andere Autoren, auch die Administratoren von Wikipedia, dann andere Leute, die sich einfach nur berufen fühlen, zu kritisieren, zu vervollständigen, zu differenzieren. Jeder Benutzer von Wikipedia kann was ändern. Fehler und Schwachpunkte werden sofort bemerkt. Es dauert keine Stunde, schon fliegen dir die Fetzen um die Ohren. Du musst dich gut wappnen, wenn du etwas reinstellst. Idioten, die irgendwelchen Mist reinschreiben, fliegen sofort auf. Innerhalb von Minuten ist das wieder weg. Es wird sehr rigide auf Qualität geachtet. Dass du ein Korrektiv hast, das ist das, was dich weiterbringt. Diese Dynamik ist von Anfang an gegeben und geht weiter. Es kann sein, dass dein Artikel zwei, drei Jahre drinsteht, und dann kommt irgendjemand auf die Idee, da fehlt ja was ganz Entscheidendes. Dann wird auf der Diskussionsseite des Artikels neu diskutiert und entschieden, ob das jetzt gemacht werden soll oder nicht. Wenn es Streit gibt, entscheidet aufgrund der Diskussion ein Administrator. Der ist von der Community gewählt. Alles kann sich also permanent verändern und weiterentwickeln. Wenn dir Einfälle kommen, wenn du neue Literatur findest, kannst du das einbringen. Du verfolgst, wie andere damit arbeiten, an einem bestimmten Punkt einsteigen und das weiter aktualisieren. Und: Du kannst zu jedem Zeitpunkt unmittelbar kontrollieren, welche Wirkung du hast. Jede Wikipedia-Seite hat eine Abrufstatistik. Sie ist für die persönliche Motivation der Akteure etwas ganz Wichtiges. Der einfachste Kanal, um zu sehen, welche Öffentlichkeit man erreicht mit dem, was einem im Kopf herumgeistert. Vor allem aber: Die Enzyklopädie war ein Projekt der europäischen Aufklärung. Es ging um die Demokratisierung des

Wissens. Bildung für alle! Das ist immer noch der zentrale Aspekt der Wikipedia-Philosophie: das Wissen möglichst jedem auf der Welt zugänglich zu machen, es allgegenwärtig zu machen. Ohne Abhängigkeiten, weil sie bei Wikipedia keine Werbung akzeptieren, keine Gebühren erheben, sondern sich aus Spenden finanzieren. Dass du in Japan nachgucken kannst, wie man in Deutschland Sauerteig herstellt. Das war vor 20 Jahren noch nicht vorstellbar, und das«, sagt »Sauerteig«, »ist ein Faszinosum – ganz eindeutig.«

Die Faszination überträgt sich, während der Wikipedia-Autor erzählt. Plötzlich wird mir bewusst, was an diesem Projekt so bahnbrechend ist: Das viel zitierte »Dilemma der Allmende« lässt sich im 21. Jahrhundert außer Kraft setzen. Noch vor 20 Jahren wäre die Prognose gewesen: Wikipedia kann nicht funktionieren, denn alle werden es nutzen, aber niemand dafür arbeiten wollen. Diese Logik ist widerlegt. Der »Trittbrettfahrer«, der sich Ergebnisse aneignet, aber nichts dazu beiträgt, ist auf einmal zum willkommenen Mitspieler geworden. Er schenkt den aktiven Beiträgern nämlich etwas höchst Wichtiges: seine Aufmerksamkeit. Das beglückende Gefühl, gelesen zu werden, ist Motivation und Belohnung genug. Selbst eine Community, in der nur ein Prozent etwas beiträgt und 99 Prozent davon zehren, kann blühen und gedeihen. Das ist nüchtern betriebene, gelebte Utopie.

Wikipedia: der Trittbrettfahrer als willkommener Mitspieler

~

Es ist an der Zeit, ein schlichtes, altes Wort aus unserem Grundwortschatz hervorzuholen, es ins Rampenlicht zu stellen und zum Funkeln zu bringen: *Gabe.* Im Moment erlebt es in den weltweiten Bewegungen für eine große Transformation einen strahlenden Aufstieg. Als begrifflicher Gegenpol zum scheinbar alles durchdringenden und beherrschenden Konzept der Ware.

Ein Vordenker ist Alain Caillé. Wikipedia hat ihn aktuell in drei Sprachen (französisch, englisch, deutsch) auf dem Schirm: geboren 1944 in Paris, Professor für Soziologie an der Universität Paris-Nanterre. Die Auswahl der Schriften listet fünf Bücher auf. Drei Weblinks führen zu Artikeln und Interviews.

So gebrieft, hörte ich im Herbst 2014 Professor Caillé zu. Er stand am Rednerpult eines Seminarraums im Kohlenbunker des Weltkulturerbes Zeche Zollverein in Essen: weißer Haarschopf, schwarze Hornbrille, sonnengebräuntes Gesicht, Halstuch, dunkelblauer Anzug. Vor einer Masterclass junger Wissenschaftler sprach er über »Das Paradigma der Gabe und der Konvivialismus«. Keine PowerPoint-Präsentation, sondern eine gelassene und freie Entfaltung von Gedankengängen. Es gilt und wirkt das gesprochene Wort – und der Blickkontakt. So etwas ist weder auf Wikipedia noch anderswo im Netz abrufbar.

Geben – annehmen – erwidern. Die Verbindung dieser drei elementaren Handlungen, sagt Caillé, ist seit jeher die Basis des sozialen Lebens und der Kultur. Aus dieser Verbindung entsteht eine nicht durch Vertrag und Markt geregelte Beziehung. Sie basiert auf Kreisläufen. Sie bildet einen positiven Zyklus, der die Gesellschaft eigentlich erst menschlich macht. Um etwas bitten – geben – die Gabe annehmen – dafür danken – sie zeitlich versetzt erwidern – ein wenig mehr zurückgeben, als man erhalten hat – das Empfangene weitergeben – einen neuen Kreislauf in Gang setzen. Das führt die Menschen zusammen. Das Gegenteil: bitten – die Gabe verweigern – rauben. Die negative Spirale trennt die Menschen. Gaben zirkulieren.

Es gilt das Prinzip der Gegenseitigkeit. Es entstehen Netzwerke der Gegenseitigkeit. Aber auch der Umverteilung. Jemand, der nicht in der Lage ist, etwas zurückzugeben, wird nicht ausgeschlossen. Weder der Arme oder der Kranke noch der Fremde. Da gibst du bedingungslos. Du weißt, du kannst auch einmal in diese Situationen geraten. Die Gabe ist in diesem Fall nicht reziprok, sondern asymmetrisch. Du erwartest keine Gegenleistung. Annehmen ist legitim. Es beschädigt nicht das Selbstwertgefühl, beschämt dich nicht. Du lässt materielle Güter zum Wohl anderer und für den Zusammenhalt des Ganzen wirksam werden. Das Geschenk ist der Situation angemessen. Die Situation erheischt das Geschenk. Der Akt des Gebens formt deine Identität, verleiht dir Respekt, stärkt dich, macht dich zum Vorbild für andere. Der Zyklus der Gabe schafft gegenseitiges Vertrauen. In Situationen der Ungewissheit, der Fremdheit schlägt er eine erste Brücke. Er baut einen Rahmen für die Begegnung, eine Bühne, wo jeder in wechselnden Rollen agieren kann. Das Paradigma der Gabe hat mit Freundlichkeit und Großzügigkeit zu tun, mit Anmut und Schönheit. Es kreiert eine Atmosphäre der Leichtigkeit des Seins. Professor Caillé und seine Mitstreiter rund um den Globus leiten daraus eine neue Art von Lebenskunst ab. Er bezeichnet sie als »Konvivialismus«, als »Kunst des friedlichen Zusammenlebens«. Kaum etwas ist in der gegenwärtigen Dauerkrise notwendiger.

Die asymmetrische Gabe als Kern der Nachhaltigkeit

Die Theorie der Gabe finde ich extrem weitreichend. Sie erweitert unseren Blick auf die Idee der Nachhaltigkeit. Nun erscheinen die Gerechtigkeit zwischen den Generationen und die Beziehung zwischen Vergangenheit, Gegenwart und Zukunft in einem neuen und hellen Licht. In der Logik der Gabe erscheint sie als ununterbrochene Kette: Du gibst liebevoll an die folgenden Generationen weiter, was du von den Vorfahren dankbar empfangen und in deiner Zeit »nachhaltig« nutzen, schonen und vermehren durftest. Der Kern von Nachhaltigkeit, könnte man sagen, ist die Gabe, für die man nichts zurückbekommt. Außer ein zeitlich versetztes dankbares Gedenken der Nachkommen. Und trotzdem bindet sie uns: Sie ist eine Verpflichtung gegenüber den Vorfahren und vor allem eine Verantwortung gegenüber den Kindern, von denen wir die Erde nur geliehen haben.

~

In einem anderen Licht erscheint jetzt die Manganknolle aus dem Perubecken im südlichen Pazifik. Und der Eichenstamm aus dem Bergland an der Weser. Das eine wie das andere ist eine *Gabe.* Je nach Anschauung eine Gabe Gottes (wie bei Franziskus) oder eine Gabe der Natur bzw. der Evolution. Diese Vorstellung ist uns fremd geworden. Im Gedächtnis der Kulturen der Welt ist sie viel tiefer verwurzelt als das Konzept der Ware. Das gilt auch für die deutsche Tradition. In den mittelalterlichen Quellen über die Allmende-Wälder im nördlichen Deutschland erscheint als feststehende Wendung das Wort *donum Dei,* Gabe Gottes. In dem Buch des sächsischen Renaissancegelehrten Georg Agricola ist mit Blick auf die Silbervorkommen des Erzgebirges von *munera Dei* die Rede. Das lateinische Wort *munus* bedeutet genau wie *donum* so viel wie »Geschenk«. Noch der Montanwissenschaftler Friedrich von Hardenberg, der unter dem Pseudonym Novalis bekannt gewordene romantische Dichter der blauen Blume, spricht von »himmlischen Gaben«. Goethe verwendet in seiner Ansprache bei der Einweihung des Ilmenauer Bergwerkes im Jahre 1784 den Terminus »Gaben der Natur«. Diese Wortwahl hat noch einen engen Bezug zur Vorstellung von »Schöpfung« und Bewahrung der Schöpfung. Gleichzeitig öffnet sich der Zugang zum Paradigma der Gabe. »Gaben« sind das Gegenteil von »Beute«. Beute beruht auf Raub, letztlich auf Gewalt. Das ist die Problematik der »Ausbeutung«.

Schon zur Zeit Goethes, also im 18. Jahrhundert, tauchte im Französischen, in Frankreich und dann sehr schnell auch in England eine neue Wortprägung auf, der heute allgegenwärtige Begriff »Ressource«. Es handelt sich hier um eine Naturmetapher. Enthalten ist das Wort *source,* also die Vorstellung von einer Quelle, aus der das Wasser fließt und nachfließt – *Re-Source.* Die Assoziation an den natürlichen, lebendigen Zyklus des Wassers, an Stetigkeit und Nachhaltigkeit schwingt da ursprünglich mit. Sie droht im modernen Gebrauch des Wortes verschüttzugehen. Ressourcen sind da oftmals nur noch: tote Materie oder Biomasse.

Wenn nun mit der sprachlichen Innovation »Ressourcen« die Vorstellung der »Gabe« immer weiter verblasst, so wirft das weitgehende, und zwar ethische Fragen auf: Was geben wir eigentlich der Natur zurück, wenn wir ihre »Gaben« als »Ressourcen« extrahieren? Was sind unsere Pflichten, wenn wir unseren Anspruch auf Ressourcen als unser Recht betrachten und durchsetzen? Darf man eine »Gabe« verschwenden? Zur bloßen »Ware« degradieren? Und wem gehören eigentlich »Gaben«? Dem, der sie sich als Erster oder brutalstmöglichst aneignet? Oder nicht doch allen und keinem?

Die Logik der Gabe führt letztlich zum Gedanken der Gemeingüter. Sie ist darüber hinaus Einspruch gegen die Logik der »Ware«, bei der nur der Tauschwert, letztlich der monetäre Aspekt zählt. In dieser Logik wird die Natur zum Ressourcenlager global agierender Unternehmen. Die Daseinsfürsorge der Gesellschaft erscheint als eine Dienstleistung für Kunden. Die einzige Transaktion, die wirklich zählt: Wie kommt das Geld möglichst schnell aus der Tasche des Kunden in meine Tasche? So hatte bekanntlich der *Wolf of Wall Street* die Logik des Marktfundamentalismus auf den Punkt gebracht. Jeder Kunde wird nach seiner Kaufkraft bewertet. Menschen mit keiner oder geringer Kaufkraft fallen bei diesem System unten durch. Produzenten, die im Wettbewerb der Kostensenkungen nicht mithalten, ebenfalls. Es triumphiert der Kult des Billigen. In der Logik des schnellen Geldes sind die nachfolgenden Generationen schlicht und einfach nicht vorhanden. Sie haben keine Kaufkraft. Sie sind keine Kunden.

Darf man eine »Gabe« verschwenden?

~

Doch diese Logik erweist sich als Auslaufmodell. Unbekümmert, lebenshungrig, mit frischem Wissen und neuem Denken kommen die »jungen Wilden« von heute zurück aus den virtuellen Räumen des Internets und erkunden, beanspruchen – oder besetzen – die begehbaren Räume der Metropolen und des Hinterlands. *Reclaiming the commons* – die Allmende zurückfordern. Berufen könnten sie sich dabei auf eine Ikone der Sechzigerjahre. John Lennons *Imagine* ist eine Ode an die globalen Gemeingüter: »Imagine all the people / sharing all the world«. Hier ist es, das Passwort der Allmende aller Zeiten: *sharing* – teilen. Das Motiv kehrt zurück, auch in der Popkultur des frühen 21. Jahrhunderts.

Auf dem »South by Southwest Festival« im texanischen Austin, dem Mekka der amerikanischen Nerd-, Netz- und Neo-Hippie-Avantgarde, fragt im Frühling 2016 ein Reporter die Punklegende Iggy Pop, ob er denn bei all den Umsonst-Plattformen noch auf seine Kosten komme. »Alter, mach dir keine Sorgen«, raunt der Sänger, »ich werde auf vielerlei Art belohnt.«

In der FAZ schreiben Ende 2015 zwei deutsche Ökonomen der jüngeren Generation über den »Wert des Teilens«. In ihr Plädoyer für die *share economy* flechten sie eine Anekdote über ihren großen Vorgänger Wilhelm Röpke ein. Der Vordenker der sozialen Marktwirtschaft sei einmal mit einem Kollegen durch eine holländische Schrebergartenanlage spaziert. Dieser konnte sich die Bemerkung nicht verkneifen, das sei aber eine »unproduktive Art von Gemüseproduktion«. Ja, aber, so habe Röpke erwidert, »eine höchst produktive Art von Glücksproduktion«. Dem ist eigentlich nichts hinzuzufügen.

Zwischenruf

Wachstum überdenken

~

Das »Immer mehr« führt zum Absturz ins Nichts. Die Erkenntnis, dass exponentielles Wachstum irgendwann außer Kontrolle gerät und dann sehr schnell in den Kollaps des betroffenen Systems führt, ist mitnichten neu. Sie gehört buchstäblich seit Jahrtausenden zum mathematischen Wissen der Menschheit und – in kleine Fabeln verpackt – zum geistigen Weltkulturerbe.

Wer kennt nicht die Geschichte vom Schachbrett und dem Weizenkorn? Die bekannteste Fassung stammt vermutlich aus der Feder des Schriftstellers Ibn Khallikar, der im 13. Jahrhundert in Bagdad lebte. Der Zeitgenosse Meister Eckharts erzählt von der Erfindung des Schachspiels – etwa 1000 Jahre vorher – in Indien: Zu der Zeit herrscht dort ein König namens Shihram. Dieser verachtet das einfache Volk und stürzt das Land in Not und Elend. Doch er hat einen weisen Ratgeber, den Brahmanen Sissa ibn Dahir. Um seinem Herrn zu zeigen, dass er all seine Untertanen, einschließlich der armen Bauern, brauche und sie deshalb zu respektieren habe, erfindet er das Schachspiel. Der König ist entzückt von dem neuen Spiel und versteht die Botschaft. Er fragt seinen Berater, was er sich zur Belohnung wünsche. Nach anfänglichem Zögern äußert Ibn Dahir folgenden Wunsch: Der König möge ihm alle 64 Felder eines Schachbretts mit Weizenkörnern belegen. Und zwar so, dass auf dem ersten Feld ein Korn liege, auf dem zweiten zwei, auf dem dritten vier, dem vierten acht und so weiter. Auf jedem Feld solle also die doppelte Menge liegen wie auf dem vorherigen.

Der König wundert sich zunächst über die Bescheidenheit seines Untertans. Dann aber willigt er ein und beauftragt seinen Minister, den Wunsch zu erfüllen. Nach einer Woche erhält er die Mitteilung, dass alle Weizenvorräte der Welt nicht ausreichen würden, um das Schachbrett in der gewünschten Weise zu füllen. Der König ist in eine Falle getappt: Er hat die Dynamik des exponentiellen Wachstums unterschätzt.

Eine Variante dieser Fabel ist eine Rätselgeschichte, die man Kindern in Frankreich früher erzählte: Stell dir vor, du entdeckst eines Tages auf deinem Gartenteich eine Seerose. Du freust dich an ihrer wunderbar zarten Blütenpracht. Doch diese Pflanze verdoppelt ihre Blattfläche jeden Tag. Zunächst macht dir das keine Sorgen. Im Gegenteil, du erfreust dich an der wachsenden Pracht. Eines Tages aber stellst du fest, dass die Blätter der Seerose die Wasserfläche zur Hälfte bedecken und alle anderen Lebensformen zu ersticken drohen. Wie viel Zeit bleibt dir noch, um den Teich zu retten?

Die Auflösung ist verblüffend: Du hast genau noch einen Tag. Die Idylle hat getrogen. Das Wachstum der Seerose, dieser einen, zunächst sehr willkommenen Pflanze in dem Biotop, ist tödlich für das Ganze. Am Ende steht der ökologische Kollaps, der nur durch rasches und entschlossenes Eingreifen noch zu verhindern ist. Das Wachstum der Seerose ist nämlich tückisch. Es verläuft nicht linear. Sie wächst also nicht jeden Tag stetig um ein bestimmtes, gleichbleibendes Stück. Sie vergrößert vielmehr ihre jeweils erreichte Fläche um einen bestimmten Prozentsatz. Sie wächst exponentiell. Und genau darin, so analysierte eine Forschergruppe des Club of Rome, liege die Problematik der modernen Industriegesellschaft. Ihr berühmter Bericht von 1972 über die »Grenzen des Wachstums« zitiert gleich zu Anfang das Rätsel aus Frankreich.

~

»Das Problem liegt in der unglaublichen Beschleunigung!« Der Schweizer Ingenieur, Unternehmer und Nachhaltigkeitsvordenker Ernst Basler hat mir vor einigen Jahren mal die Problematik des exponentiellen Wachstums von der mathematischen Funktion her erklärt. Aufgewachsen ist er in einem Dorf im Zürcher Weinland mit Geschichten wie dieser: Wenn deine Ururgroßeltern, sagen wir mal, vor zehn Generationen für dich einen Fünfliber – das war eine Silbermünze im Wert von fünf Franken – beiseitegelegt hätten, und die Bank hätte kontinuierlich fünf Prozent Zinsen gezahlt, wärest du heute der reichste Mann weit und breit. »Das auszurechnen«, sagt Basler, »war für mich schon als Schüler eine faszinierende Spielerei.« Als Ingenieurwissenschaftler und Praktiker war er in den späten 1960er-Jahren, knapp vor dem Club of Rome, auf die Wachstumsproblematik gestoßen und hatte deren Bedeutung als Zukunftsthema erkannt. Die meisten Leute, sagt er, seien gar nicht fähig zu realisieren, was ein Wachstum von x Prozent pro Jahr bedeute. Das ist eine zunächst schleichende, unmerkliche Veränderung, die kaum ins Bewusstsein dringt. Erst wenn man den Zeithorizont verändert und langfristig denkt statt in einzelnen Jahren, fängt es an, dramatisch zu werden.

Mit einer mathematischen Faustformel für exponentielles Wachstum lässt sich die Verdoppelungszeit für eine Ausgangsgröße annähernd berechnen: $t = 69 \div p$. Man teilt den Faktor 69 durch den jährlichen Prozentsatz des Wachstums (p) und erhält die Verdoppelungszeit in Jahren (t). Angewandt auf ein aktuelles Beispiel: Der chinesische Volkskongress verkündete im Frühjahr 2016 ein jährliches Wachstum der Volkswirtschaft von »mindestens 6,5 Prozent«. Klingt irgendwie nach einer erfreulichen

Nachricht. Doch tatsächlich bedeutet sie: Die gesamte Wirtschaftsleistung dieses riesigen Landes soll sich in zehn bis elf Jahren verdoppeln und danach im selben Zeitraum möglicherweise wiederum verdoppeln. Die Folgen einer solchen Entwicklung für den ökologischen Fußabdruck, der auf dem Planeten lastet, lassen sich unschwer ausmalen. Sie werden verheerend sein. »Exponentielles Wachstum«, sagt Ernst Basler, »führt in immer größerem Tempo in unwägbare Zustände.« Diese werden unbeherrschbar. Im Englischen spricht man von einer *runaway situation.* Da läuft etwas aus dem Ruder. Da gerät etwas aus den Fugen …

~

Zwei Kunstwerke sind in meinen Augen frühe Ikonen der »Wachstumskritik«. Mit ein paar Mausklicks kann man sie sich auf seinen Bildschirm holen. Beide entstanden in den frühen 1960er-Jahren im Atelier des Schweizer Bildhauers und Malers Alberto Giacometti in Paris. In dieser Zeit begann die westliche Industrie- und Konsumgesellschaft ihren *runaway*-Kurs. Alle Kurven des Ressourcenverbrauchs machten in dieser »großen Beschleunigung« *(great acceleration)* einen scharfen Knick nach oben. Doch um diese Zeit nahm auch die Kritik an diesem Lebensstil Konturen an. Buchtitel wie *Der stumme Frühling* (Rachel Carson, 1962) oder *Der eindimensionale Mensch* (Herbert Marcuse, 1964) bezeugen das Unbehagen. *L'homme qui marche* ist ein Meisterwerk Giacomettis – und im 21. Jahrhundert wieder sehr präsent. Im Februar 2010 wurde die schlichte Skulptur aus Bronze für kurze Zeit zum teuersten Objekt in der Geschichte des Kunsthandels. Die Figur verkörpert etwas Existenzielles, nämlich Bodenhaftung und Erdverbundenheit und gleichzeitig die Leichtigkeit des Seins. Zu sehen ist nichts weiter als die Gestalt eines Mannes, der einen Schritt nach vorn macht. Alles ist auf das Wesentliche reduziert. Die Skulptur erfasst den Gehenden in dem Sekundenbruchteil, als der hintere Fuß vom Boden abhebt, während der andere weit nach vorne schwingt und aufsetzt. In der Hüfte ist der Körper des Wanderers leicht eingeknickt. Aus seiner Mitte holt er die Kraft für den nächsten Schritt. Raumöffnend, raumbildend, zielstrebig, selbstsicher. Da geht kein Muskelprotz, sondern eine hagere, man könnte sagen, »drahtige« Gestalt. Ihre Silhouette ist fast zur Linie materialisiert. Die Hervorhebung der langen Gliedmaßen öffnet den Blick für den Energiefluss, der jeden Menschen beim Gehen durchströmt. Giacomettis Skulptur verkörpert die reine Bewegung, die Dynamik der Vorwärtsbewegung aus eigener Kraft, die Würde des aufrechten Gangs.

Ist das ihr Geheimnis? In der Krise der Industrie-Konsum-Zivilisation sendet uns das Kunstwerk eine zeitlose Botschaft: Du bist ein Bewegungswesen. Das Nomadische liegt dir in den Genen und damit aber auch die Erdverbundenheit. Raum und Zeit stehen dir offen. Du hast die Freiheit aufzubrechen, wohin du willst. Du hast nur ein Leben. Einfach losgehen ...

Giacomettis Figur hat etwas Asketisches. Sein Wanderer geht nach vorne gebeugt. Wie gegen den Wind. Sein Weg, so wirkt es, ist steinig, sein Ziel nicht spielerisch zu erreichen. Draußen zu Hause sein, bei Wind und Wetter, Durststrecken aushalten, sich selbständig im Raum orientieren, einen Gipfel erreichen – das stärkt unser körperliches und seelisches Immunsystem. Die moderne Psychologie spricht in diesem Zusammenhang von »Resilienz«. Das Wort ist vom lateinischen *resilere* (zurückfedern, abprallen lassen) abgeleitet. Zunächst wurde es in der Werkstoffkunde gebraucht. Dort beschrieb es die Stoßfestigkeit von Materialien, ihre Kapazität, nach Erschütterungen und Verformungen zur ursprünglichen Gestalt zurückzufinden. Von dort wanderte es in die Fachsprache der Ökologie, wo es die Widerstandsfähigkeit von Ökosystemen gegenüber Störungen und Veränderungen ausdrückte. Schließlich übernahm die Psychologie das Konzept. Dort geht es um die psychische Stabilität von

Individuen und sozialen Gruppen, um die Mobilisierung von Selbstheilungskräften, darum, was Menschen stark macht. Allgemein gefasst: Resilienz ist die Fähigkeit eines Individuums und eines Systems, Schocks und Krisen zu bewältigen – und daraus gestärkt und erneuert hervorzugehen. Das ist gleichzeitig ein Merkmal von Nachhaltigkeit. Die praktische Erfahrung von Resilienz und von Freiheit ist Giacomettis Figur eingeschrieben. In diesem Licht erscheint sein Wanderer als *Homo sustinens* – als Ikone der Nachhaltigkeit.

Drei Jahre nach Fertigstellung von *L'homme qui marche* hat Giacometti das Thema noch einmal aufgenommen. Die kleine Lithografie *Homme debout et soleil* von 1963 wirkt wie eine Fortsetzung. Die dynamisch fließende Bewegung des Wanderers ist zum Stillstand gekommen. Der Mann steht *debout* – aufrecht, kerzengerade. Nur die Arme hält er gebeugt. In einer Gebärde des Auffangens, des Empfangens. Doch neben der vertikalen Achse hat dieses Bild gleich zweifach eine Horizontale. Einmal sind es die Linien des Erdbodens, auf dem die Figur fest und sicher steht. Dominant aber ist die Blickachse des Stehenden. Auf Augenhöhe steht er einem mit ein paar Strichen gezeichneten Sonnenball gegenüber. Sein Kopf, Sitz des Geistes, kommuniziert mit der Sonne, Quelle der unerschöpflichen Energie, die das Leben auf unserem Planeten erzeugt hat und mit jedem Sonnenstrahl neu speist. Die Fähigkeit, aufrecht zu gehen und zu stehen, ist nur dem Menschen gegeben. Sie verleiht ihm die Möglichkeit, vorauszuschauen und vorzusorgen. Sie gewährt ihm den Blick nach oben, in den Himmel, die Sphäre des Spirituellen. Sie ist die Signatur seiner Freiheit. Der freie Mensch aber hat eine Verpflichtung: immer wieder Maß zu nehmen an den »Urphänomenen« (Goethe). Denn es sind die Kräfte von Natur und Kosmos, die uns halten und tragen, wenn alles andere nicht mehr hält.

~

Innerhalb eines begrenzten Systems ist das unbegrenzte Wachstum eines Subsystems nicht möglich. Für diese Erkenntnis fand man in den frühen 1960er-Jahren eine damals sehr zeitgeistige Metapher: *spaceship earth* – Raumschiff Erde. In der gerade begonnenen Ära der bemannten Raumfahrt leuchtete dieses Sinnbild unmittelbar ein. Barbara Ward, eine britische Ökonomin und Menschenrechtsaktivistin, hat die Metapher kreiert. *Spaceship earth* war der Titel ihres Buches, das 1966 erschien. Eine von ihr für den amerikanischen UNO-Botschafter Adlai Stevenson konzipierte Rede hat die Metapher 1965 in das globale Vokabular katapultiert: »We travel together, passengers on a little space ship ...« Wir reisen zusammen, als Passagiere auf einem kleinen Raumschiff, abhängig von dessen fragilen Reserven an Luft und Böden. Die Botschaft der Metapher ist eindeutig: Ein Raumschiff ist winzig und zerbrechlich. Es hat einen begrenzten Innenraum, ist hochsensibel für Störungen, und jede Störung kann verheerende Folgen haben. Die Mannschaft an Bord ist aufeinander angewiesen. Entweder haben alle Erfolg – oder keiner.

In der Folge entwarf der Ökonom Kenneth Boulding die Grundzüge einer Transformation der grenzenlos expansiven und *cowboy economy* zu einer *spaceship earth economy.* Auf dem Raumschiff Erde seien »alle Vorratslager, die man anzapfen oder verschmutzen könnte, begrenzt, sodass der Mensch seinen Platz in einem zyklischen ökologischen System finden muss, dem ständige Reproduktion in materieller Form möglich ist«. Produktion und Konsumption müssten deshalb minimiert statt maximiert werden. Die Raumschiff-Erde-Ökonomie werde sich auf den Input an Energie beschränken, die stetig von der Sonne zur Erde ströme. Sie werde die Stoffkreisläufe schließen. Die Sorge um den Bestand und die Regenerationsfähigkeit der Ökosysteme müsse zum Leitmotiv des wirtschaftlichen Handelns werden.

Eine Konsequenz daraus ist ein neues, nachhaltiges Wohlstandsmodell. Es besagt, »dass das Wohlergehen eines Individuums davon abhängt, wie sehr es sich mit anderen identifizieren kann«. Die Fähigkeit zu Empathie und Vertrauen bezieht Boulding ausdrücklich auch auf die nachfolgenden Generationen. »Eine Gesellschaft, die ihre Identität mit der Nachwelt und ihr positives Bild von der Zukunft verliert, verliert auch ihre Fähigkeit, die Probleme der Gegenwart zu bewältigen. Sie bricht auseinander.« Barbara Ward hat diese Gedanken ein paar Jahre später weiterentwickelt. *Only one earth,* nur *eine* Erde, war der Titel ihres Buches, das sie im Auftrag der UN für den ersten Umweltgipfel, 1972 in Stockholm, geschrieben hat. Nur eine Erde – meinte die Einzigartigkeit des Planeten im Weltall und gleichzeitig die gleichberechtigte Zusammengehörigkeit aller Bewohner des Planeten in einer Weltgemeinschaft.

Zu dem Zeitpunkt war das Denkbild vom *spaceship earth* bereits abgelöst. Die ikonischen NASA-Fotos aus dem All, die den Blauen Planeten in seiner ganzen Schönheit, Einzigartigkeit und Zerbrechlichkeit zeigten, waren zur Matrix eines aufstrebenden Begriffs geworden: *sustainable development,* Nachhaltigkeit. Er beschreibt ein ethisches Prinzip – das wichtigste, das wir im 21. Jahrhundert haben. »In einer Epoche, in der wir den Planeten und dessen Ressourcen wie nie zuvor plündern und damit sogar die Zukunft der Menschheit gefährden, ist Nachhaltigkeit der Schlüssel zum menschlichen Überleben.« So prägnant drückte es der frühere Vizepräsident des Internationalen Gerichtshofes, der srilankische Jurist Christopher G. Weeramantry, im Jahre 2009 aus. Ein kleines Gedankenspiel: Man setze für *sustainability* die gerade gängigen Mantras von Politik und Ökonomie ein: Wachstum, Globalisierung, digitale Revolution etc. Sicherlich Prozesse von großer Dynamik. Aber Schlüssel zum Überleben der Menschheit? »Wirtschaftswachstum ist der Schlüssel zum Überleben der Menschheit« – Fragezeichen.

~

Wachstum ist eine Metapher. Eine Naturmetapher. Noch genauer gesagt: eine manipulative Naturmetapher. Sie übertragt eine Vorstellung aus der lebendigen Natur auf die Sphäre der industriellen Produktion von Waren – also von Artefakten, von toten Gegenständen. Es handelt sich um zwei grundverschiedene Prozesse, die auf dieselbe Stufe gestellt und damit austauschbar gemacht werden. Bei der einen Art von Wachstum tritt das Bild einer keimenden Pflanze, die zu Beginn der Vegetationsperiode aus der Erde hervorbricht, vor Augen. Oder das Blatt, das sich aus der Knospe entrollt, das Kind, das in meiner Obhut größer wird, gehen lernt, sprechen lernt, lacht und weint. Bei der anderen Vorstellung geht es um die Lohnerhöhung und die zusätzliche Kaufkraft, das Paket von Amazon, den neuen Carport in der Nachbarschaft, das neu gebaute Einkaufszentrum, um die zusätzlichen Kilometer Autobahn, die Renditen der Hedgefonds – insgesamt um die Zunahme des Bruttosozialprodukts, des Wertes aller pro Jahr produzierten Waren und Dienstleistungen.

Was ist so problematisch, um nicht zu sagen verhängnisvoll, an der Übertragung des Wachstumsbegriffs von der Sphäre der Natur in die Sphäre der industriellen Produktion? Das semantische Manöver ist nicht ganz leicht zu durchschauen. Die positive Energie, die wir mit dem naturalen Wachstum intuitiv verbinden, überträgt sich auf Prozesse, die dem lebendigen Wachstum diametral entgegenstehen, es potenziell zerstören. Der Bau einer Shopping Mall auf der grünen Wiese vernichtet die grüne Wiese. Der Kilometer Autobahn, der in die Landschaft gelegt wird, die Rodung tropischer Regenwälder – jede dieser Handlungen fördert zweifellos das Wirtschaftswachstum, doch zerstört flächendeckend naturales Wachstum. Wirtschaftswachstum, könnte man sagen, ist Antiwachstum. Doch es erscheint als etwas Wünschenswertes und vor allem als etwas Naturwüchsiges, als etwas völlig Normales. Widerstand gegen Wachstum? Zwecklos. Wachstumskritik? Absurd. Es gibt keine Alternative. Die Metapher wird geradezu zum Motor der ungebremsten Dauerproduktion unter dem Imperativ ständiger Profitsteigerung. Die Kurzformel dafür hat Karl Marx entwickelt: G – W – G'. Geld – Ware – mehr Geld ist das Grundgesetz des Kapitalismus. Diese Wachstumsspirale kennt und akzeptiert keine Grenze. Und das ist der Punkt, an dem die metaphorische Übertragung endgültig scheitert: Dem naturalen Wachstum sind natürliche Grenzen gesetzt. All diese Wachstumsprozesse sind endlich. Sie sind nur Phasen im ewigen Zyklus von Werden und Vergehen.

In diesem Licht lässt sich das gegenwärtige Mantra von Politik und Wirtschaft entzaubern. Wo »Wachstum« die Ausbreitung zerstörerischer und selbstzerstörerischer Strukturen bedeutet, wird »Produktivität« destruktiv und »Wettbewerbsfähigkeit« zur Macht, andere Existenzen zu vernichten.

Was kommt nach dieser Art von Wachstum? Eine Gesellschaft, die weitgehend auf die Produktivität und Regenerationskraft »nachwachsender« Ressourcen vertraut. Die auf die Kooperationsfähigkeit setzt, also auf das Komplementäre, auf die Inklusion, auf den Zusammenhalt der Gemeinwesen, auf die soziale Fantasie. Ob man das »Postwachstumsgesellschaft« nennen sollte? Ich weiß nicht. Doch die Gruppen, die daran arbeiten, die Projekte, die in diesen Zusammenhängen gerade entstehen, verdienen, glaube ich, höchste Aufmerksamkeit.

Kapitel 6

Mut zum Weniger

Vom Wert der Selbstbeschränkung

~

»Ein Projekt ist der subjektive Keim eines werdenden Objekts [...] Seinem Ursprunge nach, ganz subjektiv, original, nur grade in diesem Geiste möglich, seinem Charakter nach ganz objektiv, physisch und moralisch notwendig. Der Sinn für Projekte, die man Fragmente aus der Zukunft nennen könnte, ist von dem Sinn für Fragmente aus der Vergangenheit nur durch die Richtung verschieden ...«

(Friedrich Schlegel, Fragmente, 1798)

Im Frühjahr 2016, zwischen Ostern und Pfingsten, bin ich noch einmal zu einer Reise durch Deutschland aufgebrochen. Vom westfälischen Münster über das Schwarzatal im südlichen Thüringen bis hinüber in den südbadischen Breisgau. Es war auch eine Reise durch den Frühling. Ich erlebte die ersten warmen Sonnentage Anfang April, den Mix aus Regen und Sonnenschein in der Monatsmitte, den Kälteeinbruch am Ende des Monats und die erste kleine Hitzewelle um Himmelfahrt. An drei Stationen wollte ich mich in Gesprächen mit Pionieren der Transformation dem annähern, was »nach dem Wachstum« kommen könnte. Meine Gesprächspartner hatten ganz unterschiedliche Biografien und arbeiteten in ganz unterschiedlichen Zusammenhängen. Was sie einte, war zum einen der »grüne

Daumen«, die Lust am Gärtnerischen, also am vegetativen Wachstum. Zum anderen die Hingabe an ihr »Projekt«. Auch wenn nicht jeder dieses Modewort in den Mund nahm – was in den Gesprächen immer mitschwang, waren ein Selbstverständnis und ein Verständnis, das der Romantiker Friedrich Schlegel bereits vor über 200 Jahren diesem Wort mitgab: »Fragmente aus der Zukunft«.

Auf meinen Wegen durch das Land hatte ich manchmal das Gefühl, als sei eine neue »Zeit der Projekte« angebrochen. Eine Zeit, in der jeder und jede, der oder die etwas auf sich hält, ein Projekt in der Tasche hat, bei jeder Gelegenheit hervorzieht, um es auf den Prüfstand zu stellen und dafür zu werben. Wie zuletzt vielleicht in den Siebzigerjahren, der Blütezeit der Alternativkultur. Schon den Hauch einer Wiederkehr dieser Aufbruchsstimmung empfand ich als Mut machend.

Projekte – »Fragmente der Zukunft«

»Weniger ist mehr« war meine Arbeitshypothese. Die Parole fasziniert mich seit Langem. Sie klingt paradox – und verwegen. Sie hat etwas Buddhistisches. So wie das fast zu Tode zitierte »Der Weg ist das Ziel«. Tatsächlich stammt sie aus dem Weimarer Bauhaus, dieser legendären Hochschule für Kunst, Kunstgewerbe und Design, wo junge Wilde, Kreative und Progressive in den von Krieg und Kollaps, Terror und Arbeitslosigkeit geschüttelten Krisenjahren nach dem Ersten Weltkrieg eine neue Ästhetik der alltäglichen Gebrauchsgegenstände und Lebensstile entwerfen wollten. In dieser Ideenschmiede der klassischen Moderne arbeitete man an einem sorgfältigen Minimalismus und konnte zugleich anknüpfen an eine reiche Tradition. Schon in der Ära der Herzogin Anna Amalia, Goethes und Schlegels wusste man in dem bitterarmen Kleinstaat Weimar, dass die großartigsten Dinge – ein Weltkulturerbe – gelingen könne, indem man die Kargheit an materiellen Ressourcen zum Konzept machte.

»Weniger ist mehr.« Aber was genau ist das »Mehr« im »Weniger«? Was ist es, das aufscheint und hervortritt, wenn wir den Mut zum Weniger aufbringen? Wie könnte ein »sorgfältiger Minimalismus« aussehen, der jeden Absturz in die Schäbigkeit vermeidet? Es geht um ein »Genug«, welches das Gegenteil von »zu viel«, aber ebenso das Gegenteil von »zu wenig« ist. Ein sorgfältiger Minimalismus strebt an, aus einem Minimum an Ressourcen ein Optimum an Lebensqualität zu erzeugen. Und wie korrespondiert der Mut zum Weniger mit der unstillbaren Lust an Fülle und Schönheit? Um dem vollen Spektrum von Erfahrungen möglichst nahezukommen, ließ ich meine Gesprächspartner frei schweifend erzählen.

~

In Münster fährt man Fahrrad. Die Stadt konkurriert seit Langem mit Städten wie Amsterdam, Groningen und Kopenhagen um den Titel der europäischen Fahrradhauptstadt. Mit meinem Rad an der Hand steige ich aus dem Regionalexpress, schwinge mich in den Sattel und mache mich an der neuen riesigen Radstation auf dem Bahnhofsvorplatz vorbei auf den Weg in den äußersten Norden der Stadt. Die »Promenade«, der ehemalige Befestigungsring rund um die Altstadt, ist die Hauptschlagader des Radverkehrs. Hier radelt man unter einem alten Lindenbestand und ohne – bis auf wenige Ampelkreuzungen – mit dem Autoverkehr in Berührung zu kommen. Am Schloss biege ich ab und fahre noch immer inmitten von Pulks von Radlern auf breiten Radwegen entlang der Ausfallstraße. Dann stehe ich vor dem Tor einer Schrebergartenanlage. Ihr Name »Kleingartenverein Langemarck e. V.« wurde vom Straßennamen abgeleitet, damals, 1947, als dieses Stück Grabeland urbar gemacht wurde. Andere Kolonien in der Stadt heißen bis heute »Stiller Friede« oder »Frohe Stunde«.

Auftritt Wilm Weppelmann, ein langer Schlaks mit grauem

Schopf, seines Zeichens Vorsitzender des Vereins. Außerdem: freier Künstler, Vegetarier, Initiator und alleiniger Macher der alljährlichen »Freien Gartenakademie«. Seit mehr als zehn Jahren holt er freie Geister, ob britische Gartenguerilleros, Aktivisten der Welthungerhilfe oder Kenner traditioneller chinesischer Gartenkunst, in seinen Garten und lässt sie vor einem bunt zusammengewürfelten Publikum aus der Stadt über das »Prinzip Garten« philosophieren und kommunizieren.

»Bevor wir uns niederlassen«, schlägt Wilm vor, »machen wir einen Rundgang.« Der Hauptweg bildet eine schnurgerade Achse. Heute tobt zum ersten Mal in diesem Jahr beinahe in fast jedem der 28 Gärten das pralle Leben. Die Frühblüher sind aus der Erde gekommen, die Baumblüte beginnt allmählich, die meisten Singvögel sind schon da und zwitschern laut. Überall lehnen Fahrräder am Zaun. Alle paar Meter ertönt ein Hallo von links oder rechts. Wilm wünscht ein schönes neues Gartenjahr, nicht ohne an die Mitgliederversammlung in der kommenden Woche zu erinnern. Neuigkeiten werden ausgetauscht. Die Imkerin hat gerade einen ihrer Bienenkästen geöffnet und die Königin herumkrabbeln gesehen. Überall wird mit Spaten, Pflanzkelle oder Beil hantiert. Kinder tollen herum. In einem Strauch hängen noch Ostereier.

»Ein Kleingarten ist ein volkstümliches Areal«, meint Wilm. »Was hier stattfindet, ist ein öffentliches Gärtnern.« Die Anlage wirkt auf den ersten Blick abgeschlossen, ist aber Teil des städtischen Grüns. So steht es im Kleingartengesetz. Schrebergartenanlagen sind öffentlicher Raum und müssen für jedermann zum Durchwandern und Durchstreifen zugänglich sein. Ein anderer, ebenso zukunftsfähiger Grundsatz: Die eine Million Kleingärtner in Deutschland unterliegen dem Regelwerk der Subsistenzwirtschaft. Das heißt, sie sind verpflichtet, ein Drittel ihrer Fläche für die Selbstversorgung zu nutzen. Vielen fällt es heute schwer, das noch in ihren

Aus der Enge wachsen

Lebensalltag einzubauen, aber die Erwartungshaltung ist da. Zur Selbstversorgung beizutragen gehört wie in den Anfängen zur Existenzberechtigung der Kleingärten. Hier gilt, sagt Wilm, »das Prinzip des kollektiven Gärtnerns«. Deshalb darf die Hecke auch nur 1 Meter 20 hoch wachsen. Jeder soll gucken können, was sich in den Gärten tut, was der andere macht. Auch das ist nicht einfach. Die Fähigkeit, Nachbarschaft zu leben, lässt allgemein nach. Eine Folge der zunehmenden – gewollten oder durch den Arbeitsplatz erzwungenen – Mobilität. Die Konflikte sind teilweise extrem. »Ich muss da manchmal vermitteln. Aber es gibt so viele nette Sachen, und ich bin über jedes Element von Nachbarschaft, von Austausch, von Vielfalt froh. Aus der Enge zu wachsen verlangt eine ganz besondere Anstrengung.«

Parzelle Nummer 8 ist Wilms Garten. Ein »Patt« aus uralten Steinplatten, gesäumt von einer Buchsbaumhecke und Obstbäumen – Mirabelle, Kirsche, Apfel – führt geradlinig auf die Laube zu. Zwischen den rechteckigen Gemüsebeeten blüht es gerade bunt durcheinander: Narzissen, Buschwindröschen, Bärlauch. An die Laube grenzt eine Kunterbunt-Sammelecke für allerlei Garten-trash: Blumenpötte, Holz für den Ofen, Regentonnen, Einmachtöpfe für Sauerkraut und all die »komischen Sachen«, die man manchmal geschenkt bekommt. Im Gartenteich nebenan tummeln sich Molche und Frösche, auch Fische, Moderlieschen, Bitterlinge und ein paar andere Arten. Die Wasseroberfläche verschwindet beinahe unter den Teilen einer kleinen Bühne, die dort lagert. Sie wird im Juni wiederaufgebaut, wenn die nächste Saison der Gartenakademie eröffnet wird. »Ich hab ja eine Struktur übernommen von einem Vorgänger. Selbst wenn der vieles ganz anders gehandhabt hat, ist das eine gelebte Geschichte, auch eine Liebe, und die nehme ich dann einfach mit in meinen Garten hinein. Das sind alles Strukturen, die dem Garten Charakter geben – und Geschichte.«

Die Laube ist blau gestrichen. An der Wand rankt Wein und

klettert eine Heckenrose. Wilm hat einen Kräutertee gekocht, und wir haben uns an einem wackeligen Tisch am Teich niedergelassen. »Mit jedem Garten ist ein Stück Hoffnung verbunden. Also, ich pflanze was, oder ich säe was aus, ich pflege, ich kümmere mich drum, dieses Kümmern, dass es zur Ernte reift, dass ich es in mich aufnehmen kann, dass es mir nicht fremd ist, dass ich es essen kann.« Solche Dinge sind für Wilm wichtig: Recyclingkultur, Improvisation und solche Dinge. Adhoc Dinge zu kreieren, adhoc Lösungen zu finden, statt perfektes Werkzeug dafür zu kaufen einen Gegenstand umwidmen von seinem ursprünglichen Funktionszustand, um etwas zu erledigen. Das sind für ihn Kreativprozesse, die man bei Kleingärtnern noch findet, die man sich aber erst mal erschließen muss, um darin eine Qualität von Freiheit zu entdecken.

Mit jedem Garten ist ein Stück Hoffnung verbunden.

Was erntest du aus deinem Garten? »Alles, was ich kriegen kann«, sagt Wilm. »Ich bin Vegetarier. Mit Salaten werde ich hier ganz stark verwöhnt. Manches wächst aus Zufall. Postelein steht hier irgendwo dazwischen, ist auch im Winter knackig frisch. Alle Kräuter, von Petersilie bis Pimpernelle. Die gesamte Palette von Gemüsen: Spitzkohl, Kohlrabi, Mangold. Ich mag die Konstruktion der Stangenbohnen. Ich setz die ganz klassisch an, mit den Verknüpfungen und Verschnürungen, das verbindet mich sehr mit dem klassischen Bauerngarten. Ich liebe Rotkohl in allen Variationen. Wer einmal einen Rotkohl in seiner Farbigkeit verfolgt hat, diese Schattierungen von Violett, macht nicht mehr diese Unterscheidung von Nutzpflanze und Zierpflanze. Und der Gartenraum ändert sich beständig. Bald fang ich an, in meinem kleinen Gewächshaus Pflanzen vorzuziehen.«

Doch eine Selbstversorgung über den gesamten Jahreszyklus strebt Wilm nicht an. Die 420 Quadratmeter, meint er, würden sicherlich ausreichen, um einen Zweipersonenhaushalt zu versorgen. Aber das ist nicht mit leichter Hand zu machen, sondern erfordert viel Gartenkompetenz. »Also da gibt's ganz verschiedene Sachen, die man wissen muss, die Lagerung beispielsweise spielt eine große Rolle. Ich bin zwar täglich im Garten, auch im Winter, aber ich mach auch noch andere Geschichten, und eine annähernd komplette Selbstversorgung schaff ich nicht.« Wichtig ist: Der Überfluss wird weitergegeben. Man schenkt ständig weiter, was man zu viel hat.

Der Überfluss wird verschenkt.

Der Bezug zum Jahreszeitlichen ist bewusst im Kleingarten angelegt. Garten findet immer statt. Nicht nur dann, wenn's schön ist. Auch wenn es stürmt, hagelt, friert und wenn es trocken ist. Der Garten ist nicht nur ein Gefälligkeitsraum, sondern ein Wahrhabenwollen von Naturprozessen, von Wirklichkeit. Das rhythmische Prinzip der Pflanzen, wachsen, sich zurückziehen, wieder neu ausschlagen, ist für Wilm ein ganz zentraler Punkt. Immer wieder auf den Boden zurückkommen und neu anfangen. Das Abenteuer Garten hört nie auf.

Das ist für Wilm der »Nukleus«, aus dem alles, was er in den letzten 15 Jahren gemacht hat, entstanden ist – auch seine künstlerischen Performances. Beispiel »Hungergarten«. Da hat er mitten im sorgsam gepflegten Schlosspark von Münster auf 200 Quadratmeter Rasen einen Sommer lang Steckrüben wachsen lassen, eine Pflanze, die im kollektiven Gedächtnis mit Zeiten der Hungersnot verbunden ist. Und daneben wuchs Mais und erinnerte an die Angst Afrikas vor der Dürre. In einer Hütte wurde diese Geschichte präsentiert, daneben gab es Performances zum Thema: *Make food not lawn.* Die Leute waren beteiligt, fragten nach dem Sinn und Zweck der Rüben, erzählten ihre Geschichten und kamen abends wieder – mit ihren Gießkannen.

Steckrüben im Schlosspark

Spektakulär war der »Schwimmende Garten«, den Wilm im Sommer 2015 auf dem Münsteraner Aasee zu Wasser gelassen hat. Ein Floß mit 30 Quadratmeter Fläche, 30 Meter vom Ufer entfernt vertäut, war 30 Tage lang Wilms Lebensraum. An Bord hatte er einen Gemüsegarten, eine Hütte, einen begrenzten Vorrat an Lebensmitteln und eine Flüstertüte für den Kontakt mit den Leuten am Ufer. Darzustellen, wie wenig man materiell braucht, um ein gutes Leben zu führen, war die ursprüngliche Intention. »Doch dabei bin ich auf eine ganz andere Ebene gekommen. Die immateriellen Dinge wie Humor, Wärme, Gespräch, Sozietät, menschliche Bezugsfelder machen das Leben wichtig und gut.«

~

Ortswechsel – von der niederländischen Grenze ins »grüne Herz Deutschlands«. Der Wanderweg im südthüringischen Schwarzatal, von Bad Blankenburg flussaufwärts, gehört seit Langem schon zu meinen Traumpfaden. Wildwasser strömt, rauscht und gurgelt über das Geröll im Flussbett. Lichtreflexe tanzen auf den Wellen. Ein grüner Vorhang Auenwald säumt die Ufer. Die Äste ragen weit ausladend bis in die Flussmitte. Dicht bewaldete, von einer Krautschicht aus Farnen, Moosen und mit Blaubeergestrüpp überzogene Abhänge steigen links und rechts steil empor. An manchen Stellen tritt der nackte, verwitterte Fels hervor. Solch eine »wildromantische« Szenerie begleitet einen zwei Stunden lang auf dem Weg nach Schwarzburg. In diesem anheimelnden Fachwerkdorf, früher eine beliebte »Sommerfrische«, biege ich ab und steige aus dem engen Tal hinauf in das offene thüringische Hügelland. In einer Senke liegt das 165-Seelen-Dorf Bechstedt. Mitten im Ort steht ein altes bäuerliches, unter baubiologischen Gesichtspunkten saniertes Anwesen: schieferverkleidetes Fachwerk, rote Dachziegel, blau schimmernde Solarzellen, Holzbalken. In diesem Ambiente betreibt Burkhardt Kolbmüller seit einigen Jahren sein »Projekt«: den KulturNaturHof Bechstedt.

Ich kenne Burkhardt noch aus der Zeit, als er in Weimar mit großer Energie grüne Salons, internationale Sommerkurse und Bildungsveranstaltungen konzipierte und organisierte. Sein Ding war Kulturmanagement mit dem hohen Anspruch, eine Brücke vom »Kosmos Weimar«, dem humanistischen – und grünen – Kulturerbe, zu einem jungen, zukunftsfähigen Europa zu schlagen. Schon damals war der Hof in Bechstedt sein Wohnsitz. Aber seit fünf, sechs Jahren hat sich auch sein Lebensmittelpunkt dorthin verlagert. Er hatte das Gefühl, es sei Zeit, noch mal zu überlegen: Was sind jetzt die Essentials für dich? Was kannst du wirklich? Was willst du wirklich? Die Antwort, die er fand: »Ich kann gastliche Orte schaffen. Umgebungen schaffen, wo Leute kommen und sich wohlfühlen, wo sie anderen Leuten begegnen, wo sie Inspiration kriegen für ihr Leben – kommunikative Orte. So. Das ist das, was ich kann.« Und das wollte er in seiner direkten Nachbarschaft, im Dorf, in der Region, in der er lebte, verwirklichen. »Wir brauchen einen Ort, an dem wir Spuren hinterlassen.«

»Wir brauchen einen Ort, an dem wir Spuren hinterlassen.«

Und jetzt? Burkhardt geht mit mir über den Hof, öffnet das Tor zum früheren Schweinestall. Den Raum nimmt eine ziemlich voluminöse, maschinelle Anlage aus Pressen, Pumpen, Zentrifugen und Rohrleitungen ein. »Das Herzstück des Projekts«, sagt Burkhardt, »ist diese Apfelmosterei.« Was passiert hier? Die Leute aus den Dörfern, bis zu 20 Kilometern im Umkreis, bringen ihre Äpfel, die sie daheim geerntet haben. In der Anlage, einem österreichischen Fabrikat, werden sie gewaschen, dann zerschreddert, der Apfelbrei in Tüchern verpackt und mit viel Druck zusammengepresst. 100 Kilo geben 60 oder 70 Liter Saft. Im Pasteurisierer wird der Saft auf 78 Grad Celsius erhitzt, damit er haltbar bleibt, läuft noch mal durch einen Filter und wird in Kartons abgefüllt. Die Leute zahlen einen Euro pro Liter, und nach einer Stunde fahren sie wieder vom Hof. »Sie bekommen den Saft von ihren eigenen Äpfeln«, sagt Burkhardt, »und das ist etwas, was viele wieder schätzen. Die wollen nie wieder einen anderen Saft.«

Angefangen hat es damit, dass Burkhardt sich um die alten Obstbäume auf seinem Grundstück und im Dorf gekümmert hat. Nicht mit Reden (man müsste doch mal ..., wollt ihr nicht ...), sondern mit Leiter und Säge und handfester körperlicher Arbeit. Die Region hat eine große Obstbautradition. Zu den Höfen gehörte selbstverständlich ein Obstgarten zur Selbstversorgung. Doch diese Bindung ist verloren gegangen. Schon zur DDR-Zeit, erst recht nach der Wende ist die Tradition weggebrochen. Burkhardts Schätzung: Im Kreis Saalfeld-Rudolstadt gibt es noch 30 000 alte Obstbäume. Zum allergrößten Teil aber sind sie in einem bedauernswerten Zustand und bedürfen der Pflege, vor allem der Nachpflanzung.

Also ergriff er die Initiative zu einem Projekt der Natur- und Landschaftspflege. Vom Land Thüringen gefördert, kann er inzwischen etwa zehn Leute auf Honorarbasis beschäftigen und Pflegeverträge mit den Besitzern abschließen, um die Streuobstwiesen zu sanieren. Seine Erfahrung: »Im Grunde geht es nur über eine Wertschöpfung, und beim Apfel heißt das vor allem: Saft.« 2012 hat er die Mosterei eingerichtet. Im Entstehen ist ein kleines regionales Netzwerk aus Besitzern und Nutzern, aus Imkern und Schäfern, Brennereien, der Gastronomie und Hotellerie. »Das Thema Apfel ist ideal geeignet, um mit Leuten, egal, welcher Couleur, punktuell oder zeitweise in eine produktive Aktivität zu kommen. Auch wenn man über andere Dinge, die ›große Politik‹ zum Beispiel, nicht unbedingt einer Meinung ist. Für mich ist nicht das Trennende interessant, sondern das Verbindende. Mich interessiert nicht, was kann ich nicht mit dem machen, sondern was können wir zusammen machen. Und wenn dann so ein gestandener alter Bauer zu dir sagt,

Für mich ist nicht das Trennende interessant, sondern das Verbindende.

das ist gut, was ihr hier macht, dann heißt das schon was. Seitdem wir die Mosterei haben, ist viel positive Energie auf dem Hof.«

Das Einklinken in die kulturellen Traditionen ist für solch ein Projekt wichtig. Eine Identifikationsfigur in der Region ist der Pädagoge Friedrich Fröbel. Im nahen Oberweißbach ist er 1782 geboren. In Blankenburg hat er 1840 den ersten Kindergarten gegründet. Er hatte den Wert des frühkindlichen Spiels erkannt. Ein Rundwanderweg führt zu einigen seiner Wirkungsstätten, unter anderen zum »Fröbelblick«, einem Aussichtspunkt nördlich von Bechstedt. Von dort oben, so wird überliefert, soll er über die grünen Hügel geschaut haben, die er wie einen Garten empfand, und ausgerufen haben: »Kindergarten soll die Anstalt heißen.« Seine Wortschöpfung hat sich bekanntlich durchgesetzt, sogar im angelsächsischen Sprachraum. Entlang des Fröbelweges haben Burkhardt und seine Mitstreiter in einer Pflanzaktion einen Sortengarten angelegt. 100 Apfelbäume, 100 verschiedene alte Sorten. Eine kleine, aber anstrengende Aktion, die viel Zuspruch eingebracht hat.

Kein Zweifel, auch bei solchen Aktionen ist die Ausrichtung des Bechstedter KulturNaturHofes entschieden der Zukunft zugewandt. In dem verschachtelten Anwesen steht gleich neben der Mosterei die Kulturscheune. Ein Veranstaltungsraum für etwa 100 Leute mit Bühne, Bestuhlung, Technik. Dort finden in der Sommersaison Lesungen und Konzerte statt. Auch Seminare. Silke Helfrich zum Beispiel, die Pionierin der Commons-Bewegung aus Jena, hält hier regelmäßig ihre »Commons-Sommerschule« ab, um über Theorie und Praxis der Gemeingüter zu diskutieren. Es gibt Workshops mit Flüchtlingen. Zum Beispiel eine Foto-Video-Werkstatt. Die Gruppe, zehn Deutsche, zehn Flüchtlinge, hat eine Woche hier zusammengelebt und in gemischten Teams Kurzfilme zum Thema Heimat produziert und sie zum Schluss für die Leute aus dem Dorf gezeigt.

Was sind deine Essentials? Was kannst du? Was willst du wirklich? Burkhardts höchst persönlicher Ausgangspunkt hat sich im Laufe der Jahre zu einem übertragbaren Leitmotiv erweitert: Wie kann man die Menschen zu dem bringen, was sie eigentlich wollen und eigentlich können? Im Grunde ist es die Frage nach den *human potentials*, die in der kalifornischen Subkultur der 1960er-Jahre eine so große Rolle spielte. Bescheidener formuliert, steht sie jetzt im Mittelpunkt bei der Knüpfung von regionalen Netzwerken.

Eines davon ist die Zukunftswerkstatt Schwarzatal. Sie zu etablieren war kein leichtes Unterfangen in einer Region, die zwar mit landschaftlicher Schönheit gesegnet ist, auch über kleine intakte industrielle Strukturen und eine hervorragende Verkehrsanbindung verfügt, aber dennoch als eine Region im Niedergang empfunden wird. Als Region, die »leer fällt«, zum Beispiel, was die demografische Entwicklung betrifft. »Das hat mich irgendwann so genervt«, erinnert sich Burkhardt, »und ich habe gesagt: ›Wir machen eine Zukunftswerkstatt und suchen nach Leuten, die was Positives bewegen wollen. Nur eine Bedingung: Kein Jammern!‹« 2015 ist daraus ein Projekt der Internationalen Bauausstellung Thüringen entstanden. Offizieller Titel: »Experimentierfeld resilientes Schwarzatal«. Unter dem Motto »Heute schon das Morgen denken« sollen »enkeltaugliche Projekte der regionalen Wertschöpfung, Regionalvermarktung und genossenschaftlichen Nahversorgung sowie der erneuerbaren Energieversorgung entstehen«.

Heute schon das Morgen denken

Ich frage Burkhardt, ob solche resilienten und nachhaltigen Strukturen langfristig genügend Potenzial entfalten könnten, um die Daseinsvorsorge zu übernehmen, wenn die globalen Finanz- und Warenströme und Logistikketten unterbrochen werden, abreißen und dann binnen ganz kurzer Zeit Kollapserscheinungen eintreten. Burkhardt beginnt mit einer Vorbemerkung:

»Es ist nicht leicht, da glaubhafte und ehrliche Visionen zu entwickeln. Als ehemaliger DDR-Bürger habe ich die Erfahrung, dass von einem Tag auf den anderen alles anders werden kann. Dinge, die du nie gedacht hast, treten ein. Dinge, die du langfristig geplant hast, sind völlige Makulatur. Wie sich Dinge entwickeln, ist einfach nicht vorhersehbar. Man sollte bestimmte Vorkehrungen treffen, soweit man sie noch treffen kann. Aber es ist unmöglich, Dinge vorauszusehen. Die kommen oder auch nicht oder ganz anders, als man sie gedacht hat. Vielleicht funktionieren die globalen Warenströme auch in 50 Jahren noch, ohne dass wir uns einen Kopf machen müssten. Aber vielleicht auch nicht. Und wenn nicht, dann wird es ungemütlich. Wo kommen dann die Äpfel her? Ein Baum braucht zwanzig Jahre, bis er trägt. Jetzt zu deiner Frage: Ich würde nicht so weit gehen und sagen, kleine Gemeinschaften oder lokale Kreisläufe oder was wir hier tun, das ist sozusagen die Rettung der Welt. Ich sage nicht, ich will die Welt retten. Mir geht es primär um zwei Sachen: Ich möchte ein gutes Leben führen, mich selbst verwirklichen, Dinge tun, die mir wichtig sind. Das kann ich in diesem Rahmen hier machen. Das ist das eine. Und das andere: Ich möchte Spuren hinterlassen. Ich habe einfach das Bewusstsein, ich lebe jetzt und hier nicht für mich allein. Da sind wir wieder bei der Weimarer Klassik und bei Herders Kette der Humanität. Die schließt dich ein und geht darüber hinaus, denn nach dir wird auch jemand da sein, der die Kette fortsetzt. Wenn du dir anguckst, was in der Welt so alles passiert, dann kannst du entweder resignieren oder zynisch werden – oder verrückt. Das alles will ich nicht. Ich möchte ein positives Leben führen. Und das kann ich hier. Das ist für mich der eigentliche Grund, warum ich das hier mit meinen begrenzten Möglichkeiten mache. Mit der leisen Hoffnung, dass viele so kleine Projekte, die es ja erfreulicherweise überall gibt, vielleicht irgendwann doch etwas ändern.«

~

Emmendingen ist eine Kleinstadt in den Ausläufern des Schwarzwalds, an der Bahnlinie zwischen Freiburg und Offenburg. Viel alte Substanz. Die heutige Stadtbibliothek war einmal das Wohnhaus von Cornelia Schlosser, Goethes Schwester. Viel neue Substanz, nicht nur im Stadtbild. Bei den Landtagswahlen im März 2016 haben die Grünen hier satte 39 Prozent erzielt. Mehr als doppelt so viel wie die CDU, weit mehr als doppelt so viel wie die SPD. Es ist eiskalt und windig, aber sonnig, als ich in Emmendingen aus dem »Bähnle« steige. Aus dem Zugfenster hatte ich das leuchtende Gelb blühender Rapsfelder in der Oberrheinebene und den Neuschnee auf den Höhen von Schwarzwald und Vogesen gesehen. Es waren die Tage des Kälteeinbruchs Ende April, als es ein paar Nächte lang auf des Messers Schneide stand, ob der Nachtfrost die Baumblüte und damit die Obsternte vernichten würde.

Das Büro der Regionalwert AG liegt in einem Neubauviertel unweit vom Bahndamm. Was verbirgt sich hinter diesem Firmennamen? Ein paar Stichworte aus den Werbematerialien: ein Verbund von circa 20 Betrieben in der Region, Biohöfen, Bioläden, Biogärtnereien, Bistros. Eine Wertschöpfungskette »vom Acker bis zum Teller«. Eine »Bürgeraktiengesellschaft«. Genaueres wollte ich von Christian Hiß wissen. Aus seinem Büro im lichtdurchfluteten Erdgeschoss des Gebäudes kommt er mir entgegen. Der Mittfünfziger in Jeans und Pullover, breitschultrig, stämmig, mit starken, wohlgebildeten Händen, ist sofort sehr »da«. Schwer zu sagen, ob er am Vortag ein Stück Gartenland für die Frühjahrsaussaat bestellt oder an der Frankfurter Börse einen Vortrag über alternative Finanzbuchhaltung gehalten hat. Hiß kann beides. Er ist Gründer, Vorstand und Vordenker der Regionalwert AG. 1961 geboren, hat er in dem Spannungsfeld

Wertschöpfung vom Acker bis zum Teller

zwischen noch selbst erlebter Tradition und lebbarer Moderne seinen Lebensweg gesucht und gestaltet. Er stammt vom Dorf, aus dem nahen Eichstetten, am Osthang des Kaiserstuhls gelegen. Dort hat er die – heute noch von Politik und Werbung inbrünstig beschworene – bäuerliche Landwirtschaft aus erster Hand kennengelernt.

»Die Versorgungsökonomie des alten Hofes«, sagt er, »war eine Produktivität aus sich heraus. Saatgut wurde selber gemacht, Energie selber produziert. Arbeitskräfte kamen von innen. Das Kapital waren selbstgeschaffene Bodenfruchtbarkeit, Viehherde und Wohngebäude.« Diese Form weitgehend autarker Versorgungsökonomien existiert heute bei uns nicht mehr, so Hiß. »Es wird alles zugekauft. Es ist reine Industrie geworden.« Doch der elterliche Hof war schon damals etwas Besonderes. Sein Vater hatte in englischer Kriegsgefangenschaft die Idee des biologischen Landbaus kennengelernt. Wenig später stieß er auf die Ideen von Rudolf Steiner. 1950 begann er, biologisch-dynamisch zu wirtschaften, und fand sofort Mitstreiter. 1960 hatte Eichstetten sechs Biolandwirte. Das Dorf gilt als eine der Wiegen des ökologischen Landbaus.

Bäuerliche Herkunft als Bürde

Ich frage Christian Hiß, ob die Übernahme des elterlichen Hofes für ihn keine Perspektive war. Er schüttelt den Kopf. »Verlockend war das Außen, nicht die Herkunft. Ich hatte zwei berufliche Wünsche und Sehnsüchte. Ich wollte Arzt werden oder Schauspieler. Was mich abgestoßen hat, war nicht die Arbeit, sondern dieses bäuerliche Selbstverständliche, dieses Unfreie darin über die Generationen hinweg. Das kann man im Grunde gar nicht nachempfinden, wenn man nicht auf dem Dorf aufgewachsen ist. Landwirtschaft ist ja eine doppelte Festlegung. Man bekommt praktisch keinen Anhaltspunkt in der Kulturgeschichte, wo eine eigene Entscheidung stattgefunden hat. Und in Hinblick auf meine eigene Rolle in der Gesellschaft bekomme ich im Umfeld der traditionellen Landwirtschaft keinen Punkt der individuellen Entscheidung. Das verschwimmt in der Ahnenschaft. Und das geht heutzutage nimmer. Mein Lebensentwurf braucht eine eigene Entscheidung. Ich hab dann auf dem zweiten Bildungsweg Abitur gemacht.«

Doch zunächst hat Christian Hiß eine Lehre als Gärtner absolviert. Das war in den späten Siebzigerjahren. »Die Entscheidung, Gärtner zu lernen, war hochindividuell. Das war innerhalb dessen, was das geistige Vermächtnis der Eltern erhält, aber es war kolossal was anderes als Landwirt oder Winzer zu werden. Der Gärtner hat einen anderen Anspruch. Das ist eine ganz andere Ansprache an die Pflanze, also die Differenziertheit, das Detail, das genaue Hinschauen.« Hiß hat seine Lehre »drei Dörfer weiter«, und zwar bewusst in einem konventionellen Bereich gemacht. Warum? »Ich wollte immer auch das andere kennenlernen. Ich wollte wissen als jemand, der in der ökologischen Tradition aufgewachsen ist, was die anderen denken und treiben, von denen ich immer höre, dass die ganz schlimm sind. Ich wollte wissen, wo die gravierenden Unterschiede liegen, und habe sehr viel dabei gelernt.«

Nach der Lehre und einem Jahr Arbeit als Gärtner ging Hiß zurück in die Schule. Um sich zu finanzieren, hat er sich mit einem eigenen biologisch-dynamischen Betrieb und einen Marktstand in Freiburg selbstständig gemacht. »1986 hab ich Abitur gemacht. Mit 25. Aber in diesen vier Jahren war der Betrieb gewachsen, mit Angestellten, mit Mitarbeitern. Ich hatte geheiratet und hab mich dann mit meiner Frau entschieden, im Gartenbau zu bleiben. Das war die Entscheidung für den eigenen Betrieb.« 1986 war das Jahr der Wolke von Tschernobyl. Hiß war nicht überrascht. Er war in der Anti-AKW-Bewegung groß geworden. Über seine Eltern hat er schon die Kämpfe gegen die AKWs Wyhl und Fessenheim in der Kaiserstuhl-Region Anfang der 1970er-Jahre mitbekommen.

Sein eigentliches Schlüsselerlebnis hatte er wenige Jahre später, bei einer gartenbaulichen Exkursion in die Niederlande: »Das war Ende der Achtzigerjahre. Da war der holländische Gemüsebau auf dem Zenit. Die haben den deutschen Markt überschwemmt, mit Tomaten zum Beispiel. Die Holländer galten auch für einen kritischen ökologischen Gärtner in Deutschland als die Fortschrittlichsten.« Konfrontiert wurde die Besucher mit dem sogenannten erdelosen Anbau. »Dass Pflanzen in Mineralwolle wachsen, hatte ich bis dahin nicht wahrgenommen. Und vor allem, wie unglaublich perfekt die Pflanzen da stehen. Ich komme aus einer sozialen Sphäre, wo der Boden alles ist. Ohne gesunden Boden wächst keine Pflanze. Also im tieferen Sinne, nicht im braunen, mystischen Sinne, sondern im Sinne von fruchtbarem Boden – Kompost, Fruchtbarkeit. Und dann seh ich Tomatenpflanzen, so schöne hatte mein Gärtnerblick noch nie gesehen. 18 Meter lange Tomaten, die in Mineralwolle, in reiner Synthetik wachsen – phänomenal! Aus der Mineralwolle, aus dem geschlossenen System. Durch eine Rinne fließt Nährlösung, flüssiger Dünger, zusammengestellt durch den Computer, durch Wachstumsprogramme. Und die Pflanzen wurzeln in Steinwolle, dem Substrat in der Dachdämmung. Nach meinem bisherigen Verständnis können da keine Pflanzen wachsen. In Synthetik. Und dann: Die kümmern nicht vor sich hin, sondern sehen unglaublich schön aus, also schön, sagen wir mal im betriebswirtschaftlichen Sinne, und geben den zehnfachen Ertrag wie meine Pflanzen. Also das Schockerlebnis, das war für mich der erdelose Landbau. Dass das geht, dass das möglich ist.«

Tomaten in Mineralwolle – Schlüsselerlebnis erdeloser Anbau

Das Problem hat ihn nicht losgelassen. Mit bäuerlicher Sturheit, könnte man sagen, ist er der Sache auf den Grund gegangen. »Ich hab dann Untersuchungen gemacht in meinem Betrieb, in meinem Gewächs-

Äußerlich schön – »innerlich« nachhaltig gestört

haus. Ich hab mit einem Wissenschaftler zusammen Stangenbohnen angebaut. In Mineralwolle und in Erde. Weil ich wissen wollte, was steckt da dahinter. Sind das dieselben Pflanzen? Wo liegen die Argumente für die Erde? Das ist nicht so einfach. Wo sind dann die Argumente für meine ökologische Anbauform im natürlichen Boden? Die Antworten sind alles andere als einfach gewesen. Wir haben zwei Jahre lang Stangenbohnen angebaut, nach wissenschaftlichen Prinzipien, und haben die untersucht nach Inhaltsstoffen, nach Vitaminen, nach Aminosäuren. Nach 15 verschiedenen Parametern.« Und was war dann in dieser Abwägung Erde oder künstliches Substrat die Schlussfolgerung? »Ein Ergebnis der Untersuchungen war ziemlich signifikant: dass die Regenerationskraft, also der regenerative Pol der Pflanze, enorm nachlässt. Und das ist dann so zu erklären: Die Pflanze als Lebewesen bewegt sich in ihrem Wachstum zwischen zwei Polen: dem vegetativen und dem generativen. Das kann man auch im Wald, das kann man überall beobachten. Eine Pflanze, die unter Stress gerät, produziert ganz schnell viele Samen. Wächst sie im Optimum, produziert sie weniger Samen. Und wenn das Wachstum optimal ist, gesteuert durch ein Computerprogramm, dann wird der regenerative Pol schwächer. Sie hat als Lebewesen einen schwächeren Antrieb, sich zu vermehren. Wenn die Pflanze also aus dieser Spannung zwischen dem vegetativen und reproduktiven Pol herausgehoben ist, dann lässt die Notwendigkeit der Vermehrung nach. Auch wenn sie in der Gestalt unglaublich schön aussieht, ist trotzdem die innere Balance im Sinne der Nachhaltigkeit gestört. Da war für mich die Frage, wenn die Pflanze so agiert, wo kommt dann das Saatgut her? Wie werden Pflanzen gezüchtet? Und wo wird das Saatgut vermehrt?«

Auf dasselbe Problem ist Christian Hiß gestoßen, als er sich dann intensiv mit der Gentechnik beschäftigte. Auch hier fangen die gravierenden Probleme bei den Nachkommen an. Ein

Saatgut und die neue Lust am Konstruktiven

großer Teil ist nicht überlebensfähig, fällt aus der Evolution raus. Sein Fazit: »Die Versprechungen der Gentechniker muss man auf einen Bruchteil reduzieren. Gentechnik ist eine Sackgasse.« Sein Ausweg: »Dann haben wir hier relativ schnell begonnen, mit eigenem Saatgut zu experimentieren, eigene Sorten zu züchten, nach meinen Prinzipien. Das war eine wunderbare, neue Welt des Gärtners. In die eigene Pflanzenzüchtung, in die Selektion reinzugehen und immer weniger Saatgut zu kaufen. Das ist aus der Kritik entstanden, aus der Kritik an den Verhältnissen. Ich konnte das überhaupt nicht, hatte das nie gelernt, Saatgutproduktion, Saatgutvermehrung, Pflanzenzüchtung. Aber das war für mich eine Offenbarung, eine neue Welt der Pflanzenbetrachtung. Der Aufwachmoment war die Sorge um meine betriebliche Unabhängigkeit. Aber was dabei herauskam, war die Lust am Konstruktiven. Die Suche nach Konzepten – das war die Geburtsstunde der Regionalwert AG. Wer entscheidet darüber, was richtig und fortschrittlich ist.«

Und heute? Ich frage Hiß, welchen Megatrend er in der globalisierten Landwirtschaft des 21. Jahrhunderts feststellt. »Die Pflanze unempfindlich zu machen für den natürlichen Umraum. Also, wenn man ein Lebewesen an möglichst unterschiedliche Lebensräume anpassen will, dann muss man ihre Fähigkeiten, mit dem natürlichen Umraum Kontakt aufzunehmen, reduzieren. Der Züchter, der global vermarkten und produzieren will und 200 Geosphären und Biosphären hat, der muss die Pflanzen in ihrer Empfindlichkeit nach außen so weit runterreduzieren, dass sie in jeder Sphäre der Welt wächst. Der Züchter, wie ich einer bin, der ökologische, wird genau das Gegenteil machen. Er wird die Pflanze empfindlich machen für ihren Standort, ihren Lebensraum. Ich mache die Pflanze empfindlich für den Raum, damit sie in Korrespondenz treten kann. Jetzt kann man überlegen, was man in Zukunft für eine Nahrungspflanze haben will.

Die Pflanze, die empfindlich ist und die lernt, mit einem spezifischen Umraum umzugehen, und sich da reinentwickelt mit ihren Fähigkeiten. Oder die Universalpflanze, die so reduziert ist, dass sie ein Stück weit in jedem Raum zurechtkommt, auch im Labor. Das ist sozusagen der statische Blick. Die Frage, die sich dann stellt: Wie lange macht diese Universalpflanze das mit? Es gibt schon Hinweise, dass es eine Grenze gibt, wieweit man das reduzieren kann, bevor die Pflanze in sich zusammenbricht, weil sie ja doch ein Entwicklungswesen ist.«

Wie stellt sich das für ihn vor Ort, im beschaulichen Freiburg, dar? »Wenn du auf dem Münsterplatz, der als Bauernmarkt gilt, genau hinschaust – es sind alles komplett industrialisierte Betriebe, und wenn sie noch so klein sind. Nimm das Beispiel Kohlrabi: Das Saatgut kommt aus China. Die Jungpflanzen werden in Holland produziert. Der Stickstoffdünger kommt aus der Ukraine oder Russland. Die Arbeitskräfte aus Rumänien. Die Pflanzen werden in heimischer Erde vier Wochen lang ein Stück weit veredelt und dann auf dem Markt als Kaiserstühler Gemüse verkauft. Der Grundtyp der Industrie, der ist überall. Die Betriebe werden nach industriell-betriebswirtschaftlichen Gesichtspunkten aufgebaut.«

Mit dieser Betriebswirtschaft hat sich Hiß dann genauso gründlich auseinandergesetzt wie mit der Gentechnik, hat sogar an einer englischen Universität das Masterdiplom gemacht, um die kaufmännische Seite der Landwirtschaft zu durchschauen und umzukrempeln. »Da will ich ran und vorrechnen, dass die Rechnung, der die Betriebe heute folgen, nicht stimmt. Die Natur stellt keine Rechnungen. Und dadurch, dass sie keine Rechnungen stellt, gilt Natur nicht als Vermögen im ökonomischen Blick. Tatsache ist aber, dass Vermögen verloren geht, wenn Bodenfruchtbarkeit verloren geht. Biodiversität, Vielfalt, die ganzen Naturvermögen, werden nicht bilanziert, die werden nicht

Falsche Vermögensbilanz – Natur kommt nicht vor.

bewertet. Sie werden nur genutzt, aber sie haben in der Bilanz kein Gegenkonto, kein Vermögenskonto. Und meine Forderung ist, dass man das Instrumentarium Bilanzbuchhaltung eben erweitert um diese Vermögen. Das Instrumentarium muss angepasst werden an die Realität. Und im Moment ist es so, dass das falsche Instrumentarium die Realität prägt. Das ist der Grundgedanke.«

An diesem Punkt unterbrechen wir unser Gespräch und machen uns auf eine Rundfahrt zu einigen Knotenpunkten im Netzwerk der Regionalwert AG. Gleich um die Ecke der Geschäftsstelle befindet sich ein großflächiger Biomarkt. Dort werden gerade Käse und Eier angeliefert, von einem anderen Partnerbetrieb. Wir fahren hinüber zum Kaiserstuhl, nach Emmendingen, machen Station an der »Querbeet-Demetergärtnerei«, wo auf 15 Hektar tiefgründigem Lössboden 70 verschiedene Gemüsearten angebaut werden. Die meisten Kunden sind gerade dabei, Jungpflanzen für die eigenen Gärten auszusuchen. Zum Mittagessen sind wir zu Gast in einem weiteren Biomarkt, am historischen Marktplatz von Breisach. In einer Lagerhalle in Freiburg, unserer nächsten Station, werden gerade Gemüse, Obst und Eier in Frischekisten verpackt. Der Betrieb beliefert mittlerweile 400 Haushalte in der Stadt. Unsere Tour endet an einem der intimsten Plätze der Altstadt. Kastanien blühen, das Bächle rauscht. In diesem Ambiente eröffnet die Regionalwert AG in Kürze ein vegetarisches Restaurant. Alles bio, alles regio. Wie ist das Konzept dieser Wertschöpfungskette aus den Erfahrungen heraus gewachsen?

Für wen, für was, mit wem arbeite ich?

»Die Instrumente sind relativ konventionell«, sagt Hiß. »Aktionäre legen Gelder an. Dieses Eigenkapital investieren wir in Betriebe der regionalen ökologischen Land- und Ernährungswirtschaft. Die Anleger sind gewinn- und verlustbeteiligt. Die Bäuerinnen und Bauern begeben sich nicht mehr in Abhängigkeit von Fremdkapital. Sie haben Kapitalpartner mit Namen und Gesicht. Und so entsteht ein anderes positives Lebensgefühl und Arbeitsgefühl. Für wen oder was arbeite ich? Man ist auf Augenhöhe. Das ist etwas anderes als die Beziehung zur Bank mit ihrem anonymisierten Geld. Was das Gesellschaftspolitische angeht, im Sinne von: Wer entscheidet, was in Zukunft sein soll, war mir klar: Ich will nicht mehr mit der Gesellschaft im Allgemeinen debattieren. Das führt zu nichts. Ich brauche ein echtes Gegenüber. Es muss ein Echoraum, ein Resonanzraum, geschaffen werden, wo die Leute auch echt was zu sagen haben und Verantwortung dafür übernehmen. Ich wollte echte Betroffenheit und Beteiligung herstellen. Sodass Macht und Verantwortung zusammenfallen. Wir bekommen eine Eigenkraft. Wir sind nicht mehr dieser oder jener Auffassung ausgeliefert, was politisch je nach Kräfteverhältnissen entschieden wird. Wenn die Aktionäre als Kapitalgeber in Abstimmung mit den Betriebsleitern entscheiden, wie die Betriebe der lokalen Landwirtschaft geführt und weiterentwickelt werden sollen, und sie dafür die Kapitalverantwortung übernehmen, dann ist unser Ziel der echten Partizipation erreicht. Da ist die Landwirtin vom Käsehof, da sind 30 junge, motivierte Unternehmer, aus dem Handel, aus der landwirtschaftlichen Produktion, und die setzen sich hier zusammen. Man kommt von der Phrase runter. Man kommt in die tatsächliche Realsituation hinein und versucht dort, die bessere Lösung zu finden. Ohne diesen Schulterschluss sind die Betriebe alleine den Marktkräften ausgesetzt. Da entsteht dann ein gemeinsamer Geist, eine innere Substanz, eine Kreativität, die vorher so nicht da gewesen wäre. Und das ist das Urmotiv der Regionalwert AG: dass die an einem Prozess Beteiligten tatsächlich konstitutiv zusammensitzen und sagen können, da wollen wir hin.«

Die Konturen eines kühnen Projekts werden sichtbar. »Fragmente aus der Vergangenheit« verbinden sich organisch mit

»Fragmenten aus der Zukunft«: die funktionalen Merkmale der alten bäuerlichen Subsistenzwirtschaft freizulegen, sie auf die heutigen Bedingungen zu übertragen und damit eine lokale und regionale Versorgungsökonomie zu begründen; die »Produktivität aus sich heraus« in einem größeren Maßstab neu zu denken. Was früher die bäuerliche Großfamilie war, sind jetzt die 100 000 oder 500 000 Menschen der Region. Und die gilt es zu versorgen. Wo auf dem alten Hof Bäuerin und Magd im Sommer 100 Gläser Erdbeermarmelade eingemacht haben, macht heute die Regionalwert-Biomanufaktur in Freiburg mit modernsten Maschinen und Hygienevorrichtungen 50 000 Glas Erdbeeren ein. Die existenzielle Vernunft, die praktische Weisheit der alten Subsistenzwirtschaft auf moderne Wertschöpfungsketten zu übertragen, das wäre ein Teil der Lösung.

»Regionale Ernährungssouveränität« – geht das?

»Ich finde den Begriff der Selbstversorgung nicht schlecht«, sagt Hiß, »vorausgesetzt, man beschreibt das ›Selbst‹ anders als in der überlieferten bäuerlichen Landwirtschaft.« UN-Experten sprechen heute von regionaler Ernährungssouveränität. Kann sich Freiburg aus der Region selbst ernähren? Hiß hat das mal kalkuliert: »Also mit Obst und Gemüse auf jeden Fall. Mit Milch und Rindfleisch auch. Mit Schweinefleisch wird es schwieriger. Ackerbau, Getreide: zu 80 Prozent. Ganz grob überschlagen: Es könnte gehen, ja.« Auch mit Energie? Da verweist Hiß auf Berechnungen der Schönauer Stromrebellen, die im Südschwarzwald eine Stromversorgung aus erneuerbaren Energien aufbauen: »Die sagen, ja, zu 100 Prozent.«

Die Überlegungen aus dem Umfeld der Breisgauer Regionalwert AG, so scheint mir, sind alles andere als Glasperlenspiele. Das alte System geht zu Ende. »Wir müssen«, sagt Hiß, »auf der Rückseite des Gängigen die Konzepte entwerfen und so ausarbeiten und ausprobieren, dass sie dann da sind.«

~

Der Rotkohl aus dem urbanen Garten in Münster, der Apfel aus dem wildromantischen Schwarzatal, die Frischekiste aus dem sonnigen Breisgau, die nachdenklichen Stimmen aus den Projekten – helfen sie uns weiter? Was ist denn die Qualität des »Mehr«, wenn wir den Mut zum »Weniger«, zur Selbstbeschränkung tatsächlich aufbringen? Schlüssige Antworten, die für alle gültig wären, gibt es wohl nicht. Aber einige Konturen werden sichtbar.

Wo die Wiederentdeckung der Nahräume und der Nachbarschaften gelingt, verändert sich die Wahrnehmung. »In welchen Momenten fühlst du dich lebendig?« Diese Frage wird leitmotivisch. Augenblicke gesteigerter Lebendigkeit bewusst erleben und genießen, sie suchen und vermehren, wäre eine Strategie bei der Suche nach mehr Lebensqualität. Der grüne Daumen, das Fingerspitzengefühl, der aufrechte Gang sind dabei äußerst hilfreich. Ein Mehr an Vitalität – darum geht es hier.

Eine Komponente ist das, was wir mit dem schlichten Wort »Naturverbundenheit« zum Ausdruck bringen. Sie besteht in der direkten und kontinuierlichen Erfahrung von möglichst intakter Natur um uns herum. Eine solche Intimität mit der Natur aber ist nur in den Nahräumen möglich. Sie erfordert die Entschleunigung des eigenen Lebens. Was gewinnst du dabei? Mehr Einvernehmen mit der eigenen Natur, für das, was in Leib und Seele vor sich geht. Hier kommt ein Lebensgefühl ins Spiel.

Erich Fromm sprach in diesem Zusammenhang von »Biophilie«. Er meinte damit die »Liebe zum Leben und zu allem Lebendigen«. Sie umfasst die Liebe zur Natur und die »aktive Liebe zum anderen Menschen« gleichermaßen. Auch die Fähigkeit, die Vielfalt in Natur und Gesellschaft zu genießen. »Die lebende Substanz«, so Fromm 1964, tendiere dazu, »sich mit andersartigen und gegensätzlichen Wesenheiten zu vereinigen und einer Struktur gemäß zu wachsen.« Inspiriert war Erich Fromm von Albert Schweitzers Ethik der »Ehrfurcht vor dem Leben«. Das damit verbundene Lebensgefühl hat Schweitzer mit dem Satz zum Ausdruck gebracht: »Ich bin Leben, das leben will, inmitten von Leben, das leben will.«

Die Entdeckung der Nähe hat immer auch eine soziale Komponente, nämlich die Fähigkeit zum »Konvivialen«. Das ist eine neue und praktizierbare Kunst des Zusammenlebens in überschaubaren Gemeinwesen und »kleinen Lebenskreisen« (Kurt Biedenkopf). Nachbarschaft nicht als zwanghafte Enge einer abgeschotteten »Festung« zu leben, sondern als neugierige Lust an der Vielfalt zwischenmenschlicher Beziehungen, wäre ein kühner Sprung. Er würde auch Verantwortung wieder handhabbar machen. Nur so, scheint mir, sind der grassierende Zynismus und die Resignation zu überwinden.

Auch Schönheit ist ein »Lebensmittel« und ein »Baustoff der Zukunft« (Hans Glauber). Das Naturschöne und die Schönheit menschlicher Artefakte sind Quellen des Glücks. Gerade dann, wenn gewohnte Muster von Wohlstand nicht mehr möglich sind. Die Leute vom Bauhaus der 1920er-Jahre wussten das. Neue Ansätze in Naturschutz und Landschaftspflege, die Initiativen für ein nachhaltiges Design und Strömungen in der Gegenwartskunst nehmen diesen Faden wieder auf. Viele folgen dabei dem Leitbild eines sorgfältigen Minimalismus. Aus einem Minimum an Ressourcen ein Optimum an Lebensqualität zu erzeugen erscheint als gangbarer Weg, auf dem eine »andere Welt« möglich wird.

So öffnet sich auch wieder der Blick auf die globalen Zusammenhänge. *Think globally, act locally.* Das alte Motto bekommt eine frische Aktualität. Der eigene Garten und die Biosphäre des Blauen Planeten, unserer kollektiven Heimat, bilden eine Einheit und können nur gemeinsam florieren – aufblühen. Trotz aller gegenwärtigen Exzesse von Gier, Hass und Gewalt –

diesen Zusammenhängen spürt man derzeit überall auf der Welt nach. *Buen vivir* – »gut leben« ist ein Motto aus den tief zerrissenen Gesellschaften Lateinamerikas. *Pura vida!* Jugendliche in Costa Rica und anderen lateinamerikanischen Ländern begrüßen sich so. Die wörtliche Übersetzung wäre »pures Leben«. Freier übersetzend, könnte man sagen: »pralles Leben«, Fülle des Lebens. Der Mut zum Weniger schließt die Lust auf ein Leben, das weit ausgreift, mit ein.

Statt eines Epilogs

Fragmente eines gelassenen Zukunftsdenkens

~

Und jetzt? Was bleibt von einer langen Reise durch das Land? Durch dieses unruhige Land, das sich rapide wandelt, sich öffnet und dabei versucht, sich selbst treu zu bleiben?

Eine eindeutige Bilanz ziehen zu wollen, wäre vermessen. Doch scheint mir die Frage, auf welche Werte wir uns besinnen und rückbesinnen, mit entscheidend darüber zu sein, wie sich Zukunft gestaltet – oder richtiger: wie *wir* Zukunft gestalten. Die Übergänge, Durchlässe und Durchbrüche zu einer möglichen »anderen Welt« sind immer schon in der »Wertewelt« – also in unserer Kultur – angelegt und bereiten sich dort vor. Manchmal leise und behutsam, dann wieder stürmisch und »disruptiv«. So oder so ist der Zeitgeist ein faszinierendes Phänomen. Noch ist nicht entschieden, ob er in Richtung Nachhaltigkeit weht und einem neuen solaren Zeitalter den Weg bereitet oder ob er sich abwendet und die regressiven Tendenzen entfesselt, die in unseren Gesellschaften virulent sind, und so die Abwärtsspirale verstärkt.

Umso wichtiger ist es, die lebensbejahenden Tendenzen und positiven Energien sichtbar zu machen. Das Zukunftsdenken weiter in der hellen Welt der Tagträume anzusiedeln und nicht in die düstere Unterwelt der Albträume absinken zu lassen – darum geht es zunächst.

Was also bleibt nach dieser langen Reise? Ich denke, es lassen sich nun von einer höheren Warte aus ein paar Mut machende Gründe für einen gelasseneren Blick auf die Zukunft sammeln. Einiges von dem, was mir unterwegs eingefallen und aufgegangen ist, enthalten – in konzentrierter Form – die folgenden Fragmente. Es sind Anhaltspunkte, die jedem Raum lassen, Verknüpfungen zu den eigenen Erfahrungen und Einstellungen zu finden.

1

Die »große Transformation« in eine nachhaltige Zukunft stellt sich momentan als eine Vielzahl von »Wenden« dar: Energiewende, Agrarwende, Ressourcenwende, Forschungswende etc. Jede einzelne Wende erscheint als ein Kraftakt, der den Akteuren fast Menschenunmögliches abverlangt. Doch ist Nachhaltigkeit tatsächlich primär eine Kultur des »Machens«, des Anders- und Neumachens? Oder nicht vor allem eine »Kultur des Lassens«? In allen Variationen: loslassen, zulassen, belassen, sich auf Dinge, Prozesse, Zyklen und Rhythmen der Natur einlassen.

2

Die Basis für ein gelassenes Zukunftsdenken, scheint mir, ist ein »Grundvertrauen in die Güte der Schöpfung« (Dorothee Sölle). Aus welchen Quellen man es schöpft, ist nicht von Bedeutung. Die Theologin Sölle bezieht sich auf die biblische Genesis mit der machtvollen Aussage »... und er sah, dass es gut war« beim Blick des Schöpfergottes Jahwe auf sein Werk.

In der europäischen Frühaufklärung taucht dieser Gedanke – bereits säkularisiert – wieder auf: Wir leben in der »besten aller möglichen Welten«, so der Philosoph Gottfried Wilhelm

Leibniz um 1700. Ist das die Verklärung der bestehenden Zustände? Ich glaube nicht. Leibniz trifft vielmehr eine kosmologische Aussage. »Welt« ist für ihn der ganze ihm überschaubare und erkennbare Kosmos mitsamt seinen Naturkonstanten und Naturgesetzen. Bei dem Blick auf dieses Ganze fragt er nun, wieso Gott bei seinem Schöpfungsakt (oder wie wir heute sagen würden: die Evolution in ihrem Wirken) aus einer unendlichen Vielfalt möglicher Welten gerade diese ausgewählt und ins Werk gesetzt habe. Seine Antwort: Gott handelte rational. Die Schöpfung ist »zugleich die einfachste an Prinzipien und die reichhaltigste an Erscheinungen« – und damit an Potenzialen. So eröffnet diese Welt die größtmögliche Fülle an Optionen. Sie ist die bestmögliche, gerade weil sie die Freiheit zulässt, ihre inhärenten, sozusagen »eingefalteten« Potenziale zu »entfalten« und sie so zu vervollkommnen. Übrigens nannte man damals die Anhänger von Leibniz' These von der »besten aller möglichen Welten«, auf Latein *optimus mundus,* »Optimisten«. Das ist die Herkunft unseres heutigen Begriffs.

In unserer Zeit hat diese Sichtweise urplötzlich einen Wiederaufstieg erlebt. Das NASA-Bild des Blauen Planeten in seiner Schönheit, Einzigartigkeit und Verletzlichkeit wurde zur Ikone unserer Epoche. Der liebevolle und optimistische Blick auf »Gaia« bildet die »Matrix« unseres Nachhaltigkeitsdenkens. Matrix – das ist die Gebärmutter.

3

Eine Theorie der Unerschrockenheit angesichts der Krise findet sich *in nuce* im Werk des Dichters Friedrich Hölderlin. »Sei ein Mann, Bruder! Ich fürchte mich nicht vor dem, was zu fürchten ist, ich fürchte mich nur vor der Furcht. Sage das der lieben Mutter. Beruhige sie!«, schrieb Hölderlin 1796, während einer blutigen Invasion französischer Revolutionstruppen in die Gegenden an Rhein und Main, aus Frankfurt an seinen Bruder in

Nürtingen am Neckar. Seine Sentenz ist eine Übersetzung aus dem Französischen, nämlich aus Montaignes Essay *De la peur*. Ein paar Monate später hat der Dichter in einem Brief an seinen Freund Johann Gottfried Ebel diesen Gedanken ausgebaut. »Und was das Allgemeine betrifft, so hab' ich einen Trost, dass nemlich jede Gährung und Auflösung entweder zur Vernichtung oder zu neuer Organisation nothwendig führen muß. Aber Vernichtung giebts nicht, also muß die Jugend der Welt aus unserer Verwesung wieder kehren. Man kann wohl mit Gewißheit sagen, daß die Welt noch nie so bunt aussah, wie jetzt.« Ein paar Jahre später hat Hölderlin nachgelegt. 1802 beginnt er seine Hymne *Patmos* mit den Versen »Nah ist / Und schwer zu fassen der Gott. / Wo aber Gefahr ist, wächst / Das Rettende auch«. Das ist dann zu einem geflügelten Wort geworden – und bis heute geblieben.

4

Keep calm and carry on. Wiederum eine Flaschenpost aus einer existenziellen Krise. Das britische Informationsministerium ließ 1939 ein Poster mit dieser Inschrift entwerfen und in kleiner Auflage drucken. Weiße Schrift auf rotem Grund, verziert mit der britischen Krone. Im Fall einer deutschen Invasion wollte man die Botschaft massenhaft verbreiten: »Bleibt ruhig und macht einfach weiter.« Wobei ich *calm* in diesem Kontext ruhigen Gewissens mit »gelassen« übersetzen würde. Das Poster war lange verschollen. Zu Beginn des 21. Jahrhunderts tauchte es wieder auf und wurde vor dem Hintergrund von 9/11 und internationaler Finanzkrise weltweit »Kult«.

Bangemachen gilt nicht ist im Deutschen eine alte, schon Kindern geläufige Redensart. Adorno und Benjamin haben sie besonders geliebt. Adorno verwendete sie als Titel eines Stücks seiner Sammlung *Minima Moralia,* die im Zweiten Weltkrieg während seiner Exiljahre in England und den USA entstand.

Angst essen Seele auf – der Titel des Films von Rainer Werner Fassbinder aus dem Jahr 1974 zitiert aus einem Dialog der beiden Hauptfiguren: Der marokkanische Gastarbeiter Ali kommuniziert mit diesem Satz seiner Frau, der an Depressionen leidenden Münchner Putzfrau Emmi, ein Stück seiner Lebensphilosophie. Es knüpft nahtlos an den Rat an, den Hölderlin fast 200 Jahre zuvor seinem Bruder gegeben hatte.

5

No future? Unterhalten sich zwei Embryonen im Mutterleib. Fragt der eine: Du, was meinst du, gibt es ein Leben nach der Geburt? Antwortet der andere: Man weiß es nicht. Es ist noch niemand zurückgekommen.

6

Zukunft braucht Herkunft, aber keine Herkunftsmythen. Die verschiedenen Spielarten von angstbesetztem Denken – Verlustängste, Abstiegsängste, Zukunftsängste – machen anfällig für die Regression in Fantasien von vergangener Größe und Stärke: *Make America strong again* – darauf reduzierte sich die Botschaft Donald Trumps im US-Wahlkampf von 2016. In Deutschland geraten Parolen wie diese unwillkürlich in den Bann der Naziideologie. »Macht Deutschland w i e d e r stark.« Sobald Pegida und andere damit zündeln, entsteht sofort eine unheimliche Nähe zu »Deutschland, erwache«. Die religiös verbrämte islamistische Version, »Macht das Kalifat wieder stark«, entfesselt ähnlich atavistische Haltungen.

All diese Fundamentalismen – meist von Angehörigen der superreichen Schicht in die Welt gesetzt – sind brandgefährlich. Sie beuten hemmungslos den gekränkten Narzissmus, den verletzten Stolz der marginalisierten Schichten, der Globalisierungsverlierer, der vom Neoliberalismus Abgehängten aller Länder aus. Ihre Parolen kommen aus der Giftküche des zum

Sozialdarwinismus pervertierten naturwissenschaftlichen Darwinismus. Sie zehren von dem alten Diskurs über die Schädlingsbekampfung: »... muss weg«. Die »Geopolitik« der Ausgerasteten aller Couleur taugt nur zu einem Zweck: sich gegenseitig das Leben zur Hölle zu machen. *No future.*

7

»Wer mit Ungeheuern kämpft, mag zusehen, daß er nicht dabei zum Ungeheuer wird. Und wenn du lange in einen Abgrund blickst, blickt der Abgrund auch in dich hinein« (Friedrich Nietzsche, 1886). Das ist das Dilemma des aktuellen *catastrophizing,* des Starrens auf die Katastrophen und die Gefahr des Kollapses. Ohne ein starkes Bewusstsein für Nachhaltigkeit sollte man tunlichst nicht vom Kollaps reden. Doch ein Gerede über Nachhaltigkeit ohne ein Bewusstsein für das Risiko des Kollapses bleibt seicht.

8

Alle Welt redet von »Innovation« – oft in Verbindung mit »Nachhaltigkeit«. Ungeheure geistige und finanzielle Ressourcen werden momentan mobilisiert, um Exzellenzhochschulen, Zentren für Design-Thinking, Transfercluster, Start-up-Unternehmen etc. zu stärken oder aus dem Boden zu stampfen. Bei dem Wettrennen um Innovation geht es immer um neue Technologien, Produkte, Verfahren und Prozesse – um das Machen. Das wichtigste Kriterium außer der Neuheit: Sie sind marktkonform, also marktfähig, vermarktbar, kundenorientiert, genauer gesagt: auf kaufkräftige Kunden ausgerichtet. Sie sollen neue Geschäftsfelder eröffnen, um »Wachstum und Beschäftigung« zu generieren.

Dieser Techno-Futurismus ist ein Tunnelblick, eine Denkblockade. Das ganze weite Feld des »Lassens«, Einsparen und Konsumverzicht, die *non-market-solutions,* Subsistenzarbeit und Gabe bleiben außen vor. Sie sind nämlich nicht marktkonform. Die Natur bleibt außen vor. Die Armen bleiben außen vor. Die nachfolgenden Generationen ebenfalls. Sie haben nämlich allesamt keine Kaufkraft. Sie sind keine Kunden. Bei der Transformation zur Nachhaltigkeit geht es jedoch nicht um Innovation, sondern um die Erneuerbarkeit. Das ist ein Unterschied. Entscheidend sind hier die Regeneration und dauerhafte Regenerationsfähigkeit der natürlichen Existenzgrundlagen und der mentalen menschlichen Ressourcen, der immateriellen Werte wie Freiheit, Gerechtigkeit und Schönheit. Die vielen zunächst unscheinbaren Veränderungen im Zeitgeist, in den Einstellungen und Lebensstilen, im Zusammenleben in den Gemeinwesen – auch den sozialen Netzwerken – sind das wirklich wichtige Neue. Es geht nicht primär um Produkte, sondern um ganzheitliche Lösungen.

9

Auch Scheitern ist produktiv, »Immer wieder versucht. Immer wieder gescheitert. Egal! Wieder versuchen. Wieder scheitern. Besser scheitern.« (Samuel Beckett). Doch dem wäre heute, da das Zeitfenster für die Lösung der Probleme schmaler wird, hinzuzufügen: Es gelingt hier. Es gelingt dort. Es gelingt an vielen Stellen. Es gelingt immer besser. Wenn es hier geht, geht es überall.

10

In den letzten Jahrzehnten – in unserer Generation – hat weltweit die Rede über Rechte und Freiheiten dominiert. Dieser Diskurs hatte seine Berechtigung und seinen Wert. Doch er wurde immer mehr kolonisiert und zugerichtet. Das Recht und die Freiheit zu konsumieren rückten immer stärker in das Zentrum. Unter Globalisierung verstand man vor allem das Recht und die Freiheit, überall auf der Welt Geld zu verdienen: *Let's make mo-*

ney. Nachhaltigkeit dagegen ist primär ein Diskurs über Verantwortung und Pflichten. Mit dem Ziel, späteren Generationen überhaupt noch Raum zu lassen, frei und gerecht leben zu können. Das macht die Idee so sperrig, die große Transformation, den Durchbruch zu genuin nachhaltigen Mustern so schwierig, ja lässt ihn für viele als hoffnungslos utopisch erscheinen.

II

Verantwortung ist ebenfalls ein großes Wort. Es kommt aus der mittelalterlichen Rechtspflege. Du wirst eines bestimmten Vergehens angeklagt. Du antwortest, indem du dein Tun rechtfertigst oder ein Vergehen zugibst und die Konsequenzen auf dich nimmst. Du verantwortest dich.

Was heißt Verantwortung im Kontext von Nachhaltigkeit? Wir antworten auf eine stumme, eine imaginierte und antizipierte Anklage der nachfolgenden Generationen. Was macht ihr da eigentlich!? Wichtig scheint mir dabei, in der Rolle des Antwortenden zu bleiben, vor allem das jeweils eigene Verhalten zu reflektieren und nicht gleich den Part des Anklägers mit zu übernehmen und das Verhalten anderer an den Pranger zu stellen. Denn eine solche Doppelrolle überfordert uns. Niemand ist berufen, die Welt zu retten. »Durch Auferlegung einer allzugroßen – oder vielmehr – aller Verantwortung erdrückst du dich« (Franz Kafka). Wie wäre es, wenn man auch die Verantwortung auf ein »menschliches Maß« reduziert? Was jeder tun kann: *Keep the options open,* die »Optionen offenhalten« (Brundtland-Bericht). Und: *Think globally, act locally!* Im Bewusstsein der globalen Herausforderungen im eigenen Umfeld, in den Nahräumen etwas kreieren und weitergeben, damit »das gute Leben« weitergehen kann und auf lange Sicht möglich sein wird. Gelassen und entschlossen.

12

»Vor der Hacke isses duster.« Eine Weisheit aus der – fast verschwundenen – Arbeitswelt der Bergleute. Sie besagt nicht, dass die Zukunft düster ist. Sie will vielmehr sagen: Man weiß nie, ob man mit dem nächsten Hieb auf taubes Gestein oder auf eine reiche Erzader trifft. »Die Zukunft ist ein unbetretener Pfad« (Hans-Peter Dürr). Sie ist prinzipiell offen. Ständig ändern sich die Koordinaten. Wie es ausgeht, weiß man nicht. Prognosen sind schwarze Kunst. Sie sind Narrative. Meist handelt es sich um lineare Fortschreibungen der jeweils jüngsten Trends.

Doch die Grenzen zwischen »Wunschdenken« und »realistischem« Denken, zu dem es angeblich »keine Alternative« gibt, sind fließend. Zum Beispiel: Der Flugverkehr wird sich bis 2030 verdoppeln. Knallharte Prognose oder Wunschdenken der Airlines – »kapitalistischer Realismus« (Mark Fisher)? Er wird sich bis 2030 halbieren. Auch ein Narrativ. Nur Spinnerei? – Oder: Die *global players,* die Top-100-Konzerne, werden in den nächsten 30 Jahren endgültig die globale Herrschaft übernehmen und zu *masters of the universe* werden. Was kann man dagegensetzen? In 30 Jahren wird kein Einziger von ihnen mehr existieren! *Game over.* Von einer Welle der Dezentralisierung und Regionalisierung werden sie »kreativ zerstört«. – Was ist »realistisch«? Ist ein kontinuierliches Wachstum realistisch oder bloßes Wunschdenken? Ist das dynamische Gleichgewicht einer Postwachstumsgesellschaft »idealistisches« Wunschdenken von Gutmenschen und Träumern? Oder nicht doch die realistischere Zukunftsvision? Dafür spricht: Die planetarischen Grenzen des Wachstums, die *tipping points,* die Punkte, wo es kippt, sind real. Mit Gaia ist nicht zu spaßen.

13

Die lange Kette der nachfolgenden Generationen beginnt mit unseren Kindern und Enkeln. Sie sind unsere Kontaktpersonen zur Zukunft. Das bedeutet freilich nicht, den Jungen alle Verantwortung für die Zukunft aufzubürden. Kindheit muss ein geschützter Raum, ein Freiraum bleiben. Eine Zeit, in der man sich spielerisch ausprobieren kann, Spielräume und Experimentierfelder entdecken, über die Stränge schlagen, Grenzen erkunden darf. Nachhaltigkeit ist Teil der jeweiligen Erwachsenenkultur.

In diesen Kontext sind Bildung und Erziehung einzubetten. Die erwachsene Generation muss der jungen sichtbar machen, was ihr wichtig ist. Sie darf aber nicht erwarten, dass diese das 1 : 1 umsetzt. Sie muss zulassen, dass die Jungen die Freiheit in Anspruch nehmen, eigene Erfahrungen zu machen und ihren Weg selbst zu wählen. »Weitergeben!« Der Psychologe Heiko Ernst plädiert für eine neue Ausrichtung der »Generativität«. Ein »generatives Leben« bedeute nicht mehr, eine möglichst große Zahl von Kindern in die Welt zu setzen, sondern sein Können, seine Lebenserfahrung und seine Werte liebevoll, klug und gelassen an die jüngere Generation weiterzugeben. Darin bestehe der letzte Sinn in einem langen Leben. Eine neue, schöne Maxime in der Bildungspolitik: »Kein Kind zurücklassen!«

14

»Die Gegenwart ist aufgeladen mit Vergangenheit – und geht schwanger mit der Zukunft« (Leibniz). Nichts bleibt, wie es ist. Was wird, taucht schon auf. Die Zukunft hat schon begonnen. Einen achtsamen Blick auf das richten, was geschieht, und dann das, was davon wünschenswerte Zukunft enthält, begleiten, fördern, zum Durchbruch verhelfen – ein solches Handeln wäre mit der Haltung der Gelassenheit kompatibel. *Leading from the emerging future* nennt das der deutschamerikanische Zukunftsforscher Otto Scharmer. Seine Fragestellung: »ob es möglich ist, von einer im Entstehen begriffenen Zukunft zu lernen«. Zukunftsmöglichkeiten »wahrzunehmen und sich damit zu verbinden« sei die große Herausforderung und Chance. Nicht in Lehren aus der Vergangenheit, nicht in abstrakten Zukunftsvisionen oder Utopien, sondern in der Realität des Hier und Heute sucht Scharmer »Akupunkturpunkte für die Transformation des Kapitalismus«.

Um es noch einmal mit der alten, in vielen Kulturen der Welt verbreiteten Metapher auszudrücken: Die schimmernde Perle wächst in der harten, schwarzen, rauen Schale der Muschel heran. Wir wären gut beraten, unsere Aufmerksamkeit auf das Wachstum der Perle zu richten.

15

Letzte Gewissheiten: Wir sind Sternenstaub. Wir sind Humus. Die Erde dreht sich weiter.

Zitierte und weiterführende Literatur

~

Acosta, Alberto (2015): Buen Vivir. Vom Recht auf ein gutes Leben. München: oekom verlag.

Adam, Barbara, Karlheinz A. Geißler und Martin Held (Hrsg.) (1998): Die Nonstop-Gesellschaft und ihr Preis. Stuttgart: Hirzel Verlag.

Adorno, Theodor W. (1966): Erziehung nach Auschwitz. In: ders.: Gesammelte Schriften, Bd. 2, S. 674–690. Frankfurt am Main: Suhrkamp Verlag.

Autostadt GmbH (Hrsg.) (2014): Reflexionen. Die Autostadt im Spiegel von Kunst und Kultur. Ostfildern: Hatje Cantz Verlag.

Basler, Ernst (1973). Strategie des Fortschritts. Umweltbelastung, Lebensraumverknappung und Zukunftsforschung. München: BLV Verlag.

Belfort, Jordan (2008): The Wolf of Wall Street. London: Hodder & Stoughton.

Benjamin, Walter (2010): Über den Begriff der Geschichte. Hrsg. von Gérard Raulet. Berlin: Suhrkamp Verlag

Caillé, Alain (2008): Anthropologie der Gabe. Frankfurt am Main: Campus Verlag.

Caillé, Alain, und Les Convivialistes (2014): Das konvivialistische Manifest. Für eine neue Kunst des Zusammenlebens. Hrsg. von Frank Adloff und Claus Lepenies. Bielefeld: transcript Verlag.

Collins, Randall (2009): The microsociology of violence. In: The British Journal of Sociology. Volume 60, Issue 3.

D'Alisa, Giacomo, Federico Demaria und Giorgos Kallis (Hrsg.) (2015): Degrowth. Handbuch für eine neue Ära. München: oekom verlag.

Dworkin, Ronald (2014): Religion ohne Gott. Berlin: Suhrkamp Verlag.

Meister Eckhart (1993): Werke Band I und II. Frankfurt am Main: Deutscher Klassiker Verlag.

Einstein, Albert (2014): Mein Weltbild. Hrsg. von Carl Seelig. Berlin: Ullstein Verlag.

Ernst, Heiko (2008): Weitergeben! Anstiftung zum generativen Leben. Hamburg: Hoffmann und Campe Verlag.

Ette, Ottmar (2012): Konvivenz. Literatur und Leben nach dem Paradies. Berlin: Kulturverlag Kadmos.

Fisher, Len (2010): Schwarmintelligenz. Wie einfache Regeln Großes möglich machen. Frankfurt am Main: Eichborn Verlag.

Fox, Matthew (2014): Meister Eckhart. A Mystic-Warrior for Our Times. Novato, California: New World Library.

Frank, Manfred (1989): Kaltes Herz. Unendliche Fahrt. Neue Mythologie. Motiv-Untersuchungen zur Pathogenese der Moderne. Frankfurt am Main: Suhrkamp Verlag.

Papst Franziskus (2015): Laudato si. Die Umwelt-Enzyklika des Papstes. Freiburg: Herder Verlag.

Friedrich, Thomas, und Jörg H. Gleiter (Hrsg.) (2007): Einfühlung und phänomenologische Reduktion. Grundlagentexte zu Architektur, Design und Kunst. Berlin: LIT-Verlag.

Geiger, Annette (Hrsg.) (2010): Coolness. Zur Ästhetik einer kulturellen Strategie und Attitüde. Bielefeld: transcript Verlag.

Granin, Daniil (2014): Überlebt haben die, die andere retten wollten. Rede vor dem Deutschen Bundestag anlässlich der Gedenkstunde zum Tag des Gedenkens an die Opfer des Nationalsozialismus am 27. Januar 2014 (www.bundestag.de/kulturundgeschichte/geschichte/gastredner/rede_granin).

Grefe, Christiane (2016): Global Gardening. Bioökonomie – neuer Raubbau oder Wirtschaftsform der Zukunft? München: Antje Kunstmann Verlag.

Grober, Ulrich (1998): Ausstieg in die Zukunft. Eine Reise zu Ökosiedlungen, Energiewerkstätten und Denkfabriken. Berlin: Ch. Links Verlag.

Grober, Ulrich (2006): Vom Wandern. Neue Wege zu einer alten Kunst. Frankfurt am Main: Zweitausendeins Verlag. Paperback-Ausgabe 2011: Reinbek: Rowohlt Verlag.

Grober, Ulrich (2010): Die Entdeckung der Nachhaltigkeit. Kulturgeschichte eines Begriffs. München: Kunstmann Verlag. Paperback-Ausgabe 2013.

Hauff, Wilhelm (1969): Das kalte Herz. In: Werke, zweiter Band. Hrsg. von Bernhard Zeller. Frankfurt am Main: Insel Verlag.

Hauff, Wilhelm (2009): Das kalte Herz. Ein Märchen, mit Materialien, zusammengestellt von Herbert Schnierle-Lutz. Stuttgart: Ernst Klett-Verlag.

Hasebrink, Burkhard, Susanne Bernhardt und Imke Früh (Hrsg.) (2012): Semantik der Gelassenheit. Göttingen: Vandenhoek und Ruprecht Verlag.

Helfrich, Silke, und Heinrich-Böll-Stiftung (Hrsg.) (2009): Wem gehört die Welt? Zur Wiederentdeckung der Gemeingüter. München: oekom verlag.

Helfrich, Silke, und Heinrich-Böll-Stiftung (Hrsg.) (2014): Commons – Für eine neue Politik jenseits von Markt und Staat. Bielefeld: transcript Verlag.

Hiß, Christian (2014): Regionalwert AG. Mit Bürgeraktien die regionale Ökonomie stärken. Freiburg: Herder Verlag.

Hiß, Christian (2015): Richtig rechnen! Durch die Reform der Finanzbuchhaltung zur ökologisch-ökonomischen Wende. München: oekom verlag.

Hockenjos, Wolf (2008): Tannenbäume. Eine Zukunft für Abies alba.

Leinfelden-Echterdingen: DRW-Verlag.
Huxley, Aldous (1960): The Doors of Perception. London: Chatto & Windus.
Illich, Ivan (1998): Selbstbegrenzung. Eine politische Kritik der Technik. München: C. H. Beck Verlag.
Illich, Ivan (2006): In den Flüssen nördlich der Zukunft. Letzte Gespräche über Religion und Gesellschaft mit David Cayley. München: C. H. Beck Verlag.
Jamison, Leslie (2015): Die Empathie-Tests. Über Einfühlung und das Leiden anderer. Berlin: Hanser Verlag.
Joas, Hans (1999): Die Entstehung der Werte. Frankfurt am Main: Suhrkamp Verlag.
Kern, Udo, et al. (Hrsg.) (2003): Meister Eckhart und sein Kloster. Freiburg: Herder Verlag.
Kurt, Hildegard (2010): Wachsen. Über das Geistige in der Nachhaltigkeit. Stuttgart: Mayer Verlag.
Kurt, Hildegard, und Andreas Weber (2015): Lebendigkeit sei! Für eine Politik des Lebens. Ein Manifest für das Anthropozän. Klein Jasedow: thinkOya.
Leopold, Aldo (1966): A Sand County Almanac. Oxford: Oxford University Press.
Link, Jürgen (2008): Bangemachen gilt nicht auf der Suche nach der Roten Ruhr-Armee. Oberhausen: assoverlag.
Loske, Reinhard (2015): Politik der Zukunftsfähigkeit. Konturen einer Nachhaltigkeitswende. Frankfurt am Main: S. Fischer Verlag.
Lüpke, Geseko von, und Peter Erlenwein (2010): Projekte der Hoffnung. Der alternative Nobelpreis – Ausblick auf eine andere Globalisierung. 3., überarbeitete Auflage. München: oekom verlag.
Luyendijk, Joris (2015): Unter Bankern. Eine Spezies wird besichtigt. Stuttgart: Tropen Verlag.
Mann Borgese, Elisabeth (1977): Das Drama der Meere. Frankfurt am Main: S. Fischer Verlag.
Mann Borgese, Elisabeth (1999): Mit den Meeren leben. Über den Umgang mit den Ozeanen als globaler Ressource. Köln: Kiepenheuer & Witsch Verlag.
Matthiessen, Peter (2007): Die Könige der Lüfte. Reisen mit Kranichen. München: Carl Hanser Verlag.
Meadows, Dennis, et al. (1972): Die Grenzen des Wachstums. Bericht des Club of Rome zur Lage der Menschheit. Stuttgart: DVA Verlag.
Miegel, Meinhard (2014): Hybris. Die überforderte Gesellschaft. Berlin: Ullstein Buchverlage.
Müller, Christa (Hrsg.) (2011): Urban Gardening. Über die Rückkehr der Gärten in die Stadt. München: oekom verlag.
Ostrom, Eleanor (2011): Was mehr wird, wenn wir teilen. Vom gesellschaftlichen Wert der Gemeingüter. Hrsg. von Silke Helfrich. München: oekom verlag.
Paech, Niko (2012): Befreiung vom Überfluss. Auf dem Weg in die Postwachstumsökonomie. München: oekom verlag.
Pils, Holger, und Karolina Kühn (2012): Elisabeth Mann Borgese und das Drama der Meere. Hamburg: mare Verlag.

Rifkin, Jeremy (2010): Die empathische Zivilisation. Wege zu einem globalen Bewusstsein. Frankfurt am Main: Campus Verlag.
Rosa, Hartmut (2005): Beschleunigung. Die Veränderung der Zeitstrukturen in der Moderne. Frankfurt am Main: Suhrkamp Verlag.
Rosa, Hartmut (2016): Resonanz. Eine Soziologie der Weltbeziehung. Frankfurt am Main: Suhrkamp Verlag.
Rottenberg, Jonathan (2014): The Depths. The Evolutionary Origins of the Depression Epidemics. New York: Basic Books.
Scorsese, Martin (2014): The Wolf of Wall Street. DVD.
Scharmer, Otto C. (2009): Theorie U – Von der Zukunft her führen. Presencing als soziale Technik. Heidelberg: Carl Auer Verlag.
Schmidbauer, Wolfgang (2012): Das Kalte Herz. Von der Macht des Geldes und dem Verlust der Gefühle. München: Goldmann Verlag.
Schmid, Wilhelm (2014): Gelassenheit. Was wir gewinnen, wenn wir älter werden. Berlin: Insel Verlag.
Schumacher, Ernst Friedrich (2013): Small is beautiful. Die Rückkehr zum menschlichen Maß. München: oekom verlag.
Sölle, Dorothee (1997): Mystik und Widerstand. »Du stilles Geschrei«. Hamburg: Hoffmann und Campe Verlag.
Thieme, Hartmut (Hrsg.) (2007): Die Schöninger Speere. Mensch und Jagd vor 400 000 Jahren. Stuttgart: Konrad Theiss Verlag.
Trommer, Gerhard (2012): Schön wild! Warum wir und unsere Kinder Natur und Wildnis brauchen. München: oekom verlag.
Vogt, Markus (2009): Prinzip Nachhaltigkeit. Ein Entwurf aus theologisch-ethischer Perspektive. München: oekom verlag.
Welzer, Harald (2013): Selbst denken: Eine Anleitung zum Widerstand. Frankfurt am Main: S. Fischer Verlag.
WBGU (Wissenschaftlicher Beirat der Bundesregierung Globale Umweltveränderungen) (2011): Welt im Wandel. Gesellschaftsvertrag für eine Große Transformation. Berlin: WBGU.

Danksagung

~

Die Keimzelle dieses Buches waren die vielen Gespräche »vor Ort«. Auf meiner langen Reise durch das Land hatte ich wunderbare Wegbegleiter, die großzügig ihr Wissen und ihre Weisheit mit mir teilten. Namentlich seien hier genannt: Herbert Schnierle-Lutz, Ernst Ulrich Köpf, Gerhard und Gisela Trommer, Angela B. Clement, Aribert Rothe, Anita Vetter, Nikolaus Einhorn, Hans Steiger, Lutz Fähser, Uwe Meierjürgen, Burkhardt Steinrücken, Norbert Müller, Volker Haardt, Rolf Euler, Helmut Maintz, Helmuth Freist, Hartmut Jeep, Sabine Steinhoff, Prue Taylor, Norbert Kühne, Wilm Weppelmann, Burkhardt Kolbmüller, Uwe und Gunhild Pörksen und Christian Hiß. Ohne sie wäre dieses Buch nicht entstanden.

Auf dem Weg von den ersten Texten zum Skript haben mich viele Freunde und Kollegen – auch über Durststrecken hinweg – kritisch und immer Mut machend begleitet. Besonderen Dank für guten Rat und wertvolle Hinweise schulde ich: Roland Kant, Jörn und Lis Wallacher, Heinz H. Meyer, Norbert Pfänder, Hans-Joachim Döring, Dirk Schmidt, Boje Maaßen, Johanna Platzgummer, Udo E. Simonis und Martin Held.

Zu guter Letzt hatte ich das Glück, beim oekom verlag auf wunderbare Redakteure und Lektoren zu treffen. Besonders Manuel Schneider und Christoph Hirsch haben mich souverän und konstruktiv begleitet. Und schließlich: Danke, Jo und Hanna! Ohne den Rückhalt in der Familie wäre alles nichts.

Zum Autor

~

Ulrich Grober ist Publizist und Buchautor. Seine Themenfelder sind Ökologie, Nachhaltigkeit und zukunftsfähige Lebensstile. Seine »Entdeckung der Nachhaltigkeit« gilt als Standardwerk, ebenso sein Buch »Vom Wandern«.